ubu

TRADUÇÃO
Letícia Mei

DESENHOS
João Loureiro

PREFÁCIO
Bruno Latour

O que diriam os animais?

Vinciane Despret

9
PREFÁCIO
As fábulas científicas de uma La Fontaine empírica
Bruno Latour

20
Modos de usar

21
A de Artistas
Bichos pintores?

31
B de Bestas
Os macacos sabem mesmo macaquear?

43
C de Corpo
É educado urinar na frente dos animais?

53
D de Delinquentes
Os animais podem se revoltar?

63
E de Exibicionistas
Os animais se veem como nós os vemos?

75
F de Fazer científico
Os animais têm um senso de prestígio?

89
G de Gênios
Com quem os extraterrestres
gostariam de negociar?

99
H de Hierarquia
A dominância dos machos não seria um mito?

111
I de Imprevisíveis
Os animais são modelos
confiáveis de moralidade?

125
J de Justiça
Os animais assumem compromissos?

141
K de Kg
Existem espécies matáveis?

153
L de Laboratório
Qual o interesse dos ratos nos experimentos?

165
M de Mentirosos
A mentira seria uma prova de boas maneiras?

179
N de Necessidade
É possível levar um rato ao infanticídio?

195
O de Obras de arte
Os pássaros fazem arte?

207
P de Pegas-rabudas
Como fazer os elefantes
gostarem do espelho?

219
Q de *Queer*
Os pinguins estão saindo do armário?

231
R de Reação
As cabras concordam com as estatísticas?

243
S de Separações
É possível danificar um animal?

255
T de Trabalho
Por que dizem que as vacas não fazem nada?

267
U de *Umwelt*
Os bichos conhecem os costumes do mundo?

279
V de Versões
Os chimpanzés morrem como nós?

293
W de Watana
Quem inventou a linguagem
e a matemática?

305
X de Xenotransplantes
É possível viver com um coração de porco?

319
Y de YouTube
Os animais são as novas celebridades?

331
Z de Zoofilia
Os cavalos deveriam consentir?

345
Agradecimentos

347
Sobre a autora

PREFÁCIO

As fábulas científicas de uma La Fontaine empírica

——

Bruno Latour

Prepare-se para ler histórias sobre "O porco que tentou mentir", "A pega-rabuda inteligente demais" e "A elefanta e o espelho", além de "O papagaio que se recusa a papaguear" e "A vaca que quer meditar", e não perca "As cabras que não podem ser contadas", "O pinguim que leu muitas histórias *queer*" e várias, várias outras. Prepare-se para ler bastante sobre ciência, mas também para aprender sobre as diversas formas de fazer ciência bem, mal ou pessimamente. Você está prestes a adentrar em um novo gênero, o das fábulas científicas – e com isso não me refiro à ficção científica ou a histórias falsas sobre a ciência, mas, pelo contrário, a formas de entender de verdade o quão difícil pode ser descobrir o que os animais estão aprontando. Este é um daqueles livros preciosos que integram o novo e ascendente domínio das humanidades científicas, termo que significa que, para entendermos o que os animais têm a dizer, todos os recursos da ciência *e* das humanidades precisam ser mobilizados.

O problema com os animais é que todos nós temos alguma experiência com bichos e milhares de ideias sobre como eles se parecem ou não com humanos. Então, caso alguém ofereça explicações sistemáticas sobre seus costumes, imediatamente terá de nadar contra uma corrente de "mas meu gato faz isto", "vi no YouTube um leão fazendo aquilo", "cientistas demonstraram que os golfinhos agem de tal modo", "na fazenda do meu avô, os porcos costumavam se comportar de outra forma" e assim por diante. O lado bom disso é que, sempre que animais são mencionados, todo mundo se interessa em ouvir a respeito; o lado ruim é que as explicações serão sufocadas por versões alternativas que derivam de preocupações e experiências totalmente diferentes no trato com os animais.

A maioria dos cientistas, quando confrontada com esse ruído de abordagens alternativas, buscará se distanciar de tudo isso, começar do zero e imitar, da forma mais exata possível, o que colegas de profissão em áreas vizinhas do conhecimento fizeram com os objetos de pesquisa físicos e com as reações químicas. Não importa o que as pessoas comuns, donas de animais de estimação, pecuaristas, ambientalistas e documentaristas de televisão tenham dito, tudo isso será deixado de lado como um apanhado de meras "anedotas". E o mesmo será feito com o que cientistas de séculos anteriores – ou colegas de hoje em dia, com formações diferentes – tiverem relatado sobre algumas circunstâncias incomuns, por exemplo, em suas várias observações em trabalhos de campo. "Chega de anedotas; vamos começar com dados reais em um ambiente controlado, o laboratório, para que possamos estudar o comportamento dos animais sob a luz mais objetiva, imparcial e distante possível."

Se os amadores devem ser expulsos, como clamam esses cientistas, é por contar histórias sobre as quais nunca será possível saber, ao ouvi-las, se seu conteúdo provém de suas próprias emoções, atitudes e costumes ou dos animais *em si mesmos*. Apenas as condições rigidamente controladas do laboratório serão capazes de proteger a produção do conhecimento contra as armadilhas do "antropomorfismo". Uma reação como essa produz um paradoxo interessante: apenas a criação de condições altamente *artificiais* da experimentação laboratorial detectaria o que os animais de fato aprontam quando se encontram livres da imposição *artificial* de valores e crenças humanos. Daí em diante, apenas um conjunto de explicações sistemáticas sobre o que os animais fazem nesses ambientes valerá como ciência de verdade. Todas as outras serão qualificadas como "histórias", e os contadores de histórias serão descartados como meros amadores.

Ao longo dos últimos vinte anos, Vinciane Despret, que possui formação em psicologia experimental e clínica e também em filosofia, nunca parou de investigar este estranho paradoxo: por que é que o conhecimento científico sobre os animais deve ser criado sob condições tão artificiais para que possa *se livrar* de todas as condições igualmente artificiais em que humanos encontram animais? Seria a luta contra o antropomorfismo tão importante a ponto de abrir espaço ao que Despret chama de um "academicocentrismo" generalizado? Com isso, a autora quer dizer que apenas um registro muito pequeno de atitudes se impõe não só sobre os animais, mas também sobre aqueles que leem relatos científicos. Não parece um pouco bizarro esperar que descrições naturalistas sejam obtidas com o uso de artifícios, enquanto situações que ocorrem naturalmente sejam consideradas geradoras de ficções artificiais? Já que, afinal de contas, o conhecimento sempre é produzido por razões artificiais e em ambientes artificiais, por que não usar os milhares de situações em que humanos interagem "naturalmente" com animais – inclusive no manejo diário de animais de laboratório e na elaboração de novos experimentos, assim como nas práticas de treinadores e criadores – para *acumular* conhecimento, e não *subtraí-lo*?

Vinciane Despret integra uma estirpe especial de filósofos empíricos. Por vezes prestamos pouca atenção ao fato de que existem duas espécies principais de empiristas: os empiristas *subtrativos* e os empiristas *aditivos*. Os primeiros estão interessados no estabelecimento de suas próprias afirmações, mas apenas sob a condição de que o que afirmam diminua o número de alternativas e limite a quantidade de vozes que busquem participar da conversa. Eles estão atrás da simplificação e da aceleração – e por vezes até mesmo da própria eliminação – das narrativas e, se possível, também gostariam de silenciar os contadores de histórias. Os empiristas *aditivos* estão igualmente interessados em fatos objetivos e na consolidação de seus enunciados, mas gostam de acrescentar, de complicar, de criar distinções e, sempre que possível, de avançar com mais calma; acima de tudo, hesitam e, assim, multiplicam as vozes que podem ser ouvidas. São empiristas, mas à moda de William James: se tudo o que buscam é o que emana da experiência, certamente não buscam nada *menos* do que a experiência. Como Isabelle Stengers – uma das mais importantes fontes de inspiração para o método original de Despret – gosta de dizer, a ciência se rebaixa quando se vale de seus sucessos para eliminar outras explicações. Mais do que defensoras de "ou isto, ou aquilo", Stengers e Despret são grandes proponentes do "e isto, e aquilo".

Como ser um empirista *aditivo* consistente? Primeiro, é preciso levar muito a sério e ler com bastante cuidado todas as explicações dos empiristas *subtrativos*. A genialidade de Despret está em ler a literatura científica não para revisá-la – ou seja, extrair os poucos fatos concretos e descartar o resto como irrelevante –, mas para explorar o que esse conjunto revela sobre as dificuldades infindáveis na criação de ambientes significativos voltados a replicar algumas das condições em que humanos e animais interagem ou, mais importante, em que animais interagem com outros animais. E, depois, em um segundo movimento, Despret se vale dessas dificuldades para lançar luz sobre como os muitos outros tipos de produtores de conhecimento também lidam com os animais, mas o fazem a partir de um tipo completamente diferente de cuidado. É claro que as explicações derivadas de laboratórios, com suas descobertas que são tão maravilhosamente reveladoras, precisam ser consideradas, mas sem que daí lhes sejam atribuídos poderes para eliminar abordagens alternativas.

Uma atitude tão generosa como essa diante da literatura científica causa um efeito extraordinário – o que eu gosto de chamar o "efeito Despret" –, em que um *corpus* austero de ciência que trata de centenas de situações experimentais muitas vezes bizarras se torna fascinante à leitura. Tudo é tratado com humor, mas sem nenhuma ironia e, o que é o mais estranho, sem sinal do tom de crítica tão frequentemente empregado por amantes de animais contra as proposições científicas. Quando se é um empirista *aditivo*, é preciso resistir a todas as formas de subtração: o eliminativismo daqueles que procuram expulsar os amadores, mas também o eliminativismo daqueles que sonham em evitar por completo a ciência – duas formas de obscurantismo complementares e em competição.

Graças ao efeito Despret, a cada vez que nos indignamos com uma versão alternativa do que um animal deveria fazer surge uma nova oportunidade para hesitar sobre como atribuir agência a humanos e também a animais. Passamos da questão do antropomorfismo para aquela muito mais interessante da *metamorfose*, com o que me refiro não só ao policiamento das fronteiras entre o que é humano e o que é animal (uma questão limitada, se é que algum dia houve algo do tipo), mas à exploração da natureza multifacetada do que significa ser "animado". Cientistas, criadores e amantes de animais, donos de animais de estimação, funcionários de zoológicos, comedores de carne – estamos todos constantemente tentando evitar a inanimação ou a hiperanimação daqueles seres com quem trocamos de forma o tempo todo ("trocar de forma" é a tradução literal de *metamórphōsis*).

Após numerosas investigações de longa duração, Vinciane Despret, em *O que diriam os animais?*, decidiu apresentar grande parte de seu trabalho anterior em uma série de capítulos curtos cuja leitura é muito parecida com a das fábulas de La Fontaine, a não ser pelo fato de que as fábulas de Despret não estão ancoradas em um folclore milenar; em vez disso, cada uma delas tem sua base de sustentação em um *corpus* específico de literatura científica e etnográfica sobre um ou vários encontros com animais.

O que liga este livro às fábulas é, certamente, aquilo que os animais dizem ou, mais precisamente, "diriam" *se* pudéssemos fazer as "perguntas certas". Enquanto no gênero tradicional da fábula não há problemas aparentes no ato de fazer os animais falarem algo engraçado, crítico, astuto, irônico ou tolo, aqui cada exemplo de expressão se relaciona com *como* as questões são formuladas. E as questões são frequentemente engraçadas, críticas, astutas, irônicas ou francamente tolas – algumas vezes criminosas (como na fábula que poderia ter sido chamada "O sádico Harlow e seus macacos"). De modo que cada fábula nos aproxima um pouco mais do que poderia ser considerado como os distúrbios coletivos de fala de indivíduos que, não tivessem eles mesmos tanta dificuldade de escutar, seriam capazes de fazer os outros dizerem algo.

Nas mãos de Despret, a capacidade de fazer os animais dizerem algo relevante se mostra contagiante: questões tolas criam animais tolos interpretados por pessoas que acabam ainda mais tolas; questões astutas nos mostram animais astutos e que, graças às transcrições de seus feitos, tornam os leitores mais inteligentes diante do mundo. Quando lemos Despret, não há dúvidas de que o mundo ganha em complexidade e de que o significado daquilo em que consiste ser "animado" passa por uma metamorfose profunda.

Mas o que faz com que este livro pertença a um gênero renovado de fábulas científicas é que cada um dos capítulos curtos termina *com uma moral* – não as lições de moral um tanto quanto tediosas que La Fontaine gostava de acrescentar às próprias histórias, mas, pelo contrário, uma série de máximas filosóficas bastante audaciosas. As *fabliaux* de Despret não são nada menos do que um livro sobre métodos científicos que pode ser lido tanto por jovens cientistas que estejam começando na área da etologia como por todos aqueles que nunca sabem ao certo como devem receber as notícias que a ciência traz de "seus" animais.

De certo modo, este livro pode ser lido como uma série de contos morais não só sobre ciência, mas também, do ponto de vista do público em geral, sobre como fazer experimentos em nós mesmos a respeito de nossas próprias reações éticas. Isso é particularmente verdade quanto à questão de como os animais de produção são tratados – um assunto bastante complicado. Como poderia a questão da agência, mesmo em um caso tão delicado como esse, ser defendida por uma forma aditiva de empiricismo, e não subtrativa? Na fábula que poderia ser intitulada "O vaqueiro e a vaca trabalhadora", Despret menciona o estudo de sua amiga Jocelyne Porcher, cuja posição particular é

a de sempre pensar os homens e os animais, os criadores e seus bichos, juntos. Não considerar mais os animais como vítimas é pensar uma relação que pode ser diferente de uma relação de exploração; é, ao mesmo tempo, pensar uma relação na qual os animais – por não serem idiotas naturais ou culturais – estão ativamente implicados, dão, trocam, recebem, e – porque não se está no âmbito da exploração – os criadores dão, recebem, trocam, crescem e deixam seus animais crescerem.[1]

Por que é tão difícil evitar a negação da agência quando lidamos com animais? Bem, é por causa dessa ideia estranha de sempre inanimar entidades por medo de as hiperanimar, ou seja, de atribuir-lhes algum tipo de "alma". O que faz com que a tentativa de Despret seja tão excepcional é o uso que ela faz da própria literatura que tenta inanimar os animais com o propósito expresso de mostrar quão "animados" eles são. Mas esse "animado" está tão longe de ter uma alma quanto de agir como um computador. E essa constatação é algo que Despret alcança não apenas com exemplos de matiz behaviorista – o que agora se tornou um baú de tesouros de anedotas engraçadas –, mas também com casos de matiz "sociobioló-

---

1 Ver p. 259 deste volume. [N. E.]

gico", nos quais os genes são investidos de tanta agência causal que não sobra mais nada para que os animais "agidos" por seus genes egoístas façam por conta própria. De várias formas diferentes, o reducionismo se revela um ideal inalcançável assim que começamos a colocar em cena o equipamento de experimentação através do qual a "redução" é alcançada. Problemas interessantes continuam a se proliferar o tempo todo. Em nenhum momento essa contradição interna é mais visível do que no caso de Konrad Lorenz. Na fábula que poderia se chamar "O pavão e o cientista", Despret escreve:

> os etologistas que o seguiram aprenderam a ver os animais como limitados a "reagir" mais do que a vê-los como seres que "sentem e pensam", excluindo toda possibilidade de considerar a experiência individual e subjetiva. Os animais vão perder uma condição essencial da relação: a possibilidade de *surpreender* aquele que os investiga. Tudo se torna previsível. As causas substituem as razões para agir, sejam elas lógicas ou fantasiosas, e o termo "iniciativa" desaparece em benefício do termo "reação".[2]

Só que Lorenz também é lembrado por ter renovado muitas das atitudes iniciais de atenção e respeito diante do comportamento surpreendente dos animais. Então, no fim das contas, seria Lorenz um empirista aditivo ou subtrativo? Ah, se ao menos Tschock, a gralha, pudesse contar o lado dela da história!

Para mim, a razão principal por que as morais extraídas, fábula após fábula, são tão importantes para as humanidades científicas e, de modo mais amplo, para a filosofia se deve ao fato de que aquilo que Despret mostra a respeito dos animais, principalmente os do século xx, em suas relações com humanos é o que ocorreu em séculos

---

2 Ver p. 80 deste volume. [N. E.]

passados com entidades físicas, químicas e bioquímicas. O número incontável de relações que os humanos mantiveram com materialidades foi canalizado em um conjunto muito mais estreito de conexões estabelecidas com o que veio a ser conhecido como "matéria". A materialidade e a matéria são conjuntos de fenômenos tão distintos entre si quanto o macaco estudado em campo por Shirley Strum (na fábula "O babuíno e a moça de Berkeley") o é com relação ao macaco sentado na cadeira do laboratório behaviorista dos anos 1970. Salvo que, nesse caso, a exclusão das outras vozes, atitudes, habilidades e hábitos é percebida com tanta naturalidade que não ouvimos e tampouco conseguimos imaginar a enorme operação em curso para disciplinar agências e, aqui também, inanimar a materialidade de forma bastante vigorosa, de modo a obter, por fim, algo como "um mundo material". E é aí, dentro desse "mundo material" altamente simplificado, que os pobres animais – humanos incluídos – são inseridos e têm de se virar na vida.

Mas, assim que somos infectados pela lição generosa de Despret, é impossível parar de expandir o que aprendemos para outros lugares, por exemplo a física e a química. Afinal de contas, foi Alfred North Whitehead, outra grande influência para o método de Despret, que afirmou que também na física devemos aprender a nos tornar, mais uma vez, empiristas aditivos, e não subtrativos:

> para a filosofia natural, tudo quanto é percebido encontra-se na natureza. Não podemos empreender uma seleção rigorosa. Para nós, o fulgor avermelhado do poente deve ser parte tão integrante da natureza quanto o são as moléculas e as ondas elétricas por intermédio das quais os homens da ciência explicariam o fenômeno. Cabe à filosofia natural analisar como esses diferentes elementos da natureza se interligam.[3]

---

3 Alfred North Whitehead, *O conceito de natureza*, trad. Julio B. Fischer. São Paulo: Martins Fontes, 1993, p. 37. [N. T.]

A grande beleza da obra de Despret é que sua autora é de fato uma "filósofa natural" que renova por completo não apenas o alcance dos temas geralmente abordados pela filosofia, mas também o conjunto de agências potenciais com que a "natureza" é investida. E, além do mais, Despret faz tudo isso com invenções estilísticas – as fábulas científicas – que, em seus ritmos, seu humor e sua profundidade de conhecimento sobre tantos ambientes experimentais, imitam com exatidão aquilo de que precisamos para recuperar uma conexão com animais inteligentes levados a dizer coisas inteligentes por dispositivos inteligentes de cientistas por eles tornados inteligentes – com "eles", no caso, correspondendo a, bem, cada um desses elementos assim reunidos. Façamos o seguinte experimento mental: comparemos o que se esperava que os lobos, macacos, corvos, vacas, ovelhas, golfinhos e cavalos fossem capazes de fazer trinta anos atrás e as capacidades que lhes são atribuídas hoje; o que se abre diante de nós é um mundo inteiramente novo de capacidades.

O problema, e o que torna o trabalho de Despret ainda mais interessante, é que essa expansão das capacidades dos animais não tem paralelo com o que os agentes "humanos" deveriam ser capazes de fazer. É aqui que a obra dela se torna significativa para a filosofia política. Trata-se daquilo que Donna Haraway – outra influência crucial sobre a atitude de Despret – alcançou ao oferecer as relações mútuas estabelecidas com sua cachorra Cayenne como exemplo do tipo de atenções que seriam necessárias para que mais uma vez nos tornássemos agentes políticos. Privados da atenção dada por outra "espécie companheira", os humanos perderam a capacidade de se comportar como *humanos*. É isso que faz da luta contra o antropomorfismo tão irônica: hoje a maioria dos humanos não é tratada por sociólogos ou economistas com tanta generosidade quanto lobos, corvos, papagaios e macacos são tratados por seus próprios cientistas. Em outras palavras, um livro chamado *O que diriam os humanos... se fizéssemos as perguntas certas?* ainda precisa ser escrito. O que é certo, por enquanto, ao menos nas mãos infalíveis de

Vinciane Despret, é que os animais parecem capazes de contar um número bastante significativo de contos morais que trariam enormes benefícios para os humanos, caso estes fossem autorizados por *seus próprios* cientistas a ouvi-los.

TRADUÇÃO Humberto do Amaral

BRUNO LATOUR é doutor em filosofia pela Université de Tours e em antropologia pela École des Hautes Études en Sciences Sociales. É professor convidado na Cornell University, professor emérito da Sciences Po, *fellow* do Zentrum für Kunst und Medien (ZKM) e professor convidado na Staatliche Hochschule für Gestaltung (HFG). Em 2013, recebeu o Holberg, um dos prêmios mais relevantes na área das ciências humanas. Este texto foi publicado originalmente como prefácio à edição estadunidense, *What Would Animals Say If We Asked the Right Questions?* (Minneapolis: University of Minnesota Press, 2016).

Modos de usar

———

Este livro não é um dicionário, mas pode ser usado como um abecedário. Se você gosta de fazer as coisas na ordem, é possível seguir a alfabética. Também é possível começar por uma questão do seu interesse ou que abra seu apetite. Espero que se surpreenda por não encontrar o que procura, o que é de se esperar.

É possível começar pelo meio, confiar em seus dedos, em suas vontades, no acaso ou em outros imperativos, ou se divertir ao sabor das remissões que se espalham no texto [→]. Não há direção nem chave de leitura impostas.

A
de
Artistas

Bichos pintores?

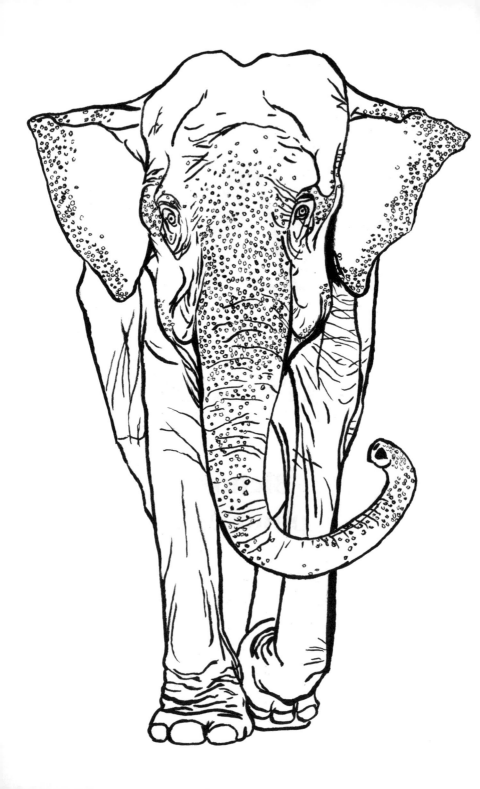

"Besta como um pintor." Esse provérbio francês remonta, no mínimo, ao tempo de boemia de Murger, por volta de 1880, e é sempre empregado como piada nas discussões. Por que o artista deveria ser considerado menos inteligente que qualquer outra pessoa?

— MARCEL DUCHAMP [1]

É possível pintar com um pincel preso à ponta do rabo? O famoso quadro *Pôr do sol sobre o Adriático*, apresentado no Salão dos Independentes em 1910, oferece uma resposta a tal pergunta. A obra é o único quadro de Joachim-Raphaël Boronali. Boronali chamava-se, na verdade, Lolo. Era um asno.

Nos últimos anos, devido à divulgação promovida pela internet [→ **YouTube**], muitos animais re-suscitaram um velho debate: é pos-

---

1 Da conferência "O artista deve ir à universidade?", proferida por Marcel Duchamp na Universidade Hofstra (Nova York, 1960). A citação continua assim: "'Será que é porque sua habilidade técnica é essencialmente manual e não tem relação imediata com o intelecto? Seja como for, geralmente se acredita que o pintor não precisa de uma educação específica para se tornar um grande Artista. Mas essas considerações não estão mais em vigor hoje em dia, as relações entre o artista e a sociedade mudaram desde o dia em que, no fim do século passado, o Artista afirmou sua liberdade". M. Duchamp, *Duchamp du signe*. Paris: Flammarion, 1994, pp. 236–39.

sível conceder-lhes o status de artistas? A ideia de que os animais podem criar ou participar da criação de obras não é nova. Deixemos de lado Boronali: o experimento um tanto jocoso não ambicionava de fato levantar essa questão. Na verdade, há muito tempo, diversos animais, para o bem ou, mais frequentemente, para o mal, têm colaborado nos mais diversos espetáculos, o que levou alguns adestradores a reconhecê-los como artistas completos [→ **Exibicionistas**]. Se nos limitarmos às obras pictóricas, hoje em dia os candidatos são numerosos, ainda que extremamente controversos.

Na década de 1960, Congo, o chimpanzé do célebre zoólogo Desmond Morris, criou uma polêmica com suas pinturas de impressionismo abstrato. Congo, falecido em 1964, fez escola; atualmente, no zoológico de Niterói – cidade localizada de frente para o Rio de Janeiro, do outro lado da baía –, podemos assistir à apresentação diária de Jimmy, um chimpanzé que ficava entediado até que seu tratador teve a ideia de oferecer-lhe tinta. Mais famoso que Jimmy, e sobretudo mais engajado no mercado de arte, é o cavalo Cholla (pronuncia-se "tchoya"), que pinta obras abstratas com a boca. Tillamook Cheddar, por sua vez, é uma jack russell terrier americana que faz suas performances em público, graças a um dispositivo que combina bem com os hábitos de uma cachorra caçadora de ratos (e, ainda por cima, nervosa): seu dono recobre uma tela branca com carbono macio, impregnado de cor na face interna, que a cachorra ataca com unhas e dentes. Enquanto ela executa sua obra, uma orquestra de jazz acompanha a performance. Ao fim de uns dez minutos de fúria – por parte da cachorra –, o dono recupera e revela a tela. Aparece então uma figura composta de traços nervosos e concentrados em um ou dois espaços do quadro. Os vídeos dessas performances circulam na internet. Devemos reconhecer, sem julgar o resultado, que é preciso questionar se há ou não a intenção de produzir uma obra. Mas é essa a questão certa?

À primeira vista, o experimento conduzido com elefantes no norte da Tailândia parece mais convincente nesse aspecto. Desde que a lei tailandesa proibiu o transporte de madeira por elefantes, eles ficaram desempregados. Incapazes de retornar à natureza, foram acolhidos em santuários. Dentre os vídeos que circulam na rede, os mais populares foram gravados no Maetaeng Elephant Park, a cerca de cinquenta quilômetros da cidade de Chiang Mai. Eles mostram um elefante fazendo o que os autores dos filmes chamaram de autorretrato, nesse caso um elefante muito estilizado segurando uma flor com a tromba. Resta esclarecer o que autoriza os comentadores a batizar a tela de "autorretrato". Um extraterrestre assistindo ao trabalho de um homem desenhando de memória o retrato de outro homem também se sentiria tentado a falar em autorretrato? No caso desses comentadores, trata-se de uma dificuldade de reconhecimento das individualidades ou de um velho reflexo? Eu tenderia à hipótese do reflexo. O fato de que, quando um elefante pinta um elefante, isso seja automaticamente percebido como um autorretrato remete, talvez, à estranha convicção de que todos os elefantes são substituíveis uns pelos outros. A identidade dos animais reduz-se, com frequência, a seu pertencimento à espécie.

Vendo as imagens desse elefante enquanto trabalha, é impossível não se intrigar: a precisão, a exatidão, a atenção sustentada do animal ao que faz, tudo parece reunir as condições daquilo que seria uma forma de intencionalidade artística. Porém, se formos mais longe, se nos interessarmos pela maneira como o dispositivo é montado, poderemos descobrir que esse trabalho é o resultado de anos de aprendizagem, que, primeiro, os elefantes tiveram de aprender a desenhar sobre esboços feitos pelos humanos e que são esses mesmos esboços aprendidos que eles reproduzem incansavelmente. Pensando bem, o contrário seria surpreendente.

Desmond Morris também se interessou pelo caso dos elefantes pintores. Aproveitando uma viagem pelo sul da Tailândia, ele decidiu ir vê-los de perto. A duração da estadia não lhe permitiu visitar, ao norte, o santuário da região de Chiang Mai que tornou célebres os elefantes artistas, mas um espetáculo similar acontece no parque de diversões Nong Nooch Tropical Garden. Eis o que ele diz sobre a performance:

> Para a maior parte da plateia, o que se viu parecia quase um milagre. Os elefantes devem ser quase humanos do ponto de vista da inteligência se podem pintar imagens de flores e de árvores dessa maneira. Porém o que a plateia não nota são os gestos dos cornacas enquanto os animais trabalham.[2]

Afinal, continua Morris, se olhamos atentamente, vemos que, a cada traço desenhado pelo elefante, o cornaca toca a orelha dele: de cima para baixo para linhas verticais; para o lado, horizontais. Assim, ele conclui, "infelizmente, o desenho que o elefante executa não é seu, mas de um humano. Não há intenção por parte do elefante, não há criatividade, apenas uma cópia obediente".

Isso é o que chamam de estraga-prazeres. Sempre me surpreende ver o zelo com que alguns cientistas se apressam para assumir tal papel, e o heroísmo admirável com que se encarregam do triste dever de dar as más notícias – a menos que se trate do orgulho viril daqueles que não se deixam levar por aquilo que engana todo o mundo. Aliás, não é somente o prazer que é estragado nessa história, como em todas as outras em que os cientistas se dedicam à causa daquele tipo de verdade que deveria abrir-nos os olhos: o cheiro familiar do "não passa de..." marca a cruzada do desencanto. Mas esse desencanto funciona apenas ao preço de um pesado (e talvez não muito honesto) mal-entendido sobre o que encanta, sobre o que dá prazer. Esse mal-entendido depende apenas de acreditar que as pessoas creem de maneira ingênua no milagre. Em outras palavras, só nos desencantamos com tamanha facilidade quando estamos enganados quanto ao encantamento.

---

2 Desmond Morris, "Can Jumbo Elephants Really Paint? Intrigued by Stories, Naturalist Desmond Morris Set Out to Find the Truth". *Daily Mail*, 22 fev. 2009.

Afinal, de fato há algo encantador nas apresentações oferecidas ao público. Tal encantamento, no entanto, não se enquadra no registro em que Desmond Morris o situa. Há alguma coisa que se liga à ordem de uma certa graça, uma graça perceptível nos vídeos, e de maneira mais sensível ainda quando temos a sorte de estar na plateia – sorte que eu tive depois de ter redigido a primeira versão destas páginas.

O encantamento emerge da atenção sustentada do animal, de cada um dos traços desenhados pela tromba – sóbrios, precisos e decididos, eles são, contudo, interrompidos, em certos momentos, por alguns segundos de hesitação, oferecendo uma sutil mistura de afirmação e circunspecção. Poderíamos dizer que o animal está inteiro no seu trabalho. Mas esse encantamento, sobretudo, aflora pela graça da sintonia entre os seres. Ele deve-se à realização de pessoas e de animais que trabalham juntos e que parecem felizes – eu diria até orgulhosos – por fazê-lo, e é essa graça que o público, encantado, reconhece e aplaude. O fato de haver ou não "truque de adestramento", como o fato de indicar ao elefante a direção do traço que deve ser desenhado, não é o que importa para aqueles que assistem ao espetáculo. O que interessa às pessoas é que aquilo que se desenrola permaneça deliberadamente indeterminado, que a hesitação possa ser mantida – seja ela requisitada ou livremente permitida. Nenhuma resposta tem o poder de sancionar o sentido do que está sendo produzido. E a própria hesitação, semelhante àquela que podemos cultivar diante de um espetáculo de mágica, faz parte do que nos torna sensíveis à graça e ao encantamento.

Assim, não me perderei na controvérsia afirmando que no espetáculo de Maetang, ao contrário do de Nong Nooch, os cornacas não tocam as orelhas de seus elefantes – aliás, seria muito difícil afirmá-lo se eu não tivesse revisto as fotografias que tirei. Isso tem pouca importância, especialmente porque qualquer estraga-prazeres poderia, então, objetar que deve haver um outro truque, diferente em cada santuário, ao qual eu, evidentemente, não prestei atenção. Talvez tenhamos de nos contentar em dizer que os elefantes do sul, ao contrário dos elefantes do norte, precisam de carinho nas orelhas para pintar? Ou que alguns elefantes pintam com suas orelhas – assim como dizem que os elefantes do sul, do norte e até da África ouvem com a planta dos pés?[3]

Então, a infelicidade que Desmond Morris evoca com seu "infelizmente, o desenho que o elefante executa não é seu" é uma infelicidade cuja oferta generosamente emancipadora eu recuso. É claro que o desenho do elefante não é dele. Quem duvidaria disso? Seja truque ou aprendizado obediente por meio do qual o elefante apenas copiaria o que lhe foi ensinado, voltamos sempre ao mesmo problema: o de "agir por si mesmo". Aprendi a desconfiar da maneira como o problema é colocado. Ao longo de minhas pesquisas, constatei que os animais são, ainda muito mais rapidamente que os humanos, suspeitos de falta de autonomia. As manifestações de tal suspeita pululam, sobretudo quando se trata de condutas durante muito tempo consideradas como garantidoras do que é característico do homem, sejam os comportamentos culturais ou até mesmo a inesperada atitude de luto recentemente observada em um santuário dos Camarões entre um grupo de chimpanzés diante da morte de um congênere muito querido. Como tal comportamento fora suscitado por iniciativa dos cuidadores, que fizeram questão de mostrar o corpo da falecida àqueles que lhe eram próximos, as críticas espalharam-se rapidamente: não é um luto verdadeiro, os chimpanzés teriam de manifestá-lo espontaneamente, "sozinhos", por assim dizer [→ **Versões**].

---

3 Os vídeos dos elefantes estão disponíveis no YouTube. Recomendo fortemente que assistam para compreender o encantamento que menciono. Na região de Chiang Mai encontram-se muitos santuários que cuidam de elefantes. A maioria propõe aos turistas passeios em seus dorsos, alguns organizam estadias de ecoturismo. Todos insistem no fato de que humanos e elefantes devem trabalhar juntos para garantir a sobrevivência desses animais, cujas necessidades alimentares são enormes. Durante a temporada turística, os dois elefantes pintores que aparecem nos vídeos oferecem, com frequência, um espetáculo no Maetaeng Elephant Park.

Como se nós mesmos tivéssemos criado o nosso sofrimento diante da morte, como se tornar-se pintor ou artista não passasse pela aprendizagem dos gestos daqueles que nos precederam – e até mesmo pela retomada, inúmeras vezes, dos temas que foram criados antes de nós e cuja sucessão é assegurada por cada artista.

Certamente o problema é muito mais complicado, e colocá-lo em termos de "ou isso ou aquilo" não oferece nenhuma chance de aprofundá-lo nem de torná-lo interessante.

Dentre as situações consideradas, parece que o que está em operação aqui não está ligado ao agir de um único ser, seja ele humano (como alguns afirmam, "tudo depende das intenções do humano") ou animal (é ele o autor da obra). Estamos lidando com agenciamentos complicados: trata-se sempre de uma composição que "faz" um agenciamento intencional, um agenciamento que se inscreve em redes de ecologias heterogêneas, mesclando – para retomar o caso dos elefantes – santuários, tratadores, turistas maravilhados que tirarão fotos e as farão circular na rede ou que levarão as obras para seus países, ONGs que vendem essas obras em prol dos elefantes, elefantes desempregados em consequência da lei que proibiu o trabalho de transporte de madeira...

Portanto, não consigo chegar a uma resposta para a questão de se os animais são artistas, em um sentido próximo ou distante do nosso [→ **Obras de arte**]. Em vez disso, prefiro falar de realizações. Eu optaria, então, por termos que surgiram ou se impuseram à minha escrita nestas páginas: bichos e homens trabalham juntos. E eles fazem isso com a graça e a alegria da obra a realizar. Se me deixo convocar por esses termos, é porque sinto que eles têm condições de nos sensibilizar para tal graça e para cada evento que ela produz. Afinal, o que importa não é acolher maneiras de dizer, de descrever e de narrar que nos façam responder, de modo sensível, a tais eventos?

Agradeço a Marcos Mattéos-Diaz pela importante ajuda na redação deste capítulo.

B

de

Bestas

—

Os macacos sabem mesmo macaquear?

Durante muito tempo foi difícil para os animais não serem bestas ou até mesmo umas bestas quadradas. Certamente, sempre existiram pensadores generosos, amadores entusiastas, aqueles estigmatizados como antropomorfos convictos. Hoje, nestes tempos de reabilitação, a literatura tira-os do relativo esquecimento, assim como leva a julgamento todos os que fizeram do animal uma mecânica sem alma. Felizmente. Entretanto, se hoje em dia é inútil desmontar esses grandes mecanismos de tornar os bichos umas bestas, seria esclarecedor se interessar pelas pequenas maquinações, pelas formas menos explícitas de degradação que se apresentam, não raro, sob os pretextos nobres do ceticismo, da obediência a regras de rigor científico, da parcimônia, da objetividade etc. Assim, a conhecida regra do cânone de Morgan[1] exige que, quando uma explicação envolvendo competências inferiores concorre com uma explicação que privilegia competências superiores ou complexas, devem prevalecer as explicações simples. Essa é apenas uma maneira de bestificar / emburrecer dentre outras muito mais discretas e cuja identificação demanda, às vezes, uma atenção laboriosa, quiçá uma suspeita intransigente que beira a paranoia.

---

1 Princípio de rigor científico enunciado por Lloyd Morgan em 1894: "Em nenhum caso se deve interpretar uma ação animal como resultado do exercício de faculdades de nível superior, se ela pode ser interpretada como resultado do exercício de faculdades de nível inferior". [N. T.]

As controvérsias científicas sobre as competências que deveriam ou não ser reconhecidas nos animais são os lugares privilegiados para iniciar tal identificação. Aquela que diz respeito à imitação no animal é exemplar. Ela é especialmente elucidativa por resultar, após uma longa história e uma controvérsia bastante agitada, nesta questão um tanto bizarra: Os macacos sabem macaquear? – *Do apes ape?*

A história nos mostra que os desafios desse tipo de conflito, relativo à atribuição de competências sofisticadas aos animais, podem frequentemente ser interpretados, queiram me perdoar o barbarismo, em termos de "direitos de propriedade de propriedades": o que é nosso, nossos "atributos ontológicos" – o riso, a consciência de si, o fato de se saber mortal, a proibição do incesto etc. –, deve permanecer nosso. Mas daí a confiscar dos animais aquilo que lhes foi atribuído há uma grande distância! Podemos suspeitar que os cientistas ficariam particularmente melindrados com certas questões de rivalidade de competências – os filósofos já foram objeto de tal acusação: deles foi dito que se tornam completamente irracionais quando se trata de saber se os animais têm acesso à linguagem. A imitação seria para os cientistas, na relação com os animais, aquilo que a linguagem é para os filósofos?

Uma outra hipótese, mais sustentada empiricamente, poderia considerar a infeliz predileção que os cientistas manifestam pelos chamados "experimentos de privação". Com os experimentos de privação, fazer a pergunta "como os animais fazem tal ou tal coisa?" traduz-se por "o que seria preciso tirar deles para que não o façam mais?". Foi o que Konrad Lorenz chamou de "modelo da falha". O que acontece se privarmos um rato ou um macaco de seus olhos, de suas orelhas, de alguma parte de seu cérebro ou até mesmo de todo o contato social? [→ **Separações**]. Ele ainda será capaz de correr num labirinto, de se controlar, de se relacionar? Provavelmente, a séria inclinação por esse tipo de metodologia contamina muito mais amplamente os hábitos de alguns pesquisadores e agora ganha a forma de uma estranha amputação ontológica: os macacos não podem mais macaquear.

No entanto, a história não começou exatamente assim. A questão da imitação entrou nas ciências naturais quando George Romanes, um aluno de Darwin, retomou uma observação de seu mestre. Darwin observara que as abelhas que trabalhavam diariamente nas flores de vagens, alimentando-se pela corola aberta da flor, modificaram sua dinâmica quando mamangabas apareceram. Estas empregavam uma técnica totalmente diferente e faziam pequenos furos no cálice da flor para colher o néctar, sugando-o. No dia seguinte, as abelhas trabalharam da mesma forma. Se Darwin cita esse exemplo de passagem para demonstrar capacidades comuns entre homens e animais, Romanes abre outra esfera teórica: quando o ambiente varia, a imitação permite compreender como um instinto pode ceder lugar a outro, que se propaga. É uma bela jogada teórica, a imitação se mostra capaz de suscitar o desvio ou a variação: fazer "outro" com o "mesmo". Até então a história não segue o caminho das rivalidades. A bifurcação, contudo, não tardará, pois Romanes vai acrescentar um comentário. Ele afirma que é mais fácil imitar do que inventar. E, se ele concorda que a imitação demonstra inteligência, trata-se, entretanto, de uma inteligência de segunda ordem. Certamente, diz ele, tal faculdade depende da observação, e, portanto, quanto mais o animal evoluir, mais será capaz de imitar. Mas essa concessão de Romanes será temperada com um outro argumento: na criança, à medida que a inteligência aumenta, a faculdade da imitação diminui, de tal modo que se pode considerá-la como inversamente proporcional "à originalidade ou às faculdades superiores do espírito". Assim, ele conclui que,

dentre os idiotas de uma certa categoria (mas não muito inferior), a imitação também é muito poderosa e mantém sua supremacia pela vida toda, assim como, dentre os idiotas de um grau mais elevado ou os "fracos de espírito", observa-se, como particularidade constante, a tendência exagerada à imitação. O mesmo fato é facilmente observado em muitos selvagens.[2]

Como vemos, a faculdade da imitação, também ela hierarquizada, participa de uma operação de hierarquização dos seres que ultrapassa largamente o problema da animalidade. A forma dupla de hierarquização proposta por Romanes – a hierarquização dos modelos de aprendizagem e a das condutas inteligentes – terá continuidade depois dele, aprofundando-se um pouco, sobretudo para resolver uma dificuldade: como colocar no mesmo nível o comportamento "ovelhesco" das ovelhas, fiéis imitadoras com ou sem o seu rebanho, o comportamento dos papagaios, que acreditávamos sem cérebro, e o dos macacos macaqueadores? Assim, distinguem-se a imitação instintiva da imitação reflexiva, o mimetismo da imitação inteligente e, para diferenciar entre os pássaros e os demais, as imitações vocais das imitações visuais. Todos os naturalistas concordaram que as imitações vocais requerem um nível de inteligência muito menos elevado do que as imitações visuais. O aspecto antropocêntrico dessa hierarquização, estabelecida por seres cuja visão é o sentido privilegiado, permanece uma questão em aberto.

Paralelamente, é feita uma distinção entre os processos de educação intencional ativos, que respondem a um projeto, e a imitação que opera em uma aprendizagem não voluntária, passiva. Ora, tal distinção mereceria ser examinada, justamente por nos ser familiar e integrar as nossas evidências. A imitação não seria apenas a metodologia do pobre, mas se inscreveria nas grandes categorias do pensamento ocidental, categorias que também hierarquizam os regimes da atividade e da passividade. Como sabemos, tais categorias não se limitam a distribuir regimes de experiências ou de condutas:

---

2   Georges Romanes, *L'Évolution mentale chez les animaux*. Paris: Reinwald, 1884.

elas hierarquizam os seres aos quais serão, de preferência, atribuídas essas condutas.

A distinção a que Romanes deu início – entre uma inteligência real demonstrando uma aprendizagem intencional e uma inteligência pobre – ganhou forma decisiva com a valorização do *insight*, que parte das pesquisas de Wolfgang Köhler com os chimpanzés. O *insight*, que pode ser traduzido como "compreensão" ou "discernimento", seria a capacidade que permite ao animal descobrir repentinamente a solução de um problema sem passar por uma série de tentativas e erros (o que significaria uma aprendizagem próxima do condicionamento). Esclareçamos que o *insight* não foi criado para marcar a diferença em relação à imitação, mas sim constituiu a arma de um bastião de resistência contra o empobrecimento imposto pelas teorias behavioristas que não viam o animal como mais do que um autômato cujo entendimento se limitaria a associações simples. Essas associações deveriam esgotar todas as explicações quanto à aprendizagem. Aliás, ressaltemos que os behavioristas trabalhavam muito pouco com a imitação – e por um bom motivo: os dispositivos deles são concebidos para estudar um animal que age sozinho, com pouquíssimas exceções. A imitação ficará limitada às margens da psicologia animal e da etologia.

Quando desperta o interesse dos pesquisadores, a imitação define-se como o artifício do pobre, permitindo ao animal simular capacidades cognitivas que, na verdade, ele não tem. É um "truque" barato, falta de algo melhor, um fingimento, um caminho fácil para dar a aparência de competências reais. A imitação é a antítese da criatividade (pode-se compreender como ela é o oposto do *insight*), embora para alguns possa parecer um atalho em direção à excelência e, portanto, constituir a prova de uma certa forma de inteligência.

Nos anos 1980, uma mudança radical aconteceu. Sob a influência conjunta da psicologia do desenvolvimento infantil e das pesquisas de campo, a imitação não apenas se torna novamente um tema de interesse, mas muda de status. Ela é uma competência cognitiva que requer capacidades intelectuais complexas e, sobretudo, que conduz a competências cognitivas muito elaboradas.[3] Por um lado, a imitação exige do imitador que ele tenha compreendido o comportamento do outro como um comportamento direcionado que traduz desejos e crenças. Por outro, seu exercício conduz a faculdades ainda mais nobres; em primeiro lugar, a possibilidade de compreender as intenções de outrem leva ao desenvolvimento da consciência de si; em segundo lugar, o modo de transmissão que a imitação possibilita seria um vetor da transmissão de tipo cultural. Em suma, quando a consciência de si e a cultura estão implicadas, os desafios tornam-se mais sérios. A partir de então, a imitação fará parte das chaves do paraíso cognitivo dos mentalistas – os que são capazes de pensar que aquilo que os outros têm em mente diverge do que eles têm em mente e de fazer hipóteses plausíveis a esse respeito [→ **Mentirosos**] – e do panteão social dos seres de cultura.

O que se seguiu foi, então, bem previsível. Essa promoção da imitação ao status de competência intelectual sofisticada foi acompanhada de um número inacreditável de provas de que os animais, na verdade, não imitavam ou não eram capazes de aprender por imitação.

Foi assim que encontramos a nossa questão, que dá título a um famoso artigo: *Do apes ape?*.[4] Será que os macacos sabem macaquear? As controvérsias inflamam-se. Dois campos se formam, um de cada lado de uma linha de demarcação fácil de traçar; os pesquisadores de campo multiplicam as observações que comprovam a imitação; os psicólogos experimentais derrubam-nas com inúmeros experimentos.

---

3 Richard Byrne, "Changing Views on Imitation in Primates", in Shirley Strum e Linda Fedigan, *Primate Encounters: Models of Science, Gender, and Society*. Chicago: University of Chicago Press, 2000, pp. 296–310. R. Byrne e Anne Russon, "Learning by Imitation: a Hierarchical Approach". *Behavioral and Brain Sciences*, v. 21, n. 5, 1998, pp. 667–721. Michael Tomasello et al. "Observational Learning of Tool Use by Young Chimpanzees". *Human Evolution*, v. 2, n. 2, 1987, pp. 175–83.
4 M. Tomasello, "Do Apes Ape?", in Bennet Galef e Cecilia Heyes (orgs.), *Social Learning in Animals: The Roots of Culture*. San Diego: Academic Press, 1996, pp. 319–46.

Os defensores da teoria da imitação invocam as observações de gorilas que desfolham, de modo muito sofisticado, as árvores cobertas de espinhos. Tal técnica transmite-se por imitação, e é possível ver semelhanças se delineando entre congêneres que se alimentam juntos. Os orangotangos são chamados para reforço. No centro de reabilitação em que pesquisadores acompanham seu retorno progressivo à natureza, são vistos lavando a louça e as roupas, escovando os pelos e os dentes, tentando acender uma fogueira, sifonando um galão de gasolina e até mesmo escrevendo, ainda que de maneira ilegível – diga-se de passagem, parece que esses orangotangos não estão muito entusiasmados com a ideia de voltarem à natureza. "São anedotas", respondem tranquilamente os experimentalistas. Ou melhor ainda: cada um desses exemplos pode receber outra interpretação se obedecermos ao cânone de Morgan.

Os famosos chapins que abriam as garrafas de leite entregues nos degraus de entrada das casas inglesas nos anos 1950, e cuja prática se disseminou, para o desgosto dos leiteiros, mostrando a força da imitação, foram convocados para o laboratório. O fato de essas aves terem sido capazes de modificar sua estratégia quando os leiteiros adotaram outros sistemas de fechamento das garrafas, e de essa nova prática também ter se difundido aos poucos, não comoveu os experimentadores. Era necessário que os chapins provassem seu verdadeiro talento como imitadores. Durante um procedimento com um grupo de controle, eles foram facilmente desmascarados: confrontados com uma garrafa previamente aberta sem terem presenciado a sua abertura, esses chapins se saíram tão bem quanto aqueles que observaram o exemplo de um congênere abrindo-a. Não era, portanto, imitação, mas *emulação*.

Os experimentalistas invocam também os macacos. Mais uma vez, o veredito é irrevogável: não é imitação verdadeira, mas simples mecanismos de associação que se assemelham ao comportamento imitativo. Na verdade, é uma pseudoimitação. Então é isto: os macacos *imitam a imitação*. Mas, obviamente, sem enganar os pesquisadores, que estão sempre alertas às falsificações. Somente os homens imitam de verdade.

Os experimentos se multiplicam no laboratório para testar uma hipótese que, afinal, é apenas a tradução de uma tese mais geral: aquela *da* diferença entre os humanos e os animais. Os humanos são, então, convocados. Para garantir, concentram-se nas crianças. Agora é delas a responsabilidade de serem comparadas aos chimpanzés. No fim, os macacos perderam em todos os experimentos. O psicólogo Michael Tomasello fez com que os chimpanzés observassem um modelo obtendo comida com um ancinho em forma de T. Os chimpanzés esforçaram-se e conseguiram... mas empregando outra técnica. Veredito: os chimpanzés não imitam porque não conseguem interpretar o comportamento original como um comportamento orientado para um objetivo. Eles não compreendem o outro como um agente intencional semelhante a eles mesmos como agentes intencionais.

Diante do experimento da fruta artificial (uma caixa trancada na qual se encontrava ou uma fruta, para primatas não humanos, ou uma bala, para os pequenos humanos), as crianças demonstraram uma fidelidade tocante em resposta a todos os gestos do experimentador, chegando até a repetir várias vezes esses gestos. Os chimpanzés abriram a caixa sem dificuldades, mas sem empregar a técnica do modelo nem os detalhes importantes da operação. Não se trata de imitação, mas, assim como no caso dos chapins, de *emulação*.

O que se poderia dizer desse experimento além daquilo que já se sabia? Que as crianças humanas são mais atentas às expectativas dos adultos humanos que os chimpanzés...

As coisas se complicam um pouco mais quando uma pesquisadora, Alexandra Horowitz, decide revisitar alguns aspectos do problema. Ela compara indivíduos adultos e crianças – esses indivíduos adultos são, na verdade, estudantes de psicologia. A caixa é idêntica à utilizada pelas crianças, exceto por se tratar, dessa vez, de uma barra de chocolate. É um desastre: os estudantes mostram-se piores do que os macacos, utilizam uma técnica própria, sem seguir o que lhes foi mostrado, e alguns chegam a fechar a caixa logo em seguida, o que o modelo não tinha feito. A pesquisadora conclui laconicamente que os adultos se comportam mais como chimpanzés do que como crianças. A partir de então, ela conclui que, se Tomasello tem razão, temos de inferir que os adultos não têm acesso às intenções dos outros.[5]

Voltando ao que foi pedido aos chimpanzés, é interessante compreender o funcionamento desses dispositivos que "fazem de besta". É preciso prestar atenção ao ponto cego desse tipo de experimento. O que o dispositivo demonstra nada mais é do que o fracasso relativo desses macacos em se conformar com os nossos costumes, ou melhor, com os hábitos cognitivos dos cientistas. Os cientistas não quiseram se envolver no difícil trabalho de seguir esses seres em suas relações com o mundo e com os outros, eles impuseram aos macacos as suas sem se questionar, nem por um instante, sobre a maneira como os macacos interpretam a situação que lhes foi imposta [→ *Umwelt*]. Por fim, é bastante surpreendente pensar que são esses mesmos pesquisadores que denunciam com mais fervor o antropomorfismo de seus adversários, que os levaria a atribuir aos animais competências semelhantes às nossas. No entanto, não se pode conceber dispositivo mais antropomórfico do que o que eles propuseram aos macacos!

Em suma, esses experimentos não podem ter a pretensão de comparar o que comparam, pois não medem as mesmas coisas. Ao pretender colocar à prova as capacidades imitativas, os pesquisadores tentaram, na verdade, fabricar obediência. Como explicar de outro modo a exigência de imitar nossa maneira de imitar? Eles fracassaram, e ainda colocaram a culpa nos macacos. O fato de as crianças

---

5 Alexandra Horowitz, "Do Humans Ape? Or Do Apes Human? Imitation and Intention in Humans (*Homo sapiens*) and Other Animals". *Journal of Comparative Psychology*, v. 117, n. 3, 2003, pp. 325–36.

terem exagerado a imitação deveria, entretanto, ter colocado uma pulga atrás da orelha deles: as crianças captaram a importância, para o pesquisador, da fidelidade de seus atos. Nesse aspecto, os macacos tiveram uma atitude menos complacente e, sobretudo, mais pragmática. Eles não estavam perseguindo os mesmos objetivos.

Ou será que talvez os macacos não imaginassem que fosse esperada deles uma coisa tão estúpida quanto imitar, gesto após gesto, sem parar, os humanos fornecedores de guloseimas? Sem dúvida, no final das contas, é isto o que falta a esses animais: imaginação.

C

de
Corpo

É educado urinar na frente dos animais?

Ninguém sabe do que o corpo é capaz, dizia o filósofo Spinoza. Eu não sei se Spinoza aprovaria o que vou propor, mas parece que é possível encontrar uma bela versão experimental para a exploração desse enigma nas práticas de alguns etologistas: "Nós não sabíamos do que nosso corpo era capaz, aprendemos isso com nossos animais". Assim, muitas primatólogas notaram que o trabalho de campo podia afetar, de maneira bastante perceptível, o ritmo biológico da menstruação. Para citar apenas uma, Janice Carter conta que seu ciclo menstrual ficou completamente desregulado enquanto vivia com chimpanzés fêmeas que ela reabilitava para devolver à natureza. Em função do choque das novas condições de vida, ela teve amenorreia por seis meses. Quando o ciclo voltou, o ritmo era inesperado: durante os anos de campo que se seguiram, ele adaptou-se ao das fêmeas chimpanzés e tornou-se um ciclo de 35 dias.

Entretanto, as referências ao corpo dos etologistas não são muito numerosas; na maior parte do tempo elas são apenas mencionadas brevemente, com frequência na forma de um problema prático a resolver. Contudo, em algumas delas encontra-se, explícita ou implicitamente, uma história na qual o corpo será ativamente mobilizado de uma forma particular: a de um dispositivo de mediação.

Um dos exemplos mais evidentes é analisado pela filósofa Donna Haraway quando ela evoca o trabalho de campo da primatóloga Barbara Smuts, especialista em babuínos. Quando começou seu trabalho de campo, em Gombe, na Tanzânia, Smuts quis fazer como lhe tinham ensinado: para habituar os animais, é preciso aprender a se aproximar progressivamente. É preciso agir como se fôssemos invisíveis, como se não estivéssemos lá, a fim de evitar influenciá-los [→ **Reação**]. Tratava-se, como ela explica, de ser "como uma rocha, [de] não estar disponível, para que os babuínos pudessem seguir com seus negócios na natureza como se a humanidade coletora de dados não estivesse presente".[1] Então, bons pesquisadores seriam aqueles que, aprendendo a ser invisíveis, poderiam observar a cena da natureza bem de perto, "como através de um buraco de fechadura".[2] Entretanto, todos os primatólogos concordam que praticar a habituação tornando-se invisível é um processo extremamente lento, difícil, frequentemente fadado ao fracasso. Isso é assim por uma razão simples: porque se baseia na ideia de que os babuínos serão indiferentes à indiferença. O que Smuts não poderia deixar de notar ao longo de seus esforços é que os babuínos a observavam frequentemente e que, quanto mais ela ignorava o seu olhar, menos eles pareciam satisfeitos. A única criatura que acreditava na suposta neutralidade científica de ficar invisível era a própria Smuts. Ignorar os indícios sociais é tudo menos neutro. Os babuínos devem ter notado alguém fora de qualquer categoria – alguém fingindo não estar lá – e se perguntado se esse ser estava ou não apto a ser educado, segundo os critérios do que é um bom convidado entre os babuínos. De fato, tudo advém da concepção dos animais que norteia as pesquisas: o pesquisador é aquele que faz as perguntas; ele está, não raro, muito longe de imaginar que os animais se fazem tantas perguntas a seu respeito, às vezes as mesmas que ele! As pessoas podem questionar se os babuínos são ou não sujeitos sociais sem pensar que os babuínos devem se fazer exatamente a mesma per-

---

1 Donna Haraway, *When Species Meet*. Minneapolis: University of Minnesota Press, 2008 [ed. bras.: *Quando as espécies se encontram*, trad. Juliana Fausto. São Paulo: Ubu Editora, no prelo].
2 Ibid.

gunta a respeito dessas estranhas criaturas de comportamento tão bizarro, "será que os humanos são sociáveis?", e responder que, obviamente, não o são. E agir em função dessa resposta, por exemplo, fugir de seu observador, não agir como de hábito ou, ainda, agir de modo estranho porque estão desorientados pela situação. A forma como Smuts resolveu o problema é muito mais simples de falar do que de fazer: ela adotou um comportamento similar ao dos babuínos, adotou a mesma linguagem corporal, aprendeu o que se faz e o que não se faz no meio deles. Ela diz:

no processo de ganhar sua confiança, mudei quase tudo em mim, incluindo a maneira como andava e sentava, a maneira de levar meu corpo e a maneira como usava meus olhos e voz. Estava aprendendo um modo totalmente novo de estar no mundo – o modo do babuíno [...].[3]

Ela tomou emprestada dos babuínos a maneira de se dirigirem uns aos outros. Em consequência disso, ela prossegue, quando os babuínos começaram a lançar-lhe olhares maldosos que a obrigavam a se afastar, isso constituiu, paradoxalmente, um enorme progresso: ela não era mais tratada como um objeto a ser evitado, mas como um sujeito digno de confiança com quem podiam se comunicar, um sujeito que se distancia quando alguém sinaliza e com quem as coisas podem ser claramente estabelecidas.

Haraway conecta essa história com um artigo mais recente no qual Smuts evoca os rituais que ela e seu cão Bahati criam e agenciam e que revelam, segundo ela, uma comunicação incorporada; uma coreografia exemplar, comenta Haraway, de uma relação de respeito, no sentido etimológico do termo, no sentido de "devolver

---

3 Barbara Smuts, "Encounters with Animal Minds". *Journal of Consciousness Studies*, v. 8, n. 5–7, 2001, p. 295, apud D. Haraway, *When Species Meet*, op. cit., p. 24.

o olhar", de aprender a responder e a responder por si, de aprender a ser responsável.

Mas também é possível ter disso uma leitura como a que desenha o esquema, ao mesmo tempo muito empírico e especulativo, do que o sociólogo Gabriel Tarde chamou de uma interfisiologia, ou seja, uma ciência do agenciamento dos corpos.[4] A partir dessa perspectiva, o corpo reconcilia-se com a proposta spinozana: ele se torna o lugar daquilo que pode afetar e ser afetado. Um lugar de transformações. Em primeiro lugar, ressaltemos que o que Smuts coloca em cena é a possibilidade de se tornar não exatamente o outro na metamorfose, mas *com o outro*, não para sentir o que o outro pensa ou sente, como o propõe a pesada figura da empatia, mas para de algum modo receber e criar a possibilidade de se inscrever em uma relação de troca e de proximidade que nada tem a ver com uma relação de identificação. De fato, há uma espécie de "agir como se" que leva à transformação de si, um artefato deliberado que não pode nem quer ter a pretensão de autenticidade ou de uma espécie de fusão romântica frequentemente convocada nas relações homem-animal.

Aliás, com certeza estamos ainda mais longe dessa versão romântica de um encontro tranquilo quando Smuts insiste que o progresso se tornou nítido no momento em que os babuínos começaram a fazê-la compreender a possibilidade de conflito ao lançar-lhe olhares maldosos. A possibilidade de conflito e de sua negociação é a própria condição da relação.

Ainda no âmbito da primatologia dos babuínos, encontram-se nos escritos de Shirley Strum, outra primatóloga, uma variação da

---

4   O que Tarde chama de "interfisiologia" deve, segundo ele, fundamentar a psicologia e, mais precisamente, uma interpsicologia. Um dos principais exemplos de Tarde é o da trepadeira que se desenvolve com a planta hospedeira. O fato de essa interfisiologia integrar o repertório das relações hospedeiros-parasitas me parece um bom sinal e evita que limitemos tanto os exemplos como as suas interpretações de relações harmoniosas, cuja sintonia é evidente. Gabriel Tarde, "L'Inter-Psychologie". *Bulletin de l'Institut Général Psychologique*, jun. 1903.

utilização do corpo. Ela conta em seu livro *Presque Humain* [Quase humano] que um dos problemas enfrentados no início de seus estudos de campo era como saber o que ela podia ou não fazer com seu corpo na presença de babuínos.[5] O problema apresentava-se, por exemplo, quando ela precisava responder a uma necessidade premente de urinar. Afastar-se e esconder-se atrás da caminhonete, estacionada bem longe, criava um verdadeiro dilema: é quase certo (e eu ouvi numerosos pesquisadores expressarem os mesmos temores no começo do trabalho de campo) que justamente durante a sua ausência alguma coisa interessante e muito rara vai acontecer. Assim, Strum acabou decidindo, não sem um certo medo, não ir mais para trás da caminhonete. Ela se despiu com muita precaução, olhando em volta. Os babuínos, diz ela, ficaram pasmos com o barulho. De fato, eles jamais a tinham visto nem comer, nem beber, nem dormir. Os babuínos conhecem os humanos, é claro, mas não se aproximam jamais deles, e ela sugere que, provavelmente, acreditavam que os humanos não tinham necessidades físicas. Então, eles descobriram que sim e tiraram algumas conclusões. Na vez seguinte, não tiveram nenhuma reação.

Pode-se somente especular a partir do que Strum descreve. Certamente, seu êxito deve-se a muitas coisas na pesquisa de campo, a seu trabalho, a suas qualidades de observadora, a sua imaginação, a seu senso para as intepretações e a sua capacidade de conectar eventos que não parecem relacionados. Tal êxito deve-se também ao tato que ela sempre demonstrou na criação do encontro com seus animais e que a questão por ela colocada atesta: tudo bem urinar na frente dos babuínos? Mas não posso deixar de pensar que seu êxito – essa relação incrível que ela conseguiu construir com eles – talvez revele também o que eles puderam descobrir naquele

---

5 Shirley Strum, *Presque Humain*. Paris: Eshel, 1995 (reeditado como *Voyage chez les babouins*. Paris: Seuil, 1995). Ver também: Farley Mowat, *Never Cry Wolf* [1963]. New York: Bantam Books, 1981.

dia: que ela tinha, como eles, um corpo. Quando lemos o que Shirley Strum e Bruno Latour escreveram a respeito da sociedade dos babuínos e da complexidade de suas relações, vemos que tal descoberta dificilmente teria sido insignificante para eles.[6] Porque os babuínos não vivem em uma sociedade material, porque nada é estável em suas relações sociais e porque cada pequena agitação de uma relação afeta as outras, de maneira imprevisível, cada babuíno deve efetuar um trabalho contínuo de negociação e de renegociação para criar e restaurar a trama das alianças. A tarefa social é uma tarefa de criatividade e consiste em construir cotidianamente uma ordem social frágil, em reinventá-la e em restaurá-la. Para isso, o babuíno tem à disposição apenas seu corpo. O que poderia parecer anedótico constituiu, talvez, para os babuínos, um acontecimento: aquele estranho ser de outra espécie tem um corpo semelhante ao deles, em alguns aspectos.

Essa interpretação se sustenta? Será que Strum teria se "socializado", no sentido de Smuts, ou seja, teria se tornado um ser social aos olhos dos babuínos ao deixá-los verem um corpo semelhante, em certos aspectos, ao deles? Isso é apenas especulação.

Essas duas histórias lembram uma outra, narrada pelo biólogo Farley Mowat. Entretanto, ela não pertence a uma literatura propriamente científica, no sentido estrito – aliás, seus escritos foram objeto de controvérsias muito duras. Além disso, ela apresenta uma série de grandes reviravoltas. Por um lado, essa história se inscreve mais no registro da transgressão das boas maneiras do que no de um desejo verdadeiro de ser um anfitrião aceitável. Por outro, tendo em vista o que conta Smuts, ela inverte completamente a pergunta: não são os anfitriões que devem ser educadamente considerados como seres sociais, mas sim o observador.

---

6 S. Strum e Bruno Latour, "Redefining the Social Link: From Baboons to Humans". *Social Science Information*, v. 26, n. 4, 1987, pp. 783–802.

A história de Mowat começa no fim dos anos 1940, quando o biólogo é convidado a conduzir uma expedição destinada a avaliar os efeitos da predação dos caribus pelos lobos. O trabalho de campo seria uma dura prova. Mowat passaria um período bastante longo sozinho em sua tenda, no meio do território de uma alcateia, observando os lobos. Como prescrevem as regras evocadas por Smuts, ele tomou cuidado para ser o mais discreto possível. À medida que o tempo passava, porém, o biólogo sentia cada vez mais dificuldade de lidar com o fato de ser totalmente ignorado pelos lobos. Ele não existia. Os lobos passavam diante de sua tenda diariamente e não manifestavam o menor interesse. Mowat começou então a elaborar um meio de obrigar os lobos a reconhecer sua existência. O método dos lobos, diz ele, estava se impondo. Era preciso reivindicar um direito de propriedade. Foi justamente isso que ele fez numa noite, aproveitando a partida deles para a caça. Isso tomou-lhe a noite inteira – e litros de chá –, mas, ao amanhecer, cada árvore, cada arbusto e cada tufo de ervas previamente marcados pelos lobos tinham sido marcados por ele. Mowat esperou a volta da alcateia com certa preocupação. Como de hábito, os lobos passaram diante da tenda como se ela não existisse, até que um dos lobos se deteve num estado de total surpresa. Após alguns minutos de hesitação, o lobo virou-se, sentou-se e fitou o observador com uma intensidade inquietante. Mowat, no ápice da angústia, decidiu dar-lhe as costas para sinalizar que aquela insistência contrariava as regras mais básicas da boa educação. O lobo, então, começou a dar uma volta sistemática pelo terreno, deixando, com um cuidado meticuloso, suas próprias marcas sobre cada uma daquelas deixadas pelo humano. A partir daquele momento, diz Mowat, o enclave foi ratificado pelos lobos, e cada um deles, lobos e humano, passava regularmente, um atrás do outro, para reavivar as marcas, cada um de seu lado da fronteira.

Para além dessas reviravoltas, tais histórias inscrevem-se em um regime muito similar: aquele que caracteriza as situações em que os seres aprendem a exigir que o que importa para eles seja levado em conta, ou em que aprendem a responder a tal exigência. E eles aprendem isso com uma outra espécie. É o que dá um sabor tão notável e tão particular a esses projetos científicos, para os quais o fato de aprender a conhecer aqueles que observamos se subordina ao de aprender, primeiro, a *se reconhecer*.

D

de
Delinquentes

Os animais podem se revoltar?

Nas praias da ilha de São Cristóvão, no Caribe, humanos e macacos-vervet compartilham do sol, da areia... e dos coquetéis de rum. Talvez o termo "compartilhar" traduza mais fielmente a compreensão que os macacos parecem ter da situação do que a dos humanos que tentam, na medida do possível, proteger suas bebidas. Sem muito sucesso: os rivais parecem seriamente motivados. De fato, o hábito dos macacos está muito arraigado. Eles embriagam-se há quase trezentos anos, desde que chegaram à ilha na companhia dos escravizados enviados para trabalhar na indústria do rum. Lá os macacos tomaram gosto pela bebida recolhendo cana-de-açúcar fermentada nos campos. Hoje em dia, o furto substituiu a coleta, e os humanos têm muito a fazer diante dos seres que dão uma extensão inédita ao que, de longa data, é chamado o "flagelo social".

Nem tudo está perdido: esses macacos tinham algo a nos ensinar e poderiam até resolver um ou outro problema para nós. Os comentários aos vídeos que documentam essa história levam a isso de uma maneira ou de outra.[1] Foi lançado um programa de pesquisas pelo Conselho Médico do Canadá e pela Fundação de Ciências Comportamentais da ilha de São Cristóvão em que se distribuíram, generosamente, diversas bebidas a mil macacos em cativeiro. Com base em estatísticas, pesquisadores concluíram que os percentuais de con-

---

1 Os macacos beberrões podem ser vistos no YouTube [*vervet monkeys St Kitts*].

sumo alcoólico dos macacos alinham-se aos dos humanos: por um lado, boa parte desses macacos parece preferir sucos e refrigerantes e recusa coquetéis; dos que sobram, 12% são bebedores moderados, e 5% consomem até a embriaguez completa e rolam, literalmente, sob as mesas. As fêmeas mostram uma tendência menor ao alcoolismo e, mesmo quando se rendem a esse infeliz hábito, preferem as bebidas mais doces. Os comportamentos sob o efeito do álcool assemelham-se aos dos humanos: alguns bebedores, em situações sociais, são alegres e brincalhões, outros ficam melancólicos, outros arrumam confusão. Os bebedores moderados têm hábitos que lhes renderam, por parte dos pesquisadores, a denominação "bebedores sociais": eles preferem consumir entre o meio-dia e as quatro horas da tarde, em vez de pela manhã. Já os incondicionais começam logo de manhã e mostram uma preferência explícita pelo álcool misturado com água em vez de bebidas doces. E, se os pesquisadores só lhes dão acesso ao álcool em uma faixa horária reduzida, eles se intoxicam em tempo recorde, até o coma. Observou-se também que eles monopolizam a garrafa inteira e impedem os demais de ter acesso a ela. Tudo isso, informam-nos, atesta um padrão de consumo alcoólico similar ao nosso. A partir disso os pesquisadores concluem que uma predisposição genética determinaria os usos do álcool.[2] Eis uma boa notícia: temos, enfim, uma explicação que vai nos livrar de todos aqueles detalhes que complicam à toa as situações, como os cafés, os fins de semana, os fins de mês e de noite, o fato de querer esquecer, as festas, a solidão, a miséria social, o penúltimo copo e depois o último, a indústria do rum, a história da escravidão, das migrações e da colonização, o tédio do cativeiro, e tantos outros mais.

Voltando à delinquência, os exemplos de animais que causam problemas multiplicam-se em quase todos os lugares. Os crimes podem

---

2 Para os artigos relativos ao alcoolismo entre macacos, consulte o site noldus.com.

tanto divertir como virar uma tragédia. Os babuínos da Arábia Saudita ganharam há muito tempo a sólida reputação de ladrões que invadem casas para saquear as geladeiras. Quanto a bater carteiras, é possível ler no jornal *The Guardian* de 4 de julho de 2011 que macacos-de-crista [*Macaca nigra*] de um parque nacional da Indonésia roubaram a câmera do fotógrafo David Slater e só a devolveram ao dono depois de terem tirado uma boa centena de fotos, a maioria de si mesmos. Quanto à chantagem e à extorsão, mais uma vez na Indonésia, soubemos que os macacos do templo de Uluwatu, em Bali, roubam as máquinas fotográficas e as bolsas dos turistas e as devolvem somente em troca de comida. De modo geral, os roubos cometidos por animais em lugares frequentados por turistas tornaram-se inumeráveis e são acompanhados, em algumas ocasiões, de agressão.

Ainda mais dramático, há alguns anos vem se constatando uma modificação bastante brutal do comportamento dos elefantes. Alguns deles, por exemplo, atacaram vilarejos no oeste de Uganda e bloquearam várias vezes as estradas impedindo a passagem. Sempre houve conflitos entre humanos e elefantes, principalmente quando o espaço ou a comida são objeto de disputa. Entretanto, não se trata disso nesse caso: quando os fatos aconteceram, a comida era abundante, e os elefantes, pouco numerosos. Além disso, casos semelhantes ocorreram em quase toda a África, e todos os observadores mencionam que os elefantes não se comportam mais como nos anos 1960. Alguns cientistas mencionam o surgimento de uma geração de "adolescentes delinquentes" por causa da degradação dos processos de socialização que, normalmente, atuam no seio de cada manada; tal degradação deve-se aos últimos vinte anos de intensa caça ilegal e até mesmo aos programas de eliminação implementados por responsáveis pela gestão da fauna. Nesses programas ditos de remoção eliminaram-se, em muitas manadas, e de acordo com uma escolha ainda questionável – como, evidentemente, todas são –, as fêmeas mais velhas, sem que fossem consideradas as consequências catastróficas para o grupo. Outras estratégias igualmente bem intencionadas para lutar contra a superpopulação local, consistindo em realocar alguns elefantes jovens para reconstituir uma manada em outro lugar, tiveram efeitos similares, pois as matriarcas têm um papel essencial nos grupos. A matriarca é a memória da comunidade; ela é a reguladora das atividades; ela transmite o que sabe e, acima de tudo, é essencial para o equilíbrio do grupo. Quando a manada encontra outros elefantes, a matriarca consegue reconhecer pela assinatura vocal se estes são membros de um clã maior ou muito distante; ela indica a maneira como se deve organizar o encontro. Uma vez que a decisão é tomada e transmitida a seus membros, o grupo se acalma. Assim, das manadas que foram reconstituídas em um parque na África do Sul na virada dos anos 1970, praticamente nenhuma sobreviveu. Na autópsia, descobriram-se úlceras estomacais e outras lesões habitualmente ligadas ao estresse. Na ausência de uma matriarca, a única capaz de lhes garantir um desenvolvimento e um equilíbrio normais, os animais são incapazes de suportar.

Quando os elefantes começaram a atacar os humanos sem razão aparente, estas hipóteses foram, então, consideradas: os elefantes teriam perdido as referências e as competências oferecidas outrora pelo longo percurso de socialização vigente entre os paquidermes. Numa linha bastante parecida, alguns pesquisadores mencionaram também o fato de que, talvez, os elefantes sofram, como os humanos, de síndromes pós-traumáticas. Essa patologia os tornaria incapazes de gerir as emoções, de enfrentar o estresse e de controlar a violência. Como vemos, tais hipóteses tecem uma rede cada vez mais apertada de analogias com as condutas humanas.

Após a leitura do recente livro de Jason Hribal,[3] uma versão diferente poderia ser considerada. Hribal interessou-se pelo que, du-

---

3 Jason Hribal, *Fear of the Animal Planet: The Hidden History of Animal Resistance*. Petrolia / Chico: Counter Punch / AK Press, 2010.

rante muito tempo, recebeu o nome de "acidentes" nos zoológicos e nos circos, envolvendo, sobretudo, elefantes. Esses "acidentes" nos quais animais atacam, ferem ou matam seres humanos revelam-se atos de revolta e, mais especificamente, de *resistência* diante dos abusos de que são vítimas. Hribal vai até mais longe: tais atos expressariam, na verdade, por trás de sua brutalidade aparente, uma consciência moral nos animais [→ **Justiça**].

Aqui, mais uma vez, vê-se que o sistema das analogias alimenta as narrativas. O que outrora constituía a qualificação de acidentes hoje é o resultado de atos intencionais cujos motivos podemos elucidar e compreender. Não esqueçamos o que o termo "acidentes" encobria em situações no circo ou zoológico; além, é claro, do fato de tal denominação assegurar ao público o caráter excepcional do acontecimento, o acidente definia todas as situações que não exigem verdadeiras intenções. Entretanto, também chamavam tudo que era imputado ao instinto animal de "acidentes", o que com certeza excluía a ideia de que o animal poderia ter uma intenção ou um motivo [→ **Fazer científico**].

A proposta de Hribal para traduzir "acidentes" em termos de desaprovação, indignação, revolta ou resistência ativa não tem nada de novo. Certamente mais rara entre os cientistas desde o fim do século XIX, ainda a encontramos entre os "amadores leigos", tais como adestradores, criadores, cuidadores e tratadores de zoológico. Essa tradução, entretanto, conseguiu se impor em uma situação recente que, obviamente, deixou poucas dúvidas quanto à maneira de interpretá-la. O assunto tem sido discutido em abundância desde o início de 2009, quando as imagens circularam na rede e ganharam as manchetes de alguns jornais. Santino, um chimpanzé do zoológico de Furuvik, ao norte de Estocolmo, criou o hábito de bombardear com pedras os visitantes que passavam por perto. Ainda mais surpreendente, os pesquisadores que se interessaram por essa história constataram que Santino planejava com cuidado seus ataques. Ele juntava e escondia as pedras perto do local onde passam os turistas, na lateral da jaula; fazia isso de manhã, antes da chegada deles. Além disso, não o fazia nos dias em que o zoológico estava fechado. Quando o material começava a faltar, ele fabricava, então, os projéteis com pedregulhos de cimento disponíveis em sua jaula. Segundo os pesquisadores, isso revela capacidades cognitivas bastante sofisticadas: a possibilidade de antecipação e, sobretudo, de planejamento do futuro. Não resta dúvida de que Santino colocou suas competências a serviço da expressão de sua desaprovação. O fato de os chimpanzés utilizarem projéteis como armas já havia sido observado em encontros entre grupos. Uma vez que "caiu na rede é peixe", eles já foram vistos, com frequência, guardando os excrementos para seus projetos bélicos – é verdade que muitas vezes essa é a única arma disponível nas jaulas dos zoológicos, mas eles também o fazem na natureza. É assim que, às vezes, recebem um congênere estranho ou até mesmo um humano desconhecido. Muitos pesquisadores aprenderam por experiência própria.

Robert Musil dizia que a ciência transformou vícios em virtudes: aproveitar as oportunidades, ser esperto, levar em conta os mais ínfimos detalhes para tirar vantagem deles, cultivar a arte da reviravolta e das retraduções oportunistas.[4] Se há uma pesquisa que merece tal descrição é justamente aquela conduzida por William Hopkins e seus colegas. Não sei se é realmente necessário acrescentar que ela demonstra um notável senso de dedicação à causa do saber; podemos apenas ter uma ideia da dimensão ao ler o protocolo e ao considerar a duração do experimento: quase vinte anos.[5]

---

4   Robert Musil, *O homem sem qualidade* [1943], trad. Lya Luft e Carlos Abbenseth. Rio de Janeiro: Nova Fronteira, 2006. Encontrei-o em Isabelle Stengers, "Une Science au féminin?", in I. Stengers e Judith Schlanger, *Les Concepts scientifiques*. Paris: Gallimard, 1991.
5   Para uma pesquisa mais detalhada sobre as condições do protocolo: ncbi.nlm. nih.gov. Adiante, encontra-se uma crítica à forma como os resultados são apresentados [→ **YouTube**].

A questão que guia Hopkins "nos" concerne – notemos que não costuma ser diferente quando se investigam chimpanzés no âmbito experimental. Tal questão faz parte do grande projeto de elucidar nossas origens e, mais modestamente, a origem de alguns dos hábitos que adquirimos ao longo da evolução. Nesse caso, a questão é retraçar a origem do fato de, na maioria dos humanos, a mão direita ser privilegiada. Um detalhe. Exceto que várias hipóteses foram reformuladas a partir desse "detalhe". Segundo uma delas – a que interessa Hopkins –, o uso da mão direita teria se desenvolvido com os gestos de intenção comunicacional. Ora, lançar em direção a um alvo – e, portanto, mirar – não implica apenas os circuitos responsáveis pelos comportamentos intencionais de comunicação, requer também a habilidade de sincronizar de maneira precisa dados espaciais e temporais. O gesto mobilizaria, então, circuitos neuronais que poderiam se mostrar essenciais na aquisição da linguagem. Em outras palavras, a prática do lançamento poderia ter constituído um fator determinante em favor da especialização do hemisfério esquerdo nas atividades comunicativas. Eis, portanto, o problema no qual os chimpanzés estão implicados: já que estão "logo atrás de nós" no caminho da evolução, seriam eles destros? Como convencer os chimpanzés a responder a tal pergunta? Teríamos de adivinhar simplesmente com base em sua tendência a fazer lançamentos. Com efeito, não escapou a esses cientistas que, nos primeiros encontros, quando se apresentavam aos chimpanzés, estes se entregavam ao lamentável hábito de lhes jogar excrementos.

Com certeza lamentável até o ponto, justamente, em que tal hábito se torna o caminho privilegiado em direção ao saber. Vinte anos! Durante quase vinte anos os pesquisadores se sujeitaram, portanto, ao lançamento de excrementos, coletando, com admirável abnegação, tantos dados que um dia vão, sem dúvida, elucidar um dos mistérios da humanização. Iniciado em 1993 com os chimpanzés em cativeiro do Centro Nacional de Primatologia Yerkes [Yerkes National Primate Research Center], o estudo recrutou, dez anos depois, os chimpanzés do centro de pesquisas contra o câncer da Universidade do Texas – diga-se de passagem, quando se sabe o que devem suportar os chimpanzés nesse centro de pesquisas, pode-se imaginar que a proposta experimental dos pesquisadores deve ter sido favorecida pela aprovação deles.

Foram observados 58 machos e 82 fêmeas lançando pelo menos uma vez, mas apenas 89 deles permaneceram no estudo: para garantir a solidez dos resultados era preciso que os macacos manifestassem tal comportamento pelo menos seis vezes. Com uma pontuação mínima de seis lançamentos por chimpanzé durante tantos anos, ultrapassa-se evidentemente com folga o âmbito dos primeiros encontros, a menos que se imagine que os pesquisadores tenham recrutado um exército de humanos que aceitassem desempenhar o papel do indivíduo pouco familiar, o que não é mencionado. Certamente, os chimpanzés podem se servir desse método em outros contextos, sobretudo durante disputas e quando querem chamar a atenção de um chimpanzé ou de um humano desatento. Os cientistas tiveram, então, várias estratégias à disposição. Mas podemos considerar outra hipótese. Os chimpanzés compreenderam o que os pesquisadores esperavam deles e o cumpriram com graça, sem demasiada rigidez quanto à regra da não familiaridade. Quem sabe definir, dentre todos os bons motivos, aqueles que suscitaram a sua motivação...

Dois mil quatrocentos e cinco lançamentos foram observados de 1993 a 2005 – e essa é apenas uma parte dos que tiveram os pesquisadores como alvo, uma vez que esses resultados não incluem as tentativas dos macacos menos constantes, os lançadores ocasionais.

Valeu a pena o esforço, os resultados são conclusivos: os chimpanzés são, nesse caso, majoritariamente destros.

E

de
Exibicionistas

—

**Os animais
se veem como nós
os vemos?**

Em um magnífico artigo intitulado "The Case of the Disobedient Orangutans" [O caso dos orangotangos desobedientes], a filósofa e adestradora de cães e de cavalos Vicki Hearne conta que, ao perguntar a Bobby Berosini sobre o que motivava os orangotangos dele a trabalhar, recebeu como resposta: "Nós somos atores. *Nós* somos atores. Você entende?".[1]

Em primeiro lugar, há este "nós". É verdade que a própria forma do espetáculo de Berosini poderia favorecer a utilização desse termo; a encenação não para de embaralhar os papéis e as identidades. No início do espetáculo, Berosini conta ao público que com frequência lhe perguntam como consegue que os orangotangos façam todas aquelas coisas. Ele explica, então, que responde à pergunta afirmando: "Você deve mostrar a eles quem é que manda". Ele propõe fazer uma demonstração. Chama o orangotango Rusty e lhe pede para saltar sobre uma banqueta. Rusty olha para ele, dando sinais de total incompreensão. Berosini explica com a ajuda de muitos gestos. Rusty faz uma cara cada vez mais perplexa. Por fim, Berosini decide demonstrar, salta sobre a banqueta... e o orangotango convida o público a aplaudir o humano. O espetáculo prossegue assim por uma série de reviravoltas e inversões, sobretudo quando os orangotangos teimam em recusar os biscoitos oferecidos após cada

---

1 Vicki Hearne, "The Case of the Disobedient Orangutans", in *Animal Happiness.* New York: HarperCollins, 1993.

um de seus êxitos e não param de querer distribuí-los ao público, chegando até mesmo a obrigar o próprio Berosini a comê-los. "Nós somos atores." Há múltiplas maneiras de se construir um "nós", nunca deixamos de ter essa experiência – ou de perdê-la – no cotidiano. Como compreender esse "nós" que parece autorizado pelo êxito de Berosini? Poderíamos inicialmente considerar que a relação de domesticação é uma condição privilegiada para a aquisição dessa competência partilhada. Tal hipótese seria pertinente em outros contextos, mas ela não pode ser aplicada aqui. A domesticação implica que homens e animais sejam mutuamente transformados no curso do longo processo que fabrica humanos domesticadores e animais domesticados. Os orangotangos não são animais domesticados. O termo "selvagem" também não parece apropriado. Mas, junto com seu adestrador Berosini, eles poderiam consentir o título de "espécies companheiras", para retomar a bela expressão de Donna Haraway, e eles poderiam até dar à etimologia sobre a qual ela baseia sua escolha uma nova extensão: não são apenas espécies *cum-panis*, que compartilham o pão, mas espécies que *ganham* juntas o seu pão. O "nós" que os reúne poderia, então, constituir-se no fato de "fazer coisas" juntos [→ **Trabalho**]. Provavelmente é esse o caso.

Mas a situação de Berosini e de seus orangotangos apresenta uma dimensão adicional. O trabalho que os reúne não é um trabalho qualquer. É um trabalho de espetacularização e de exibição. O que Berosini encena e cria no espetáculo ressalta, então, uma figura particular dessa possibilidade de dizer "nós": aquela que é produzida pela experiência particular da exibição; a possibilidade de trocar perspectivas.

Precisamos nos deter neste ponto. Em primeiro lugar, o que considero característica própria da exibição *em geral* poderia ser apenas uma consequência do tipo de roteiro escolhido por Berosini. O espetáculo dos orangotangos desobedientes radicaliza essa experiência de troca de perspectivas, já que cada um dos protagonistas é incessantemente convidado, ao longo dos esquetes e das inversões de papéis, a adotar a postura do outro – os macacos assumem o papel do adestrador, o adestrador se encontra na posição dos animais, não se sabe mais quem controla quem. Cada um entra no jogo, fabulador, explicitamente fabulador, de viver a experiência do ponto de vista do outro, colocando-se, como dizem os anglo-saxões, *em seus sapatos* – nesse caso, literalmente. Mas será que não se pode imaginar que, com esse roteiro, Berosini tenha apenas conduzido ao extremo uma das possibilidades da própria experiência da exibição, que seria a capacidade de adotar o ponto de vista de um outro ou de outros – a perspectiva daquele que fingimos ser, daquele para quem o fazemos e daquele que nos pede para fazê-lo?

Em seguida, muito mais problemático, é evidente que diversos animais – a maioria mesmo – convocados para ser exibidos em zoológicos ou em circos vivem no cotidiano a trágica experiência da separação entre "eles" e "nós" [→ **Delinquentes,** → **Hierarquia**]. É porque são animais, e não humanos, que eles são exibidos, enjaulados, jogados como alimentos para o olhar e obrigados a executar várias coisas que, obviamente, não lhes interessam e os deixam infelizes. Nessas histórias, não há nem "nós" nem, muito menos, a possibilidade de trocar perspectivas – se fôssemos ativamente capazes disso, eles não estariam lá onde estão. Concordo. Mas eu não gostaria que esquecêssemos aquelas situações que são talvez mais excepcionais e que, ao contrário, tornam tais eventos possíveis, situações em que um "nós" é criado e dentro das quais perspectivas são trocadas. Elas são reconhecíveis ao se inverterem as consequências que acabo de mencionar de passagem: os animais encontram interesse e ali estão obviamente "cuidando dos seus negócios", o que é outra maneira de dizer que eles estão felizes em um sentido que não deve ser muito distante do que nós chamamos de "ser feliz".

Como uma situação de exibição poderia favorecer as trocas perspectivistas e resultar nessa possibilidade de construir um "nós", certamente parcial, pontual e sempre provisório? Ao ler depoimentos de criadores, adestradores e pessoas que praticam o *agility*[2] com seus animais, pareceu-me que a espetacularização induziria, suscitaria ou demandaria uma competência particular: *a de imaginar poder se ver com os olhos do outro.* Ressaltemos que tal possibilidade comportaria uma definição reduzida do perspectivismo que indica nossas maneiras de pensar as relações com o mundo e com os outros. Outras tradições inventaram outras imagens e, em especial, se acompanharmos os trabalhos do antropólogo Eduardo Viveiros de Castro com os ameríndios, uma forma segundo a qual os animais se veriam da mesma maneira como os humanos veem a si mesmos: o jaguar se percebe como um humano, de modo que, por exemplo, o que nós chamamos de "sangue" de sua presa, ele percebe como cauim; o que nós consideramos como seu pelo, ele percebe como uma vestimenta.[3]

Considerar os animais como perspectivistas nesse sentido estrito abre, entretanto, outro acesso ao velho problema do que chamam de "mentalismo". Os animais mentalistas são aqueles capazes de atribuir intenções aos outros [→ **Bestas,** → **Mentirosos**]. Os cientistas concordam que essa competência repousa sobre uma outra: a de ter consciência de si. A consciência de si, ainda de acordo com esses cientistas, pode ser validada com base em um teste, o de se reconhecer em um espelho [→ **Pegas-rabudas**]. Resumindo, então, os animais que se reconhecem num espelho podem ser reconhecidos (nesse caso, pelos cientistas) como tendo consciência de si mesmos. Eles podem, portanto, colocar-se à prova a fim de obter o atestado de domínio em uma competência hierarquicamente supe-

---

2 Treinamento esportivo para cachorros, com percurso de obstáculos que exigem que o animal salte, escale etc., a fim de treinar habilidades como destreza e concentração. [N. E.]

3 Eduardo Viveiros de Castro escreveu vários artigos sobre o perspectivismo, ver "Perspectivismo e multinaturalismo na América indígena", in *A inconstância da alma selvagem.* São Paulo: Ubu Editora, 2017. Outras referências a trabalhos de Viveiros de Castro encontram-se em [→ **Versões**].

rior: a de compreender que aquilo que os outros têm em mente não é igual ao que eles mesmos têm. Eles podem, então, em tal contexto, adivinhar as intenções, as crenças e os desejos dos outros.

Embora eu admire a ingenuidade, a paciência e o talento dos pesquisadores que montaram esses dispositivos com espelho, sempre fiquei um pouco perplexa diante do privilégio bastante exclusivo do teste escolhido. Certamente, é uma situação muito interessante conseguir despertar o interesse dos animais pelo que nos interessa: nós. Mas, por um lado, este "nós" que acabo de afirmar não foi colocado levianamente? Será que os espelhos interessam a todos nós? Ou é a maneira particular de definir uma relação consigo em uma tradição preocupada com a introspecção, com o conhecimento de si, e assombrada pela reflexividade? Por outro lado, de modo mais geral, o espelho não apenas revela um problema essencialmente visual, mas pressupõe que se conhecer é conhecer-se a si mesmo, de um modo solipsista. É sozinho consigo mesmo que se negocia, de maneira especular, a consciência de si. Ainda assim, o fato é que esse teste se impôs de modo tão indiscutível que se tornou decisivo no assunto. Mas os "excluídos" do teste, aqueles para quem o espelho não tem significado nem interesse, não deveriam ter sido reconsiderados segundo outras modalidades?

O questionamento que faço da exibição convida-nos a revisitar essa possibilidade, pois, quando consegue suscitar, reunir, induzir, fazer existir uma forma particular de perspectivismo, a exibição me parece estar em condições muito melhores para definir (e distribui de maneira menos parcimoniosa) uma certa dimensão da consciência de si, não mais como um processo cognitivo, mas como um processo inter-relacional.

Tal competência é perceptível no exato complemento da capacidade de se pensar como se mostrando, portanto, de se ver como os outros o veem; o complementar (e não o contrário, como se poderia crer) de se exibir é se esconder. Pois ambos são da mesma competência, desta competência de que devemos falar quando um animal se esconde sabendo que se esconde: *ele sabe se ver como os outros o veem*, e é isso que lhe permite imaginar ou prever a eficácia do fato de se esconder. Esconder-se sabendo que se está escondendo indica, em outras palavras, a operação de um processo que consiste na possibilidade de adotar a perspectiva do outro: "Do lugar onde ele está, ele não consegue me ver". Um animal que se esconde sabendo que se esconde é, portanto, um animal dotado da possibilidade de perspectivismo; um animal que se mostra o faz de maneira ainda mais sofisticada, já que não estamos mais na disjunção ver / não ver, mas em uma variação das possibilidades do que é visto: jogamos com os efeitos [→ **Obras de arte**].

Voltemos à exibição como situação que realiza competências perspectivistas: com base em que se reconhece que um animal se exibe ativamente e concretiza esse feito? Minha resposta poderia surpreender: *na medida em que aquele que trabalha com ele o descreve como tal*. É o que resulta, sobretudo, da leitura dos escritos de Vicki Hearne que falam do trabalho dos adestradores ou, ainda, da investigação que eu e Jocelyne Porcher conduzimos com criadores.[4] Ao longo dessa investigação, de fato, notamos que a temática dos concursos de animais envolvia, por parte dos adestradores que entrevistamos, um regime de descrições não apenas claramente perspectivista, mas também num sentido que parece se aproximar daquele definido por Viveiros de Castro.

Com efeito, nessas situações os criadores veem seus animais como capazes de se ver como *nós mesmos nos veríamos se estivéssemos em seu lugar*. Alguns, aliás, como os criadores portugueses Acácio e António Moura, não hesitam em afirmar que sua vaca, depois de tantos concursos, "vai acabar acreditando que é realmente diferente e especial". O primeiro acrescenta, um pouco mais severo: "Talvez elas acabem acreditando que são lindas, que são divas". Ou

---

4   V. Despret e Jocelyne Porcher, *Être Bête*. Arles: Actes Sud, 2007.

ainda, por parte dos criadores belgas e franceses: "Eu tive um touro que participava de concursos, ele sabia que devia ser bonito, porque, quando você tirava uma foto, ele imediatamente levantava um pouco a cabeça. Parecia até que ele estava fazendo uma pose, entende? Uma estrela!". Ambos, Bernard Stephany e Paul Marty, confirmam que o animal sabe e participa ativamente de sua própria encenação:

Essa vaca era uma estrela e se comportava como uma estrela, como se fosse uma pessoa humana que tinha participado de um desfile de moda, e isso, isso nos impressionou [...]. No pódio, a vaca olhou em volta, ela estava posicionada, lá estava a tribuna, ela estava assim, e lá estavam os fotógrafos. Ela olhou para os fotógrafos e, lentamente, enquanto as pessoas aplaudiam, ela virou a cabeça e olhou as pessoas aplaudindo [...]. Naquela hora, parecia que ela tinha entendido que precisava fazer aquilo. Além disso, foi incrível porque foi natural.

O que os criadores relatam – mas eu ouvi igualmente de adestradores de cães – é o seguinte: animais e pessoas conseguiram entrar em sintonia a respeito do que importa para o outro, agir de tal modo que o que importa para o outro seja importante agora para si.

Eu sei que os relatos não vão deixar de suscitar o riso. Esse riso apenas prolongará a longa história por meio da qual os cientistas obstinadamente desqualificaram o saber de seus rivais em matéria de expertise animal: os amadores, os criadores, os adestradores, suas anedotas e seu indefectível antropomorfismo [→ **Fazer científico**]. Além disso, esse riso ratifica a falta de jeito com a qual eu mesma coloquei o problema ao afirmar que se reconhece uma situação de exibição ativa e perspectivista *na medida em que aquele que trabalha com o animal o descreve como tal.*

É verdade que são raros os cientistas de laboratório que atribuem a seus animais a vontade de mostrar ativamente que, sim, eles querem mesmo fazer e sabem fazer bem o que lhes é proposto. E com razão. Pois, se os psicólogos experimentais o vissem, eles seriam obrigados a concordar que os animais não estão simplesmente "reagindo" ou sendo condicionados, mas que eles exibem aquilo de que são capazes porque isso lhes foi demandado [→ **Reação**]. Na maior parte dos laboratórios, mostra-se algo *a respeito* dos animais, os animais não mostram nada. É por isso que o experimento de condicionamento, por exemplo, pode pertencer ao registro da demonstração, mas não ao do espetáculo. É por isso também que não há um sujeito de perspectivas nesse tipo de experimento.

Eis do que Berosini debocha, com seus orangotangos distribuindo biscoitos. Sua paródia do condicionamento que se volta contra ele reabre a questão do reforço como motivo, pois a recompensa alimentar, no dispositivo de condicionamento, tem o efeito de encerrar definitivamente a questão: "Por que eles fazem isso?". A recompensa, em suma, reduz consideravelmente a perspectiva, obliterando o espectro das explicações complicadas, como as explicações que obrigariam a levar em conta as razões pelas quais o animal pode se interessar pelo que lhe é proposto [→ **Laboratório**]. A recompensa alimentar, dizendo de outro modo, é o motivo capaz de puxar o tapete da perspectiva.

Afirmando que se pode reconhecer uma situação exibidora e perspectivista com base na descrição feita por quem trabalha com o animal, não incito, de modo algum, a pensar que tudo não passa de subjetividade ou de interpretações. Pois o fato de descrever não apenas traduz um envolvimento daquele que propõe essa descrição, mas envolve e modifica os que se deixam envolver por ela e aos quais a descrição *sintoniza* em um registro inédito. Nesse sentido, o que minha formulação designa como "descrição" corresponde a uma proposta que foi acolhida e que pode, a partir de então, qualificar o êxito dessa acolhida.[5]

---

5 Para um exibicionismo de primeira linha – e um laboratório que leva ativamente em conta o gosto pela exibição dos seus animais e a dimensão espetacular do dispositivo –, remeto a Alex, o papagaio da psicóloga Irene Pepperberg [→ **Laboratório**].

Talvez os laboratórios se tornassem mais interessantes se os cientistas os concebessem como locais de exibição. Assim, eles renovariam uma definição literal da dimensão pública da prática científica (tal dimensão é geralmente assegurada pela publicação de artigos) e lhe confeririam, ao mesmo tempo, uma dimensão estética. Os cientistas substituiriam a rotina de protocolos repetitivos por testes inventivos por meio dos quais os animais poderiam *mostrar do que são capazes* quando nos damos ao trabalho de lhes fazer propostas passíveis de interessá-los. Os pesquisadores explorariam questões inéditas que só teriam sentido se fossem acolhidas por aqueles a quem seriam feitas tais propostas. Cada experimento se tornaria, então, uma verdadeira performance, exigindo tato, imaginação, solicitude e atenção – as qualidades dos bons adestradores e talvez dos artistas **[→ Obras de arte]**.

Ao empregar o modo condicional, como acabo de fazer, eu poderia levar a pensar que esses laboratórios ainda estão para ser inventados. No entanto, eles existem; encontraremos alguns deles ao longo do alfabeto. Alguns se parecem bastante com essa descrição; entretanto, não posso garantir que seus cientistas se reconheceriam nela. Mas, devo lembrar, este é justamente o status que eu conferi às descrições: propostas sempre dependentes do acolhimento que receberão.

F

de

Fazer científico

Os animais têm um senso de prestígio?

Até hoje o comportamento dos pavões suscitou um interesse relativamente pequeno dos cientistas, mais interessados por sua cauda do que por seus hábitos sociais ou por suas competências cognitivas. Talvez o pavão tenha alguma responsabilidade nisso e tenha imposto aos pesquisadores suas próprias preocupações. Além dos problemas de física relativos à captura da luz que produz cores tão brilhantes, sua cauda aberta em roda suscitou numerosos debates: como a evolução não condenou um ornamento tão inoportuno que poderia, no fim das contas, desfavorecer seriamente o seu proprietário? É o que se chama de paradoxo da evolução. Darwin, que não questionava o senso estético dos animais, responderia que os machos dotados dos mais belos paramentos seriam privilegiados pelas fêmeas e, portanto, transmitiriam tal característica à sua descendência. Mais prosaicos, os pesquisadores que vieram depois dele recusaram a ideia de que tais atributos, por mais belos que fossem, pudessem suscitar alguma emoção estética. Porém, na medida em que deviam ter alguma utilidade, os cientistas consideraram que sua exuberância informava as fêmeas sobre o vigor e a boa saúde de seu proprietário [→ **Necessidade**].

O etologista israelense Amotz Zahavi retoma o problema diferentemente [*autrement*]: deslocando-o um pouco. Ele diz que é preciso recomeçar a partir da ideia de que a cauda, tão inoportuna, constitui de fato uma *desvantagem*. Com certeza, ela representa um fardo, facilita a identificação pelos predadores e compromete muito seriamente as possibilidades de fuga. Ora, se um macho dotado de uma cauda impressionante e, portanto, fortemente desvantajosa sobreviveu, é porque ele tem os meios para tanto. E, se as fêmeas são sensatas, elas terão, portanto, todo o interesse em escolher, como pai de sua prole, um indivíduo em grande desvantagem – para resolver um paradoxo, nada melhor do que outro. Em outras palavras, uma desvantagem tão evidente quanto uma cauda exuberante é uma forma de propaganda confiável e inequívoca para seus destinatários.

Mas não escapou a alguns observadores que, às vezes, acontece de o pavão ser um pouco seletivo na escolha de tais destinatários. Assim, Darwin relata uma cena estranha: um pavão esforçava-se para abrir a cauda diante de um porco. Seu comentário inscreve-se na sua convicção de que existe um senso estético entre os animais: os machos adoram mostrar sua beleza (*sic*), obviamente a ave quer um espectador, seja ele qual for, pavão, peru ou porco.

Hipóteses como essa desapareceriam completamente da cena da história natural nos anos seguintes. E, quando encontramos a mesma observação na pena do fundador da etologia, Konrad Lorenz, uma interpretação totalmente diferente se impõe. A exibição da cauda define-se como um padrão inato de ações associado a energias internas específicas. Dito de modo mais claro, o comportamento é inato e se insere em uma sequência de ações e de reações que se sucedem de acordo com uma ordem programada. O animal, submetido a energias internas específicas, entra em uma fase de apetência; ele começa a buscar instintivamente um objeto; uma vez encontrado, este agirá como um "mecanismo inato de desencadeamento" de comportamentos estereotipados. Na ausência do estímulo apropriado, a energia se acumula e, por fim, entra em "erupção" (o pavão abre a cauda), *in vacuo* – *in vacuo* aqui designando o porco.

A socióloga Eileen Crist nos convida a prestar atenção a esse modelo e, sobretudo, ao contraste entre as duas interpretações.[1] Por um lado, com Darwin, há um animal plenamente autor de suas extravagâncias, que tem a sensação da beleza, dos motivos e das intenções por trás delas, um animal que toma iniciativas, que até se perde um pouco, que, de algum modo, não nos poupa de surpresas; por outro lado, encontramos uma mecânica biológica movida por leis incontroláveis e cujas motivações podem ser mapeadas como um sistema de encanamento quase autônomo. O animal é "impelido" por forças, certamente internas, mas sobre as quais ele não tem nenhum controle. A diferença entre as duas descrições parece se basear naquela que o naturalista estoniano Jakob von Uexküll [→ *Umwelt*] identificava entre um ouriço e um cão: quando um ouriço se desloca, são suas patas que o movimentam; quando um cão se desloca, é ele que move suas patas.

O contraste entre Darwin e Lorenz pode ser estendido, pois não é específico desses autores. Nota-se que os naturalistas do século XIX manifestavam, em relação aos animais, a generosa atribuição de subjetividades que serão definidas, posteriormente, como antropomorfismo desenfreado. A maioria dos textos dos naturalistas daquela época abunda em histórias que atribuem aos animais sentimentos, intenções, vontades, desejos e competências cognitivas. No século XX, essas histórias ficaram limitadas aos escritos e relatos dos não cientistas – os "amadores", naturalistas, tratadores, adestradores, criadores, caçadores. No que tange aos cientistas, o discurso será marcado principalmente pela rejeição das anedotas e pela exclusão de toda forma de antropomorfismo.

O contraste entre as práticas científicas e aquelas dos não cientistas a respeito dos animais é, portanto, relativamente recente. Ele

---

1 Eileen Crist, *Images of Animals*. Philadelphia: Temple University Press, 1999. Devo a Crist o contraste das histórias de Darwin e de Lorenz a respeito da mesma observação do pavão.

se constituiu em dois tempos e em duas áreas de pesquisas. O primeiro situa-se na virada do século xx, quando os psicólogos especialistas em animais introduziram estes no laboratório e se esforçaram para livrar-se de explicações nebulosas tais como a vontade, os estados mentais ou afetivos ou, ainda, o fato de o animal poder ter um julgamento sobre a situação e interpretá-la [→ **Laboratório**].

O segundo momento constitui-se um pouco mais tarde, principalmente com Konrad Lorenz. É verdade que a imagem que mantemos de Lorenz é a de um cientista que adota seus animais, que nada com seus gansos e patos e que fala com suas gralhas. Essa imagem é fiel à sua prática, mas nem tanto a seu trabalho teórico. A partir das propostas teóricas de Lorenz, a etologia enveredou por um caminho decididamente científico: os etologistas que o seguiram aprenderam a ver os animais como limitados a "reagir" mais do que a vê-los como seres que "sentem e pensam", excluindo toda possibilidade de considerar a experiência individual e subjetiva. Os animais vão perder uma condição essencial da relação: a possibilidade de *surpreender* aquele que os investiga. Tudo se torna previsível.[2] As causas substituem as razões para agir, sejam elas lógicas ou fantasiosas, e o termo "iniciativa" desaparece em benefício do termo "reação" [→ **Reação**].

Como compreender que Lorenz possa ser reconhecido por uma prática que se baseia em – e serve de base para – belas histórias de

---

2 O fato de os animais se tornarem previsíveis é inspirado, sobretudo, na análise de Dominique Lestel sobre a mecanização do animal; Lestel considera a perda de iniciativa do animal e os dispositivos de submissão que visam erradicar qualquer possibilidade de surpresa como ligados pela mesma questão no livro *Les Amis de mes amis*. Paris: Seuil, 2007. Contudo, eu já estava atenta ao aspecto da surpresa devido aos trabalhos de Emilie Gomart, que emprega essa noção para rediscutir, no caminho aberto por Bruno Latour, a teoria da ação, explorando a maneira como a surpresa se produz nas relações entre os usuários de droga, as partes envolvidas e o poder público. Emilie Gomart, "Surprised by Methadone". *Body and Society*, v. 2–3, n. 10, jun. 2004, pp. 85–110.

domesticação e de surpresas e, ao mesmo tempo, esteja situado na origem de uma etologia tão árida e mecanicista?

Uma parte da resposta pode ser encontrada revisitando o momento de estabelecimento da etologia como disciplina científica autônoma. Lorenz queria criar uma disciplina universitária, científica, cuja competência poderia ser reivindicada apenas por aqueles que a houvessem cursado. Ora, outras pessoas, não universitárias, podem legitimamente se declarar competentes no assunto. São os "amadores", caçadores, criadores, adestradores, tratadores, naturalistas, cuja prática é próxima, que conhecem bem os animais, mas não têm uma teoria de verdade. Para estabelecer a legitimidade da área do conhecimento que tenta constituir, Lorenz vai "cientificizar" o conhecimento do animal. A etologia torna-se uma "biologia" do comportamento – daí a importância do instinto, dos determinismos invariantes e dos mecanismos inatos fisiologicamente explicáveis em termos de causas. E tal diferenciação mostra-se ainda mais imperativa, pois a proximidade do rival é forte, experimentada como especialmente perigosa uma vez que boa parte do saber científico se nutriu amplamente do conhecimento dos amadores.[3] Tratava-se, em suma, de *tirar o animal do saber comum*.

Os sucessores de Lorenz seguirão fielmente o programa assim instituído. A estratégia de "fazer ciência" como um procedimento de distanciamento dos que poderiam afirmar saber (e de fato saber) vai aos poucos se traduzindo em uma série de regras. Assim, a rejeição das anedotas (que enriquecem de maneira tão notável os discur-

---

3 A questão da marginalização do amador foi analisada magistralmente em Marion Thomas, *Rethinking the History of Ethology: French Animal Behaviour Studies in the Third Republic (1870–1940)*. Essa tese foi defendida em 2003 na Universidade de Manchester (Centre for the History of Science, Technology and Medicine). Ademais, devo mencionar o importante trabalho de Florian Charvolin sobre a questão do amador, sobretudo numa dimensão essencial que não assinalei, a da paixão. F. Charvolin, *Des Sciences citoyennes? La Question de l'amateur dans les sciences naturalistes*. La Tour-d'Aigues: Éditions de l'Aube, 2007.

sos dos amadores) e, sobretudo, a suspeita maníaca do antropomorfismo aparecerão como a marca de uma ciência verdadeira. Os cientistas que herdaram essa história manifestam, por conseguinte, uma desconfiança intensa a respeito de qualquer atribuição de motivos aos animais – especialmente se tais motivos são complicados ou, pior ainda, assemelham-se aos que um humano poderia ter em circunstâncias parecidas. O instinto, nesse contexto, é a causa perfeita: ele escapa a toda explicação subjetiva e é, ao mesmo tempo, causa biológica e motivo, e um motivo que escapa totalmente do conhecimento do próprio sujeito. Não se poderia sonhar com um objeto melhor.

Isso significa, portanto, que a acusação de antropomorfismo não se relaciona tanto, ou nem sempre, com a atribuição de competências humanas ao animal, mas em vez disso acusa o procedimento pelo qual essa atribuição foi efetuada. Em outras palavras, a acusação de antropomorfismo, antes de definir um procedimento cognitivo qualquer, é uma acusação política, de "política científica", que visa, acima de tudo, desqualificar um modo de pensamento ou conhecimento do qual a prática científica tentou se livrar: o do amador.

Essa hipótese nos convida a revisitar as situações de acusação de antropomorfismo para levantar outras questões a seu respeito. Quem se pretende proteger com tal acusação? O animal a quem se atribui demais, ou muito pouco, e cujos costumes ignoramos [→ *Umwelt*]?

Ou se trata de defender posições, procedimentos, identidades profissionais?

Para sustentar e complicar a possibilidade dessa segunda hipótese, proponho retomar o exemplo do etologista israelense que mencionei brevemente por sua contribuição ao enigma da extravagante cauda do pavão: Amotz Zahavi. De fato, Zahavi não trabalha com pavões, mas com pássaros muito peculiares, os tagarelas-árabes [*Argya squamiceps*]. Ele os observa há mais de cinquenta anos no deserto do Neguev e foi com eles que acabou elaborando, a partir de então, a teoria da desvantagem que beneficia, além dos pavões, muitos animais que apresentam comportamentos exibicionistas extravagantes.

A teoria da desvantagem pressupõe que alguns animais afirmam seu valor (sua superioridade, diz Zahavi) em situações de competição por meio de um comportamento oneroso. Lembremos que ser adornado com atributos que fazem de você o alvo número um dos predadores é um comportamento oneroso, uma desvantagem; se você sobreviveu, foi porque tinha os meios para isso.

Os tagarelas são pássaros bastante crípticos; sua desvantagem não está, portanto, em sua aparência, mas em suas atividades cotidianas. Segundo Zahavi, eles não param de exibir atos onerosos que vão lhes permitir ganhar prestígio aos olhos de seus companheiros. Pois o prestígio importa na comunidade dos tagarelas. Ele permite acessar posições cobiçadas na hierarquia, o que representa a possibilidade de impor sua candidatura como reprodutor, sobretudo em grupos nos quais, a princípio, somente um casal se reproduz. Os atos onerosos e prestigiosos assumem várias formas: os tagarelas oferecem presentes na forma de alimentos; eles se voluntariam para assumir o papel de sentinela; eles alimentam, sem benefício próprio aparente, o ninho do casal que se reproduz; e podem ter uma coragem notável assumindo riscos nos combates com outros grupos ou quando um predador ameaça um dos seus. Certamente, não são raros os pássaros que alimentam um ninho que não é o seu, sobretudo nas espécies subtropicais; essas situações abundam nos registros dos etologistas. O fato de se unirem contra inimigos também não é excepcional. Já os presentes são menos comuns, pelo menos fora das relações de casais. Mas os tagarelas não agem como os demais pássaros. Por um lado, eles o fazem com uma vontade explicitamente exibicionista. Eles querem ser vistos pelos outros e assinalam cada uma de suas atividades com um pequeno assobio codificado característico. Por outro, eles disputam duramente entre si o direito de fazê-lo. Se um indivíduo de posição hierárquica inferior tenta oferecer um presente a um outro de posição superior, passará um mau bocado, quem sabe até um péssimo bocado. Assim, numerosas observações levaram Zahavi a pensar que os tagarelas inventaram uma resposta original para o problema da competição no seio de grupos para os quais a cooperação é uma necessidade vital: eles concorrem pelo direito de ajudar e de dar.

Pude acompanhar Zahavi no trabalho de campo durante algum tempo e com ele aprendi a observar e a tentar compreender os comportamentos desses pássaros tão extraordinários. Fiquei interessada também pela maneira como ele mesmo observava, construía suas hipóteses, decifrava os sinais e dava sentido aos atos. Na mesma época, um outro etologista conduzia suas próprias pesquisas sobre os tagarelas, Jonathan Wright. Jon, um zoólogo formado em Oxford, adere aos postulados da teoria sociobiológica. Segundo essa perspectiva, os tagarelas não ajudariam por questões de prestígio, como sustenta Zahavi, mas porque estão programados pela seleção natural para agir de forma a garantir a continuidade de seus genes. Baseando-se na existência de relações de parentesco entre tagarelas de um mesmo grupo, essa teoria afirma que ajudar o ninho é uma maneira de favorecer o patrimônio genético de quem ajuda, já que há fortes probabilidades de o ninho ser composto de irmãos, irmãs, sobrinhos ou sobrinhas cujos corpos seriam veículos de uma parte do mesmo patrimônio.

Quanto aos métodos de campo, os de Zahavi e os de Wright são o contrário um do outro. Amotz Zahavi formou-se zoólogo, mas sua prática permaneceu, durante muito tempo, subordinada ao projeto de conservação dos tagarelas e se assemelha mais à dos naturalistas. Observando-o, não pude deixar de associar seus procedimentos às práticas dos antropólogos. O que define uma sequência de observações começa por uma espécie de ritual de boas-vindas. O território de cada um dos grupos é vasto; nunca se sabe onde se poderá encontrá-los. Portanto, é mais simples chamá-los. É o que faz Zahavi: ele assobia e espera. E os tagarelas chegam. Zahavi lhes dá as boas-vindas oferecendo pedaços de pão. Em seguida, do ponto de vista dos seus procedimentos de leitura dos comportamentos, constrói suas explicações (o que eles fazem e por quê?) baseando-se em raciocínios por analogias: "Se eu fosse ele, o que faria, o que me impeliria a agir de tal forma?".

Jonathan Wright expressa claramente seu desacordo com esse tipo de procedimento. Não se pode presumir nada sem fazer experimentos; essas são as exigências de uma verdadeira ciência objetiva. É preciso provar e, para provar, é preciso experimentar. Segundo ele, o método interpretativo de Zahavi revela-se claramente uma prática antropomórfica e anedótica – a anedota sendo geralmente definida, nessa área, como uma observação *não controlada*, ou seja, não acompanhada da chave de interpretação "certa". E é justamente para evitar tal risco que Jon propõe aos tagarelas os experimentos mais diversos, destinados, em última instância, a obrigá-los a mostrar que são mesmo um caso particular da teoria sociobiológica.

Mas um acontecimento veio lançar uma nova luz ao que Wright denomina, neste contexto, antropomorfismo. Um dia estávamos, ele e eu, diante de um ninho, observando o vaivém dos pássaros que ajudavam os parentes a alimentar a ninhada. Os tagarelas cuidavam de seus afazeres, fosse para aumentar seu prestígio, fosse a fim de responder ao programa ditado pelas imperiosas necessidades de seus genes. Ora, em dado momento de nossa observação, vimos um ajudante pousar na borda do ninho e emitir o discreto sinal que indica que ele vai alimentar os filhotes. Os pequenos bicos se estenderam em sua direção, piando. Ele não deu nada. A ninhada agitou-se e piou ainda mais alto. Será que eu vi direito? Será que estamos diante de um impostor? Jon confirmou: aquele pássaro não alimentou os filhotes. Jon tinha uma resposta para o porquê de o pássaro ter agido daquela maneira. O pássaro havia emitido um estímulo que deveria desempenhar o papel de uma variável; em seguida, ele (o pássaro) verificou a intensidade da reação a essa variável, que, segundo ele (desta vez Jon, mas talvez também o pássaro), permitiria inferir o estado real de fome da ninhada. O pássaro tinha *contro-*

lado esse estado empiricamente. Aquele tagarela conhecia o passo a passo do procedimento experimental. Podemos ainda colocar isso de outro modo: o comportamento do tagarela "testador" traduzia a sua desconfiança em relação ao que ele observava (os passarinhos *sempre* se comportam como se estivessem esfomeados); ele precisava não apenas de uma prova, mas de uma prova mensurável. Portanto, para interpretar corretamente uma situação, nada melhor do que garantir o controle. Ninguém consegue enganar os tagarelas, e eles também não enganam uns aos outros.

Não é necessário insistir na semelhança entre as interpretações que Jon dá a suas observações e os métodos que ele julga serem os únicos pertinentes e que privilegia. Mas, se optamos por essa linha de raciocínio, notamos, então, que Zahavi, de certa maneira, procede segundo uma coerência semelhante. A vida de um tagarela consiste em observar incessantemente os outros e em interpretar e prever seus comportamentos. A maneira como um tagarela se relaciona com o mundo é, em outras palavras, sempre pontuada por anedotas; ou não, pois, se digo isso, estou tomando emprestada a linguagem do outro campo: a carreira social do tagarela consiste em pegar uma pletora de detalhes importantes e interpretá-los. Cada pássaro é impelido a um trabalho incessante de previsão e tradução das intenções dos outros. Essa é a vida dos seres muito sociais.

Ora, tais costumes, descritos dessa forma, correspondem à maneira como o próprio Zahavi os observa e dá sentido a seus comportamentos: prestar atenção aos detalhes que podem importar, interpretar intenções, atribuir um conjunto complexo de motivos e significados.

Certamente, nada nos permite precisar a origem dessa semelhança. Será que Zahavi construiu sua prática e suas interpretações de modo que elas correspondessem – no sentido de "responder a" de maneira pertinente – ao modo de vida desses pássaros ou ele atribui a eles os padrões que privilegia na sua prática? A pergunta poderia ser direcionada igualmente a Jon. Será que ele atribui aos pássaros a maneira pela qual aprendeu a "fazer ciência"? Ou então devemos adotar a resposta que ele mesmo nos daria, a de que sua maneira de compreender *corresponde* aos hábitos do que observa?

Seja qual for a resposta, generosa ou crítica, que dermos a essas questões, notaremos que o sentido da acusação de antropomorfismo caiu por terra: hoje, exprime o problema da relação dos cientistas com os amadores. Não se refere mais a compreender os animais à luz de motivos humanos. Não é mais o humano que está no cerne dessa questão, mas sim a prática e, portanto, uma certa relação com o saber. O antropomorfismo de Zahavi, segundo a crítica de Jon, definitivamente não consiste em atribuir ao tagarela os motivos propriamente humanos na resolução de seus problemas sociais, mas sim em pensar que o pássaro utiliza os procedimentos cognitivos dos amadores – coletar anedotas, interpretá-las, fazer hipóteses quanto aos motivos e às intenções...[4]

A questão de saber quem se adapta aos hábitos de quem, os pássaros e os cientistas, permanece, é claro, em aberto. E a resposta que se poderia propor para um dos dois pesquisadores não necessariamente vale para o outro – talvez um tenha "se adaptado bem" e o outro tenha "atribuído"? Mas eu não diria "pouco importa", porque justamente isso importa, pois muda não apenas nossa compreensão do que pode ser "fazer ciência" com os animais, mas, sobretudo, do que podemos aprender com eles sobre a maneira certa de fazê-la.

---

4 Aconselho ver na internet as imagens de tagarelas que dançam enquanto Zahavi os chama e acolhe, oferecendo-lhes pedaços de pão (é preciso acessar os links em inglês por meio das palavras-chave *"babblers"* e "Zahavi"). Além disso, há alguns anos dediquei um livro a seu trabalho: V. Despret, *Naissance d'une Théorie éthologique: la danse du cratérope écaillé*. Paris: Les Empêcheurs de Penser en Rond, 1996. A história da observação do tagarela impostor também se encontra nesse livro, bem como uma análise inicial que tentei aprofundar aqui.

G
de
Gênios

—

Com quem os extraterrestres gostariam de negociar?

"A vaca é um herbívoro que tem tempo para fazer as coisas." Foi Philippe Roucan, um criador de animais, quem propôs tal definição. "A vaca é um ser de conhecimento", escreve por sua vez Michel Ots. Este diz que elas conhecem o segredo das plantas; elas meditam ruminando – "o que elas contemplam são as metamorfoses da luz desde as lonjuras cósmicas até a textura da matéria". Alguns criadores não chegaram a afirmar a Jocelyne Porcher que os chifres das vacas ligam-nas ao poder do cosmos?[1]

Às vezes, digo a mim mesma – mas isso certamente já foi objeto de algum livro de ficção científica – que a nossa imaginação é tão pobre ou tão egocêntrica que pensamos que, se extraterrestres visitassem a Terra, seria conosco que entrariam em contato. Quando leio o que os criadores relatam sobre suas vacas, gosto de pensar que seria com elas que os extraterrestres estabeleceriam as primeiras comunicações. Por sua relação com o tempo e com a meditação, por seus chifres – essas antenas que as ligam ao cosmos –, pelo que elas sabem e pelo que transmitem, pelo seu senso de ordem e de

---

[1] Jocelyne Porcher esclarece que ouviu os relatos da boca dos agricultores biodinamistas que se referiam às "Conferências aos agricultores", de Rudolf Steiner. Ver também Michel Ots, *Plaire aux Vaches*. Villelongue-d'Aude: Atelier du Gué, 1994. Remeto tudo o que afirmo sobre as vacas neste capítulo em parte aos escritos de Porcher, em parte a uma investigação que conduzimos junto aos criadores e criadoras em 2006, publicada parcialmente: V. Despret e J. Porcher, *Être Bête*. Arles: Actes Sud, 2007.

precedências, pela confiança que são capazes de manifestar, por sua curiosidade, por seu senso de valores e de responsabilidades ou, ainda, pelo que um criador nos disse e nos surpreendeu: "Elas vão mais longe do que nós nas reflexões".

Se tem alguém para quem a hipótese de extraterrestres nos negligenciando em detrimento das vacas faz sentido, esse alguém certamente é Temple Grandin. É fato que, quando ela evoca esses extraterrestres, é mais para dizer que ela *nos* vê como tais e que se sente, com frequência, segundo suas próprias palavras, como *uma antropóloga em Marte*.[2] Temple Grandin é autista. Ela é também a mais renomada cientista americana no âmbito da pecuária. As duas situações estão ligadas. Pois se ela se tornou tão competente, se foi capaz de conceber as instalações e os sistemas de contenção mais engenhosos para os animais, se pode exercer a profissão que escolheu com tamanho sucesso, é porque, como ela mesma diz, consegue ver o mundo tal como as vacas o veem.

Quando tem de resolver um problema em campo, por exemplo quando o rebanho se recusa a entrar em um local ao qual deve ser levado com frequência, quando cria problemas que geram conflitos com os humanos encarregados, Grandin procura tornar inteligível a maneira como as vacas veem e interpretam a situação. O fato de compreender o que pode ter assustado o animal – algo que nós não percebemos –, o motivo da resistência dele em fazer o que lhe é pedido (como entrar numa instalação e atravessar um corredor), permite a Grandin resolver os problemas e conflitos. Às vezes, basta um detalhe, um pedacinho de pano colorido flutuando sobre uma cerca, uma sombra no chão da qual não nos damos conta ou que

---

2 O fato de se sentir "como uma antropóloga em Marte", como afirma Temple Grandin, deu título ao livro de Oliver Sacks, do qual um capítulo é dedicado a ela: *Um antropólogo em Marte* [1995], trad. Bernardo Carvalho. São Paulo: Companhia das Letras, 2006.

não significa a mesma coisa para nós, e o animal começa a agir de modo incompreensível.

Grandin explica que ser autista a torna sensível aos ambientes, uma sensibilidade muito semelhante à dos animais. Sua compreensão fina sobre eles, sua possibilidade de adotar a perspectiva deles, na verdade repousa em algo que é como uma aposta. Ela afirma que os animais são seres excepcionais, tal qual ela mesma como autista. Ela diz:[3]

> O autismo me forneceu uma perspectiva sobre os animais que a maior parte dos profissionais não tem, ainda que pessoas comuns consigam compreender que os animais são mais astutos do que imaginamos. [...] As pessoas que amam os animais e que passam boa parte do tempo com eles começam, com frequência, a sentir intuitivamente que há mais sobre os animais do que nosso olhar alcança. Mas elas não sabem o que é nem como descrevê-lo.

Ela explica que alguns autistas apresentam um grande atraso mental, mas são capazes de fazer coisas que humanos normais são incapazes de aprender a fazer, por exemplo, saber em uma fração de segundo o dia da semana em que você nasceu de acordo com a data ou, ainda, dizer se o número da casa onde você mora é um número primo. Os animais são como os sábios autistas.

> Eles têm talentos que as pessoas não têm, da mesma forma que as pessoas autistas têm talentos que as pessoas normais não têm; alguns animais têm tipos de genialidade que não encontra-

---

3 Todas as citações foram tiradas de T. Grandin (em colaboração com Catherine Johnson), *Animal in Translation*. Orlando: Harvest Books, 2006. Retomo aqui uma parte da análise a respeito do trabalho de Temple Grandin feita em um de meus artigos: V. Despret, "Intelligence des animaux: la réponse dépend de la question". *Esprit*, v. 6, jun. 2010, pp. 142–55.

mos em gente, assim como os sábios autistas têm tipos especiais de genialidade.

Os animais possuem, assim, uma notável capacidade de perceber coisas que os humanos ignoram e uma faculdade igualmente incrível de se lembrar de informações extremamente detalhadas das quais não poderíamos nos lembrar. Ela acrescenta:

> Eu acho divertido que as pessoas normais digam sempre que as crianças autistas vivem em seu próprio mundinho. Se você trabalha com animais, começa a perceber que pode dizer exatamente a mesma coisa das pessoas normais. Há um mundo imenso, magnífico, à nossa volta, que a maioria dos normais não percebe.

Assim, a inteligência dos animais está ligada à sua formidável capacidade de prestar atenção nos detalhes, enquanto nós privilegiamos uma visão global porque tendemos a fundir esses detalhes num conceito que nos fornece a percepção. Os animais são pensadores visuais. Nós somos pensadores verbais.

"A primeira coisa que faço, de maneira sistemática – pois não podemos resolver um mistério animal a menos que nos coloquemos, literalmente, em seu lugar –, é ir aonde o animal vai e fazer o que o animal faz." Grandin segue pelo corredor, entra no estábulo, passa para o outro lado, segue o caminho e observa: as pás do ventilador oscilam enquanto ele gira lentamente; a área sombreada ao longo do caminho parece um barranco sem fundo; o casaco amarelo é assustador, pois é muito brilhante, de modo que o contraste "salta aos olhos" como o reflexo ofuscante da luz sobre uma placa de metal.

Poderíamos inferir que, ao descrever o procedimento que consiste em se colocar no lugar dos animais para pensar, ver e sentir como eles, Grandin está se referindo ao que comumente se define como empatia. Mas, se é mesmo empatia, o termo agora se revela um oximoro: estamos lidando com uma empatia sem *páthos*.

Seria, portanto, uma forma de empatia técnica que não se baseia no compartilhamento de emoções, mas sim na criação de uma comunidade de sensibilidade visual, num talento muito mais cognitivo que emotivo, já que é assim que classificamos esse tipo de processo. Se encontro poucas palavras para dar conta desse acontecimento – eu que me inscrevo numa tradição segundo a qual a empatia pertence à esfera das emoções compartilhadas –, posso, entretanto, evocar essa pequena maravilha experimental que é o romance de ficção científica *Foreigner* [Estrangeiro], de Carolyn Janice Cherryh.[4] Em um universo longínquo, tanto no tempo como no espaço, um embaixador terrestre é enviado a um planeta em que seres estranhos, muito parecidos conosco, vivem, relacionam-se, falam e tentam resolver conflitos. Ora, é isto que os torna estranhos: os seres desse planeta conhecem afetos, no entanto estes não têm nada a ver com os nossos, não têm nada de interpessoal. Entre eles não há nem amor, nem amizade, nem ódio, nem afetos pessoais. E toda a dificuldade do embaixador humano é compreender um sistema relacional tão similar ao nosso – no qual as pessoas ajudam umas às outras ou se trucidam, cultivam laços –, enquanto ele mesmo se sente sempre tentado a traduzir o sistema em termos emocionais interpessoais. O que mantém as pessoas unidas, o que as liga e o que explica suas condutas baseia-se, na verdade, em relações de obediência e de lealdade que prescrevem, como um conjunto de regras, os códigos de conduta. E isso produz um tipo de sociedade e de relações a tal ponto semelhantes às nossas que o herói não para de tirar conclusões erradas sobre os motivos e as intenções das pessoas que o ajudam ou que se comportam como inimigas. Ele engana-se, mas as coisas dão certo mesmo assim; e, se os erros que se devem aos equívocos têm consequências, a autora assegura-se de que não sejam admitidos de maneira definitiva. Trata-se de um experimento

---

4   C. J. Cherryh, *Foreigner*. New York: Penguin, 1994.

que força o herói a se desfamiliarizar de seus hábitos, a pensar e a hesitar, e não de uma lição de moral.

Uma analogia chama a outra, dizem. Mas o caminho da ficção científica e o exemplo de *Foreigner* convidam-nos a desacelerar. Será que os animais são "realmente" como os autistas? Grandin o afirma com um grau de certeza difícil de ser compartilhado por aqueles que não são nem animais nem autistas. Mas o regime de verdade que acompanha essa afirmação inscreve-se no regime da aposta fabuladora; diz respeito ao pragmatismo; ao se comportar *como se* lidasse com seres que, como ela, veem o mundo de uma certa maneira – que têm pendor para o detalhe e percepção diferenciada –, ela consegue obter desses seres o objeto da aposta: sintonizar melhor as intenções dos criadores e dos animais. E, de fato, há menos violência nas fazendas depois de seu trabalho. Dito de outra forma, ela ensina os criadores americanos a ver e pensar o mundo com o gênio próprio de seus animais. Indico de propósito que os criadores são americanos, pois a maior parte dos criadores desse país, ao contrário dos que citei na introdução, tem pouco contato com seus animais, a não ser em ocasiões muito específicas dos cuidados com eles e na hora do transporte ao abatedouro. Em outras palavras, o tipo de criação de que Grandin se ocupa tangencia, de maneira muito parcial, o significado que essa atividade pode ter para alguns criadores europeus, para quem a convivência com os animais, o fato de conhecê-los e amá-los, constitui a essência da profissão.

Os animais são gênios. Temple Grandin oferece um belo antídoto à tese da excepcionalidade humana. Ela a inverte. São os animais que são excepcionais, assim como os autistas são seres excepcionais. A analogia certamente estabelece o que poderia ser visto como equivalência, mas Grandin o faz de acordo com um sistema de inversões que problematizam tais equivalências; a analogia não tem nada de imediato, e sim repousa na elaboração de duas diferenças – entre homens e animais e entre autistas e pessoas normais – e nas relações que se estabelecem entre elas. Mais interessante ainda, e é isto que lhe confere o papel de antídoto, a analogia se baseia na retradução dessas diferenças em *diferenças qualificantes*. A besteira das bestas e a desvantagem do humano se convertem em talento particular, excepcional, em genialidade na relação com o mundo. A comparação, assim elaborada, reinventa as identidades e propõe outros modos de realização. Portanto, não constitui comparação, mas tradução. Fazer "outro" com "o mesmo". Bifurcar os movimentos. Construir-se em histórias que fazem crescer. Fabular.

Provavelmente, não é por acaso que, ao relatar seu longo percurso, Temple Grandin se recorde do papel da mãe em sua vida (uma mulher que lutou para poupar a filha diagnosticada como "esquizofrênica" do destino da internação) e das histórias que ela lhe contava na infância: às vezes, à noite, as fadas visitam as casas onde um bebê acabou de nascer e o trocam pelo delas. E os humanos se veem, então, com esses pequenos seres bizarros que eles não compreendem e que parecem não os compreender, essas crianças cujo espírito se ausenta de maneira tão estranha e que permanecem como exiladas, essas crianças que o universo da nossa língua e de nossos laços acolhe com tanta dificuldade, que veem coisas cativantes ou assustadoras que ninguém mais percebe. Em suma, crianças que, como Grandin, introduzem no nosso mundo outros mundos invisíveis e fabulosos.

H

de

Hierarquia

—

**A dominância
dos machos
não seria um mito?**

O site France Loups,[1] consultado no fim de setembro de 2011, estima que uma alcateia de lobos

> é frequentemente constituída de um casal dominante que exerce o papel de chefes do grupo. Eles são chamados de macho alfa e fêmea alfa. É o casal dominante que toma todas as decisões para a sobrevivência da alcateia, movimentos de caça, demarcação e território. O casal alfa é o único a se reproduzir. Os próximos na ordem hierárquica são os betas. Eles tomarão o lugar do casal alfa em caso de problema para a alcateia (por exemplo, morte dos alfas). Em seguida, vêm os lobos ômegas, posição muito pouco cobiçada numa alcateia, pois sofrem agressões contínuas e diárias. Em função de sua posição no ranking, os ômegas são os últimos a comer a presa morta pela alcateia.

Pode-se encontrar uma descrição bastante semelhante dessa organização na literatura dos anos 1960 dedicada aos babuínos. O primatólogo Sherwood Washburn afirmava que

> as principais características da organização dos babuínos derivam de um modelo complexo de dominância entre os machos adultos

---

1   Ver: franceloups.fr [em tradução livre, "França Lobos" – N. T.].

que geralmente garante a estabilidade e uma relativa paz no grupo, o máximo de proteção para as mães e os filhotes e uma maior probabilidade de que estes provenham de machos em posições mais elevadas na hierarquia.

Essa descrição é quase igual à anterior, a não ser por alguns detalhes. Assim, dentre os especialistas em babuínos, por exemplo, os pesquisadores insistem no papel dos dominantes na defesa do bando. A primatóloga Alison Jolly, que em 1972 conduziu uma revisão das pesquisas, ressalta que essa é uma prerrogativa dos machos que ocupam as posições mais elevadas e constitui, inclusive, o sinal mais claro de sua dominância: "Quando um bando de babuínos das savanas encontra um grande felino, retira-se em formação de batalha: fêmeas e jovens primeiro e, em seguida, machos mais velhos, com seus enormes caninos, interpondo-se entre o bando e o perigo".[2] Entretanto – Jolly conclui –, esse incrível modelo de organização conta com uma exceção: os babuínos da floresta de Ishasha, em Uganda, observados pela primatóloga Thelma Rowell, fogem na maior desordem quando avistam predadores, cada qual segundo suas capacidades de velocidade, ou seja: os machos muito na frente e as fêmeas, carregadas de filhotes, arrastando-se atrás.[3]

Essa flagrante falta de heroísmo – como descreverá a própria Thelma Rowell – era, na verdade, apenas uma dentre outras excentricidades no comportamento desses babuínos específicos: os babuínos de Ishasha não conheciam a hierarquia. Nenhum macho dominava os outros nem parecia poder garantir os privilégios ligados a ranking. Muito pelo contrário: no bando imperava uma atmosfera pacífica, as agressões eram raras e os machos pareciam

---

2 Alison Jolly, *The Evolution of Primate Behavior*. New York: Macmillan, 1972.
3 Sobre a questão da dominância, um dossiê foi organizado retomando o estado da controvérsia no início dos anos 1980 por Irwin Bernstein, "Dominance: The Baby and the Bathwater". *The Behavioral and Brain Sciences*, v. 4, n. 3, 1981, pp. 419–57.

muito mais inclinados a cooperar do que a manter a competição que reina nos outros grupos. A primatóloga relata uma observação ainda mais desconcertante: parecia não haver hierarquia entre machos e fêmeas.[4]

Os dados foram recebidos com ceticismo pelos colegas. Nenhum babuíno jamais havia se comportado assim, de modo que os de Ishasha constituíam uma infeliz exceção na bela ordem que a natureza oferecera aos babuínos. Tinha de haver uma explicação. Acabaram encontrando uma que não incomodaria ninguém, nem a primatóloga que "teria observado mal" nem os babuínos que não seriam verdadeiros: algo que acontecera no início dos anos 1960 com os babuínos chacma [*Papio ursinus*] da África do Sul. Estes haviam pagado caro por sua audácia. Seu observador, Ronald Hall, relatara à época que os babuínos que observava não eram hierarquizados. E eles foram excluídos da espécie: não eram babuínos! Foi encontrada uma solução menos radical para as excentricidades dos babuínos de Ishasha; concluiu-se que provavelmente advinham de condições ecológicas excepcionais de que esses babuínos sempre se haviam beneficiado – nesse caso, da floresta, verdadeiro paraíso terrestre, com suas árvores oferecendo abrigo contra os predadores, lugares para dormir e, sobretudo, alimento em abundância. O mito do paraíso terrestre e da queda nunca está longe do mito de origem que os babuínos deveriam ajudar a reconstruir: por terem permanecido nas árvores, os babuínos de Ishasha não haviam realizado o salto evolutivo que seus congêneres das savanas aceitaram dar. Como todo progresso tem um preço, estes últimos pagaram muito

---

4 A filósofa Donna Haraway trabalhou muito a questão da hierarquia, e seus escritos me inspiraram: D. Haraway, "Animal Sociology and a Natural Economy of the Body Politic, part 1: A Political Physiology of Dominance", in Elizabeth Abel e Emily Abel (org.), *The Signs Reader: Women, Gender and Scholarship*. Chicago: Chicago University Press, 1983, pp. 123–38. Ela retoma essas questões e as aprofunda em seu livro *Primate Visions: Gender, Race, and Nature in the World of Modern Science*. London: Verso, 1992.

mais caro, engendrando uma competição intensa que os conduziu a uma organização muito hierarquizada. Embora marginalizasse os babuínos de Ishasha, tal explicação ecológica possibilitou que eles continuassem pertencendo à espécie dos babuínos e creditou a pesquisadora por suas observações. Com os problemas resolvidos, as pesquisas continuaram, então, a acumular provas da universalidade da organização hierárquica dos babuínos das savanas – e de muitas outras espécies.

Nesse ponto, o modelo tinha se tornado tão incontornável que determinava, em cada campo, a primeira pergunta da investigação. Esta devia começar pela descoberta da hierarquia e pelo estabelecimento da posição de cada indivíduo nela. E, quando a hierarquia não aparecia, os pesquisadores recorriam então a um conceito muito conveniente para preencher o vazio factual: o de "dominância latente". A dominância deve estar tão bem estabelecida que não se pode mais percebê-la.

Alguns anos mais tarde, no início da década de 1970, Thelma Rowell decide não aceitar a posição de marginais à qual haviam relegado seus babuínos. Sim, os babuínos de Ishasha gozam de condições específicas que podem justificar seu desvio, mas é preciso entrar em acordo sobre o que se entende por "condições": não se trata das condições ecológicas no sentido tradicional do termo, e sim das próprias condições de observação. Em outras palavras, seus babuínos são uma exceção ao modelo apenas porque foram observados em condições que não os forçavam a obedecer a esse modelo.

Rowell, na verdade, retomou todas as pesquisas realizadas antes dela e as comparou entre si.[5] Conseguiu classificá-las em dois gru-

---

5 Ver, por exemplo, Thelma Rowell, "The Concept of Social Dominance". *Behavioral Biology*, v. 11, 1974, pp. 131–54. Também recorri às entrevistas que ela me concedeu em junho de 2005, conduzidas ao longo de uma pesquisa anterior à realização de um documentário – V. Despret e Didier Demorcy (dir.), *Non Sheepish Sheep*, 2005 –, realizado à época da exposição *Making Things Public: Atmospheres of*

pos. De um lado, os animais que visivelmente não estão muito interessados na hierarquia, aqueles para os quais foi necessário recorrer ao conceito de dominância latente e sobre os quais se pensava que haviam sofrido pressões seletivas diferentes, por exemplo os babuínos de Ishasha ou, ainda, os excomungados da espécie, como os chacma. De outro, todos os babuínos que se comportaram da maneira esperada pelo modelo, observados tanto em campo como em cativeiro. Duas constantes aparecem. Em todas as pesquisas em cativeiro, os babuínos são muito claramente hierarquizados; na natureza, a dominância emerge de modo evidente nas situações de observação em que os pesquisadores alimentaram os animais para atraí-los. Uma coincidência? Na verdade, não.

As pesquisas em cativeiro são todas calcadas num mesmo modelo. Para estudar a dominância, os cientistas agrupam os macacos em duplas e os colocam para competir por um pouco de comida, por espaço e, até mesmo, pela possibilidade de evitar um choque elétrico. Os dois macacos geralmente são completos estranhos. No primeiro teste, um deles vai ganhar. É o objetivo da manobra. No teste seguinte, o outro antecipará o resultado previsível e, se lutar, não o fará com a convicção necessária. Cada iteração do teste confirmará uma previsão sempre mais confiável, tanto para o experimentador como para os macacos. Com o passar do tempo, na presença do bem desejado ou do choque a evitar, aquele que perdeu toda a esperança vai se afastar e evitar ficar no caminho daquele que se tornou o "dominante". O fenômeno se repete quando são constituídos grupos. A falta de espaço e de alimento inevitavelmente provoca conflitos entre macacos que não se conhecem e que são reunidos num grupo social cuja estrutura é, de certa forma, determinada pelo próprio mecanismo de cativeiro.

Democracy. Zentrum für Kunst und Medientechnologie (ZKM) de Karlsruhe, Alemanha, mar.–ago. 2005.

No campo, as coisas são sem dúvida diferentes. Os indivíduos se conhecem; eles não são, a princípio, submetidos às mesmas limitações. Esquecem-se as limitações da pesquisa, pois, se os pesquisadores atraíram os babuínos com alimento em vez de pela prática da habituação, eles o fizeram, na maioria das vezes, em quantidade insuficiente e concentrada em um único lugar, provocando assim grandes confusões por meio das quais os dominantes eram facilmente identificados. Portanto, os pesquisadores reproduziam, em campo, as condições do cativeiro. O veredito de Rowell será intransigente: a hierarquia só aparece tão bem e só se mostra tão estável nas condições em que os pesquisadores a provocam e a mantêm ativamente.

O modelo, entretanto, continua a impregnar as pesquisas.

Aqui e ali, todavia, babuínos recalcitrantes se manifestam. Os da jovem antropóloga americana Shirley Strum, no Quênia, conhecidos como Pumphouse Gang [Turma da Casa de Máquinas], pareciam querer retomar a chama da resistência. Ela chegou à conclusão de que a dominância dos machos é um mito.[6] Todas as observações convergem: os machos mais agressivos, aqueles classificados nas posições mais elevadas da hierarquia pelo critério dos resultados dos conflitos, são menos frequentemente escolhidos como companheiros pelas fêmeas e têm um acesso muito menor às fêmeas no cio. Contrariando todas as expectativas, o macho em desvantagem num conflito é aquele que será mais bem tratado após sua derrota. Ele goza da atenção das fêmeas receptivas, recebe seus alimentos favoritos, é escovado com frequência. Strum explica que o resultado do conflito mostra que não se trata de um simples problema de dominância ou de acesso aos recursos; essas noções devem ser

---

6   As reações negativas às propostas de Shirley Strum são evocadas em seu livro *Presque Humain*, do qual há várias edições disponíveis. A vantagem da última é o posfácio de Bruno Latour: S. Strum, *Voyages chez les babouins*. Paris: Seuil, 1995.

seriamente questionadas para compreendermos as relações que se estabelecem.[7]

A recepção dessas proposições foi desastrosa. Strum foi acusada de ter observado mal e até mesmo de ter manipulado os dados. "Há, sem dúvida, uma hierarquia entre os machos da Pumphouse Gang", ela ouvirá repetidas vezes a respeito dos "costas prateadas"[8] das universidades.

A rejeição brutal dessas pesquisas e o pouco eco dado às críticas feitas por Rowell só evidenciam mais a dificuldade dos pesquisadores de abandonar tal noção. Com Thelma Rowell, pode-se evocar a força do mito na primatologia, oriundo de uma tradição naturalista vitoriana e romântica, em que um macho dominante luta pelas fêmeas, e até mesmo de uma certa forma de antropomorfismo ou "academicomorfismo": as relações de hierarquia não seriam o que caracteriza, afinal, as relações entre os que mais escrevem a respeito delas?

Pode-se também pensar que as razões dessa predileção um pouco maníaca por tal modelo estão ligadas às ambições, por parte da maioria dos primatólogos, de conferir às suas pesquisas uma base científica segundo uma perspectiva naturalista [→ **Fazer científico**]. A hierarquia constitui, nesse aspecto, um bom objeto. Ela confirma a existência de invariantes específicas, assegura a possibilidade de predições confiáveis e passíveis de serem objeto de correlações e de estatísticas. Mas a concepção de uma sociedade ordenada de

---

7 Uma parte deste texto é inspirada nas análises de S. Strum e Linda Fedigan, sobretudo no capítulo introdutório "Changing Views of Primate Society: A Situated North American View", publicado no livro que elas organizaram em 2000: S. Strum e L. Fedigan, *Primate Encounters: Models of Science, Gender and Society*. Chicago: University of Chicago Press, 2000. Ademais, este verbete retoma alguns pontos de um artigo escrito sobre a questão: V. Despret, "Quand les Mâles dominaient: controverses autour de la hiérarchie chez les primates". *Ethnologie Française*, v. 39, n. 1, 2009, pp. 45–55.

8 Referência aos gorilas machos adultos cujo dorso vai se tornando prateado com o avançar da idade. [N. T.]

acordo com o princípio da dominância também estaria ligada a uma concepção do social que primatólogos tomaram emprestada da sociologia, segundo a qual a sociedade preexistiria ao trabalho dos atores sociais [→ **Corpo**]. Essa concepção, segundo Bruno Latour, só consegue se impor ocultando o trabalho incessante de estabilização necessário ao ato de fazer sociedade.[9] A teoria da hierarquia seria uma espécie de imagem congelada. Há certamente muitos testes agressivos entre os babuínos, e testes por meio dos quais eles tentam mostrar quem é o mais forte. Mas, se queremos construir uma relação de ordem, só podemos fazê-lo restringindo o tempo de observação a alguns dias. Uma hierarquia que flutua a cada três dias merece o nome de hierarquia? Uma hierarquia na qual aquele que pode reivindicar a conquista de uma fêmea não é o mesmo que se arroga um acesso privilegiado à comida nem o que decide os deslocamentos do grupo – papel reservado às fêmeas mais velhas dentre os babuínos – ainda pode ser considerada *uma* hierarquia?

No entanto, os termos de hierarquia e de dominância permanecem muito presentes em boa parte da literatura e continuam, para alguns pesquisadores, a ser óbvios. Certamente, eles concordam que "é mais complicado do que isso". O que não diminui em nada sua obstinação em utilizá-los e em descrever esse tipo de relação [→ **Necessidade**, → *Umwelt*].

O trecho de apresentação da alcateia de lobos que abriu o verbete é prova disso. Tal ideia de hierarquia alimenta ainda os manuais de treinamento dos cães, exigindo que os donos lembrem a seu companheiro, caso este se esqueça, quem é o dominante.

Essa persistência é especialmente surpreendente porque os lobos seguiram, nesse aspecto, o caminho dos babuínos. Nos anos 1930, na sequência dos trabalhos do especialista Rudolph Schenkel, a teoria

---

9 O questionamento da hierarquia entre os babuínos colocado por Bruno Latour insere-se numa crítica geral das teorias que consideram a sociedade como preexistente ao trabalho dos atores. Pode-se encontrá-la em seu site: bruno-latour.fr.

do lobo alfa se impôs. No fim dos anos 1960, David Mech, o grande especialista americano em lobos, retomou-a; ele deu continuidade às pesquisas nessa direção e contribuiu para popularizá-las. No fim dos anos 1990, entretanto, David Mech questionou toda a teoria. Durante treze verões, ele seguiu alcateias no Canadá: o que chamamos de alcateia é na verdade uma família composta de pais e filhos que, ao atingir a maturidade, deixarão essa família para constituir outra. Não há relação de dominância, somente pais que guiam as atividades dos filhos, ensinando-os a caçar e a se comportar direito.[10]

A razão dessa disparidade entre as posições teóricas é simples e previsível agora que conhecemos a história dos babuínos: até os treze verões de observação, as pesquisas de Schenkel e de Mech haviam se limitado aos parques temáticos de animais e aos zoológicos, partindo de grupos criados artificialmente que reuniam indivíduos estranhos uns aos outros, confinados em espaços sem escapatória, com comida fornecida pelos humanos. Esses lobos tentam se organizar da melhor forma que podem, apesar do estresse que cada um desses elementos não para de alimentar. Os alfas se arrogam, então, todos os privilégios; os betas se adaptam; os ômegas tentam sobreviver às perseguições incessantes. Eis o espetáculo diário que muitos parques temáticos de animais oferecem.

E é essa a descrição que continua a prevalecer na literatura. A teoria da dominância parece realmente destinada a perdurar enquanto

---

10 Sobre a teoria do lobo "hierarquizado", contei com a ajuda de Mara Corveleyn e Nathalie Vandenbussche, que retraçaram a história dessa noção. Sobre as teorias de Schenkel temos: R. Schenkel, "Expression Studies on Wolves: Captivity Observations". Zoological Institute of the University of Basel, pp. 81–112. O texto não tem data, está indicado apenas que se trata de um trabalho iniciado em 1947. A leitura vale a pena: nele se encontram todas as afirmações teóricas usuais relativas à teoria da dominância. Uma versão datilografada de algumas páginas pode ser baixada na internet: davemech.org. A propósito das pesquisas de Mech, remeto a seu artigo recapitulativo: D. Mech, "Whatever Happened to the Term Alpha Wolf?". *International Wolf*, v. 4, n. 18, 2008, pp. 4–8.

os humanos permitirem que ela exista e continuarem trabalhando com ela.

Pode-se notar que nada disso se restringe ao campo dos problemas teóricos. Nossas teorias sobre os animais têm implicações práticas, nem que seja apenas por modificarem as considerações que podemos fazer a respeito deles. E isso vai muito além das simples considerações, como atestam os lobos dos parques e as respostas dadas quando alguém se preocupa com os ataques incessantes de que os ômegas podem ser vítimas: "Os lobos são assim mesmo".

A teoria da hierarquia tem o aspecto de uma doença infecciosa cujo vírus pertence a uma cepa muito resistente. Seus sintomas, assim como sua virulência, são facilmente identificáveis e mapeáveis: a doença produz seres determinados por regras rígidas, seres não muito interessantes, que seguem rotinas sem fazer muitas perguntas. E essa teoria contamina tanto os humanos que a impõem quanto os animais a quem ela é imposta.

I

de

Imprevisíveis

—

Os animais são modelos confiáveis de moralidade?

Durante a exposição *Animais e Homens*, que aconteceu na Grande Halle de la Villette, em Paris, em 2007, abetardas, cinco gralhas-calvas e um corvo, dois varanos, cinco abutres e duas lontras – irmão e irmã – foram abrigados entre as obras, os vídeos e os textos. Esses animais "residentes" eram, de acordo com os desejos das curadoras da exposição (dentre as quais eu mesma), embaixadores de seus congêneres; como representantes, levantavam questões ligadas ao problema de viver junto e os conflitos que isso gera entre os humanos, entre os humanos e os animais e, até mesmo, entre os próprios animais [→ **Justiça**]. Esses animais demonstraram as dificuldades relacionadas ao fato de estarem, atualmente, de maneira explícita e coletiva, implicados nas nossas histórias e ao fato de sermos, hoje, obrigados a explorar e a negociar com eles seu interesse por tal implicação.

Ao fazer essa escolha, as curadoras da exposição sabiam que corriam o risco de serem criticadas por colocar animais em jaulas. Entretanto, elas haviam tomado todos os cuidados com os modos de legitimação e, sobretudo, tinham assegurado que o tratamento desses animais residentes fosse irrepreensível. Foram as lontras que as pegaram de surpresa.

Tudo começara bem. Dia após dia, as lontras pareciam se aclimatar a seu novo ambiente e até multiplicavam os sinais de bem-estar. Haviam, portanto, aceitado muito bem as propostas e atendido às expectativas mobilizadas pelas curadoras. Estas, por outro lado, não esperavam que as lontras tomassem a iniciativa de superar as expectativas, tampouco que uma das provas de bem-estar se concretizasse num desvio das normas de conduta sexual.

Afinal, os biólogos haviam garantido: todos os cientistas são unânimes em afirmar que, entre as lontras, como ocorre com muitos outros animais, certos mecanismos impedem que se desenvolva uma atração entre indivíduos criados juntos. Pelo visto, o irmão e a irmã lontras tinham decidido dar a sua contribuição para a velha controvérsia em torno do incesto – ou, mais precisamente, reabri-la. E pareciam querer provar que a conduta dos etologistas contemporâneos estava errada e, por isso mesmo, voltar às hipóteses de Sigmund Freud e de Claude Lévi-Strauss, os quais, apesar de não serem especialistas no mundo animal, nutriam ideias fortes sobre a questão e criaram um critério do "propriamente humano": os humanos conhecem o tabu do incesto; os animais, não.

Mesmo que as organizadoras da exposição não se sentissem afetadas por tal controvérsia, o fato de suas lontras contradizerem tão impunemente os cientistas levava-as a temer o pior. Sabe-se que os zoológicos e as situações de cativeiro tiveram, por muito tempo, a reputação de "desnaturar" seus animais; no domínio da sexualidade, tal acusação costuma ter como alvo os comportamentos sexuais ditos desviantes, definitivamente considerados como "antinaturais" nesse contexto.

Ressaltemos, entretanto, que boa parte do que sabemos sobre a sexualidade dos animais advém das pesquisas em cativeiro. Em primeiro lugar, porque é bastante difícil observá-la em condições naturais, já que os animais tendem a ser relativamente discretos quanto a esses assuntos, sobretudo porque tais atividades implicam uma vulnerabilidade muito maior. Nos zoológicos, entretanto, a menos que sejam submetidos a uma abstinência punitiva (o que acontece com frequência), os animais geralmente não têm outra escolha senão participar da educação sexual dos espectadores – e da manutenção da biodiversidade, dizem, mas isso já é outro problema. Além disso, a sexualidade é mais bem conhecida em condições artificiais porque foi assim que a estudamos, ou até mesmo provocamos: dessa forma, muitas pesquisas acompanharam ou provocaram a carreira reprodutora de milhões de ratos, macacos e muitos outros mais.

Longe de mim, entretanto, considerar que os desvios da norma observados nas condições de cativeiro são o resultado unívoco de condições patológicas. É mais complicado do que isso, e as generalizações não ajudam em nada aqui. Com efeito, pode-se notar que os animais em condições de relativa segurança, pouco preocupados com a presença de predadores e com as necessidades de sobrevivência, exploram ou tornam visíveis outros modos de relação. Assim, por muito tempo considerou-se irrelevante a questão do prazer em matéria de animais. A questão era dada como resolvida pelo duplo imperativo da urgência e da reprodução [→ **Necessidade,** → *Queer*]. Mas os animais têm, de fato, a reprodução em mente? Para muitos deles, é visível que as coisas acontecem de outro modo. Os bonobos tornaram-se famosos por esse aspecto. Dentre os pássaros, já começamos a considerar que o acasalamento pode acontecer pelos motivos mais diversos. Os cientistas sempre tiveram muita dificuldade para evocar a questão do prazer, e a rapidez da maioria das performances sexuais acaba, aliás, encorajando tal reticência. Tudo muda, é evidente, se considerarmos que os animais podem fazer *de outra forma* se tiverem a oportunidade. Às vezes o fazem. A filósofa e artista Chris Herzfeld, que passou um longo tempo com os orangotangos do Jardim das Plantas de Paris [→ **Watana**], observou uma fêmea estendendo o acasalamento durante quase trinta minutos e, pelo visto, querendo ativamente prolongar o momento. Isso demonstraria que os animais podem desenvolver um outro repertório se as condições se mostram propícias. As condições de cativeiro são certamente diferentes das condições da natureza, mas não são menos reais. Elas constituem, de certo modo, uma série de outras propostas e, como tais, podem ser julgadas favoráveis ou não [→ **Hierarquia**], sempre *em determinados aspectos.*

A verdade é que, no que concerne às duas lontras, as responsáveis pela exposição não estavam muito à vontade e imaginavam a dificuldade de recorrer a esses recursos argumentativos quando a notícia chegasse aos jornalistas e, na sequência, aos protetores dos animais e ao público.

Elas sabiam que, se tivessem abrigado as lontras algumas décadas antes, ninguém teria se preocupado. Seria normal os animais, já que são animais, não respeitarem as regras aplicáveis aos humanos. Faz muito tempo que o interdito do incesto e o controle da sexualidade são critérios decisivos da excepcionalidade humana. Diante da inquietação das curadoras, os biólogos que colaboravam com a exposição se mobilizaram para tranquilizá-las: afirmaram que, de fato, isso pode acontecer quando os animais estão em condições agradáveis, mas mecanismos hormonais impediriam que esses arroubos tivessem consequências desagradáveis. As responsáveis confiaram nos biólogos assim como confiaram nas lontras. Os animais, entretanto, nem sempre estão em sintonia com os cientistas; quanto à confiança, ela não se impõe unilateralmente. De fato, pouco tempo depois, a pequena lontrazinha começou a engordar de maneira preocupante e muito significativa. Parece que os mecanismos hormonais não estiveram à altura das expectativas dos biólogos e das organizadoras. Em 18 de novembro de 2007, o site da exposição anunciou um feliz nascimento, sem especificar, contudo, o laço que unia os dois parentes.

À luz dessa história, pode-se ver que o que outrora aparecia como uma característica da natureza definiu-se, naquele contexto, como o exato oposto: tornou-se antinatural. O fato de isso ter sido classificado como "antinatural" no domínio da sexualidade não é irrelevante. As lontras poderiam, por exemplo, ter descoberto o uso do quebra-nozes ou ter começado a dançar na jaula: isso teria despertado o entusiasmo, não a reprovação que as curadoras da exposição temiam.

É preciso ressaltar que tal reprovação manifesta-se pouco quando se trata de animais domésticos ou de laboratório. Foram criadas linhagens puras de ratos e de camundongos cruzando os mais diversos parentes, a fim de reduzir a variabilidade comportamental ou psicológica que tende, desfavoravelmente, a gerar divergência entre os resultados dos experimentos. Por outras razões, agiu-se da mesma forma com os animais de produção e os cães, no caso dos quais o valor da raça pura – isto é, a valorização de determinadas características – serviu como guia em matéria de seleção. Todo o processo da domesticação foi orientado por princípios que não são necessariamente os critérios que os animais aplicariam se os deixássemos livres para fazerem as suas escolhas – longe disso.

Mas na natureza, hoje em dia, com raríssimas exceções, considera-se que a endogamia – acasalamento com parentes próximos – é, em geral, evitada. A maioria das exceções está reservada a algumas populações com possibilidades limitadas, como aquelas que habitam ilhas. Certamente, existem outras exceções, como um peixinho monogâmico e muito colorido que vive nas enseadas e rios dos Camarões e da Nigéria, o ciclídeo *Pelvicachromis taeniatus*.[1] As fêmeas dessa espécie preferem acasalar com seus irmãos, e os machos, com suas irmãs. Os cientistas tentaram compreender as razões que esses peixes podem ter para transgredir uma regra normalmente seguida no reino animal. Eles acham que tais peixes, na verdade, foram le-

---

1 A respeito dos peixes endogâmicos, pode-se encontrar um resumo da pesquisa no site dos amadores de piscicultura: practicalfishkeeping.co.uk. Os autores dessa pesquisa publicaram vários artigos. No texto, baseio-me em Timo Thünken et al., "Active Inbreeding in a Cichlid Fish and its Adaptive Significance". *Current Biology*, v. 17, n. 3, 2007, pp. 225–29. Os autores esclarecem que os peixes preferem acasalar com um parente "não familiar", o que do ponto de vista da controvérsia teórica daria razão aos que alegam que não há atração pelos "familiares". Ao prosseguir a pesquisa, notamos que em 2011 eles refinam sua teoria num artigo ("Female Nuptial Coloration and its Adaptive Significance in a Mutual Mate Choice System") publicado na *Behavioral Ecology*: confrontados com um teste de preferência de odores (o da irmã ou de outra fêmea), os machos de maior tamanho estariam mais propensos a preferir a irmã. Os menores seriam menos "seletivos", dizem os autores, porque suas escolhas seriam limitadas.

vados, pela seleção natural, a preferir parentes próximos para se reproduzir, pois a supervisão dos ovos e dos filhotes, sobretudo contra os predadores, demanda um trabalho que só é realmente eficaz se os pais colaboram plenamente. Ora, parece que a colaboração tem uma qualidade superior se os pais se conhecem bem. O fato é que esse tipo de pesquisa mostra bem a recente inversão das maneiras de pensar. São os animais que não respeitam a regra da exogamia que devem dar uma explicação agora. E que seja muito bem justificada.

A sexualidade dos animais alimentou por muito tempo a tese da excepcionalidade humana (quem afirma que "não somos animais" invoca essa dimensão do problema) e sempre nutriu um amplo regime de acusação e de exclusão – daqueles que, justamente, se comportam como animais –, o qual opera ao longo de uma linha divisória bastante complexa entre o que a natureza tolera (incesto) e o que ela impediu virtuosamente (homossexualidade). Portanto, os animais se comportavam como animais até que mudamos de opinião sobre o que significa se comportar como animal. A sexualidade animal aparece, portanto, sempre como um modelo a ser seguido ou evitado a fim de acessar a cultura. Tal preocupação permanece atual, ainda que sob formas renovadas. O caso do arganaz monogâmico, tal como foi estudado pelo jovem pesquisador suíço Nicholas Stücklin, é exemplar nesse aspecto.[2] A história é especialmente interessante porque esse arganaz-do-campo sempre passava de uma louvável atitude de adesão ao modelo que deveria apresentar, perante os cientistas que o estudavam, para um lamentável desprendimento em relação a ele.

---

2 O trabalho de Nicholas Stücklin sobre o arganaz-do-campo ainda não foi publicado. Agradeço-lhe muito por ter me enviado seu texto e me autorizado a compartilhá-lo. Ele foi objeto de uma comunicação em 2011 intitulada "How to Assemble a Monogamous Rodent: Ochrogaster Sociality in Zoology and the Brain Sciences", durante a oficina *The Brain, the Person, and the Social*, organizada pelo centro Geschichte des Wissens, ETH Zürich, 23–25 jun. 2011.

O arganaz-do-campo, *Microtus ochrogaster* (orelhas pequenas, ventre amarelo), é um roedor que habita o Midwest [Centro-oeste] do Canadá e dos Estados Unidos. Nas neurociências, esse arganaz ganhou certa notoriedade graças a um comportamento social que alguns zoólogos lhe atribuíram por volta do fim dos anos 1970: diziam que ele seria monogâmico e biparental, um comportamento reconhecido em apenas 3% da classe dos mamíferos inteira.

A história narrada por Stücklin começa em 1957, quando o zoólogo Henry Fitch constatou que, durante as capturas para coleta de dados dos arganazes-do-campo nas pradarias do Kansas, com frequência eram colhidos, na mesma armadilha, um macho e uma fêmea já encontrados juntos em outras capturas. Entretanto, Fitch não compartilhava da hipótese da monogamia que prevaleceria posteriormente. Durante a captura, constatara que a fêmea não estava no cio, o que, segundo ele, indicava que a ligação não era de natureza sexual; os roedores seriam companheiros de ninho acostumados a passear juntos. Se um era pego, o outro tentava forçar a porta da gaiola e se juntar a ele. Ademais, às vezes o par era composto de duas fêmeas. Como Fitch não conseguia induzir a atividade sexual em laboratório, não podia nem abandonar nem desenvolver a hipótese de um eventual vínculo sexual entre os parceiros "amigos".

No entanto, em 1967 outros zoólogos retomaram as observações e se concentraram em outra característica, à qual Fitch havia prestado pouquíssima atenção: os machos participam muito ativamente na criação dos filhos. Dez anos depois, o interesse pelo arganaz-do-campo mudou; os pesquisadores passaram a considerá-lo para a posição de cobaia de laboratório, por ter sido entendido como um modelo dos comportamentos humanos. A monogamia tornou-se uma questão séria. Dois cientistas, Gier e Cooksey, concentraram-se no comportamento paterno, chave da monogamia – geralmente, quando os casais são estáveis, tanto a mãe como o pai investem nos cuidados dos filhos. Dessa forma, descobriram um macho atencioso, cooperativo e, até mesmo, submisso àquela que se tornou a "sua" fêmea, limpando-a e nutrindo-a, assumindo – *admiravelmente,* dizem os pesquisadores –, inclusive, o papel de parteiro e se encarregando do ninho e dos filhotes após o nascimento. Somente um monogâmico se dedica dessa maneira! A reputação do arganaz-do-campo está feita; os pesquisadores continuarão observando os pais durante os próximos vinte anos. O arganaz-do-campo, agora monogâmico, começa então a interessar a uma neurociência que sai em busca de modelos de apego. Os ratos de laboratório são destronados; apesar de capazes de demonstrar apego maternal, revelam-se totalmente inaptos quando se trata de casais. O arganaz-do-campo torna-se o modelo da psicologia do amor – leia-se: amor humano – e da formação dos casais – leia-se: casais heterossexuais. A pesquisa neuroendocrinológica ganhará um novo impulso. O mastozoólogo Lowell Getz e a behaviorista Sue Carter consideram, então, um outro destino possível para o arganaz-do-campo monogâmico. Se ele pode demonstrar a química dos vínculos, então também deve poder estabelecer o modelo das patologias desses mesmos vínculos entre os humanos e, portanto, fornecer uma reserva considerável das mais diversas síndromes de disfunção social. Contanto, é óbvio, que o arganaz-do-campo permaneça monogâmico...

Contudo, parece que o modelo se mostrou menos perfeito do que parecia ser. Os pesquisadores descobriram primeiro a existência de "arganazes-do-campo errantes". Durante um período de sua vida, uma parte não negligenciável dos arganazes-do-campo, todos supostamente monogâmicos e fiéis, viajaria e se relacionaria com outros arganazes-do-campo. Em seguida, estudos de DNA vieram confirmar as suspeitas: o arganaz-do-campo era infiel. De acordo com as pesquisas, de 23% a 56% dos filhotes provinham de uma relação extraconjugal. Aqueles pais tão honoráveis estavam, na verdade, cuidando da descendência de um outro – o que, do ponto de vista das regras da seleção, não é aconselhável.

É uma novidade bastante embaraçosa que – como ressalta, com razão, Nicholas Stücklin – compromete de maneira desagradável a nomeação do arganaz-do-campo como modelo do casal humano.

Ainda assim... começam a questionar. Talvez o arganaz-do-campo não seja monogâmico, mas o que quer dizer ser monogâmico? E, afinal de contas, os humanos o são? Será que formamos vínculos de tão longo prazo? Será que compartilhamos a criação de nossos filhos? Não estamos muito longe da história da chaleira de Freud[3] – nunca peguei sua chaleira emprestada e, além disso, eu lhe devolvi a chaleira em bom estado e, aliás, ela já estava furada. A noção de monogamia vai sofrer, portanto, uma grande ampliação. Fidelidade sexual e apego social serão distinguidos, de modo a assegurar que a monogamia, certamente social, do arganaz-do-campo permaneça intacta. O problema é especialmente bem resolvido porque o apego e as patologias que resultam de sua inibição interessam às pesquisas sobre as bases neuronais do comportamento humano.

Entretanto, no laboratório, essa grande diversidade ameaça comprometer a credibilidade atribuída à reprodutibilidade do comportamento. Se o arganaz-do-campo é fantasioso na natureza, sua monogamia em cativeiro seria resultado das limitações impostas pelo laboratório – ela seria, em outras palavras, um artefato. Nesse contexto, os ratos se mostrariam mais previsíveis e confiáveis – os pesquisadores, aliás, trabalharam bastante para reduzir essa variabilidade o máximo possível, impondo-lhes, em particular, as escolhas sexuais. Contudo, como os ratos não parecem criar vínculos, não podemos contar com eles.

Os pesquisadores vão, então, modificar a definição do que lhes interessa: o que os arganazes-do-campo e os humanos têm em comum? A variabilidade de seus comportamentos, justamente! O arganaz-do-campo pode, assim, manter o posto de modelo por excelência.

Deveríamos nos alegrar com isso. Não preferimos um mundo marcado pela diversidade? Esse mundo não é mais interessante, não promete mais curiosidade, mais atenção, mais hipóteses? "Sem dúvida",

---

3 Sigmund Freud, *A interpretação dos sonhos* [1900], trad. Paulo César de Souza. Obras Completas, v. 4. São Paulo: Companhia das Letras, 2019, p. 153. [N. E.]

responderão [→ **Queer**]. Contudo, creio que os arganazes-do-campo nos pedem para duvidar. Afinal, a variedade está se tornando uma resposta moral, uma resposta abstrata do tipo vale-tudo [*tout terrain*]. Isso nos indica que estamos indo rápido demais e fazendo da variedade uma generalização. Em outras palavras, a variedade está se tornando uma resposta mais do que constituindo um problema.

É isso que ignoramos quando abordamos a aventura dos arganazes-do-campo nos moldes que se tornaram usuais para desconstruir esse tipo de história. Com efeito, poderíamos muito bem entender as modificações dos comportamentos "interessantes" dos arganazes-do-campo, no sentido de uma maior diversidade de maneiras de organizar a vida conjugal, como constitutivos de um decalque fiel da evolução de nossas maneiras de nos organizar. Já podíamos suspeitar quando os pesquisadores anunciaram – num período que coincidiu com o surgimento dos movimentos feministas, que questionavam a divisão tradicional das tarefas relativas aos filhos – que os arganazes-do-campo são excelentes pais de família, no novo sentido do termo: não basta colocar comida na mesa, é preciso lavar a louça depois. Não negligenciemos, contudo, as condições práticas associadas a esses novos hábitos: o arganaz-do-campo, que se recusava obstinadamente a se reproduzir em cativeiro com Fitch, acabou aceitando isso com os cientistas que vieram depois.

Se nos interessamos pelas pesquisas mais recentes, é igualmente verdadeiro que a descoberta da variabilidade das práticas conjugais identificada no arganaz-do-campo se parece muito com as inovações das práticas contemporâneas ocidentais – não esquecendo que, logo de início, são justamente os habitantes dessa parte do mundo que o arganaz-do-campo representaria. Seria o caso, então, de tomar nota dessa variedade de costumes e de legitimar outras formas de casais e outras definições de família? E fazer dessa variedade o indício de uma variabilidade natural?

Podemos considerar essa possibilidade, mas Nicholas Stücklin propõe uma outra hipótese que nos convida a ir mais devagar. Ele diz que é preciso se atentar às alterações no programa e na agenda de pesquisas impulsionadas pelo novo arganaz-do-campo.

O arganaz-do-campo, não nos esqueçamos, é requisitado principalmente por questões ligadas à psicopatologia dos laços. Nesse contexto, o apego pode ser posto à prova em múltiplos experimentos que vão nos indicar como podemos provocar seu fracasso, inibi-lo e medir as consequências desses testes segundo o "modelo da falha": em outras palavras, como podemos criar situações "sem apego" ou marcadas por apegos perturbados, traumatizados, inibidos... cujos resultados mimetizarão os transtornos mentais e as patologias sociais [→ **Separações, → Necessidade**]. Quanto mais o apego varia, mais vias exploratórias podem se abrir e mais condições patológicas podem ser consideradas. Em outras palavras, se aceito o convite de Isabelle Stengers para prestar atenção às transformações que "fazer ciência" impõe, a "variedade" que o arganaz-do-campo exibe se traduz no regime das possibilidades de "variações", sendo a "variação" definida como aquilo que, porque varia, pode tornar-se "objeto de variação" – ou seja, nesse contexto, uma variável para manipular.

Nesse ponto, podemos temer pelo arganaz-do-campo. Suas depravações e infidelidades pouparam-no da tarefa de transformar um modelo de conformidade social em um modelo natural. A inventividade de suas formas de ser fiel – ou não – possibilitou que ele fosse novamente incluído em nossas histórias. Não que essas histórias tenham grandes chances de interessá-lo. Receio que não.

J

de
Justiça

—

Os animais assumem compromissos?

Um dos guardas do parque de Virunga, oriundo da tribo dos Lega, no centro-oeste da República Democrática do Congo, uma vez relatou a um colega meu, Jean Mukaz Tshizoz, que, em certos vilarejos, havia sido firmado um acordo entre os leões e os habitantes. Jean me contou que conhecia o acordo: sua avó já lhe falara a respeito e podem-se encontrar formas muito parecidas entre os Lega de outras regiões, entre os Lunda do Catanga e entre outros Bantu. Segundo esse contrato, a paz reina entre os aldeões e os leões contanto que estes deixem as crianças em paz. Mas, se um leão ataca uma criança, uma medida de retaliação é imediatamente organizada. Os aldeões saem com tambores à procura do culpado, tocando uma música específica, destinada a advertir os leões de que uma caça está sendo organizada como punição pelo ato. Ao avistar um leão solitário, geralmente o primeiro leão encontrado, os aldeões o abatem. O crime foi punido. Certamente, poderíamos perguntar se o leão punido por ser o "primeiro que aparece" é o verdadeiro culpado. Parece que a resposta a tal pergunta é afirmativa. Por um lado, os aldeões explicam que, se um leão está sozinho, longe de seu grupo, há grandes chances de que seja, de fato, um indivíduo dessocializado – a dessocialização serve de explicação para a transgressão brutal dos códigos. Por outro lado, dizem que o culpado nunca está longe, prova decisiva de sua culpa – a proximidade indica que ele tomou gosto pelo sangue humano – e atestado de sua condição permanente de marginal. A punição mostra-se duplamente pertinente, como uma medida ao mesmo tempo punitiva e preventiva. Uma vez castigado o culpado, o acidente não deverá se repetir, sobretudo porque, segundo Jean, o toque dos tambores tem o intuito explícito, em suas palavras, de "marcar os espíritos" dos animais.

Outro tempo, outro lugar. Na primavera de 1457, um crime terrível comoveu a população do vilarejo de Savigny-sur-Étang. Encontraram o corpo de um menino de cinco anos assassinado e devorado pela metade. As testemunhas denunciaram os suspeitos: uma mãe e seus seis filhos, que foram intimados pelas autoridades. Tratava-se de porcos. Não restavam dúvidas de sua culpa, pois foram descobertos neles traços de sangue do menino assassinado. Os porcos culpados foram levados ao tribunal, diante de uma sala lotada. Sua indigência rendeu-lhes o direito a um defensor público. As provas foram examinadas e, diante da evidência dos fatos, os debates passaram a girar em torno de questões legais. Por fim, a mãe foi condenada à forca. O veredito dos filhos, entretanto, beneficiou-se da argumentação convincente do advogado: eles não tinham as competências mentais que, aos olhos da lei, os tornariam passíveis da acusação de crime. Foram, portanto, colocados sob a tutela do Estado, que teve de prover suas necessidades.

Certamente, essas duas histórias não têm muito em comum, a não ser o fato de, em ambos os casos, homens e animais se encontrarem lidando com conflitos segundo regras que pertencem a esferas da justiça.[1] Poderíamos insistir nas diferenças, pois elas são importantes e numerosas, mas o que me interessa, para além dessas diferenças, é o que esses modos de resolução de conflitos pressupõem: que o animal é autor de seus atos e que pode ser obrigado a

---

[1] A engenheira Isabelle Mauz conduz há alguns anos um trabalho fascinante de sociologia em áreas protegidas. A ela devo o esquema de leitura que me ajuda a pensar as situações de conflitos como situações políticas nas quais os atores humanos levam a sério o fato de que os animais também são atores políticos. I. Mauz, *Cornes et crocs*. Paris: Quae, 2005.

responder por eles. Prova disso, tanto no caso dos leões quanto no dos porcos, é o fato de que não se pune qualquer um, de qualquer jeito. Foi aquele leão específico que transgrediu, e não um outro; a mãe foi julgada culpada, e não seus filhotes.

Muitos animais, na Europa e na América colonizada, foram objeto de processos penais. Conseguimos traçar esses processos até o início do século XVIII. A Igreja perseguia aqueles que destruíam as colheitas, que eram acusados de ter relações sexuais com humanos ou, ainda, de envolvimento com bruxaria e possessão.[2] Os tribunais seculares, por sua vez, encarregavam-se de casos de lesão física a outrem.

Tais práticas parecem-nos exóticas, irracionais e antropomórficas; não raro, tornam-se alvo de uma incredulidade jocosa. Esses processos revelam, entretanto, uma sabedoria que reaprendemos a cultivar aqui e ali: a morte do animal pode não ser óbvia. A justiça deve intervir para determiná-la – com toda a demora e com toda a problematização inerentes ao aparato jurídico. Além disso, os processos que dizem respeito à destruição de plantações ou de propriedades humanas por animais passavam frequentemente pela busca de um compromisso. Prova disso é um julgamento de 1713 no Maranhão, Brasil. Cupins foram considerados responsáveis pela destruição de parte de um convento dos franciscanos da Piedade que desabara em função de sua presença nas fundações. O advogado que lhes foi designado argumentou de forma engenhosa: os

---

2   É possível encontrar uma história muito detalhada sobre o fim desses processos no artigo de Éric Baratay que explica os contextos e as formas das práticas de excomunhão e de exorcismo de animais. Ele mostra que isso corresponde não a um progresso em direção a mais racionalidade, mas a uma exclusão progressiva dos bichos da comunidade. Uma vez que os animais são logo de início excluídos da comunidade, as excomunhões que até então baniam alguns bichos *na prática* e caso a caso não têm mais razão de ser. É. Baratay, "L'Excommunication et l'exorcisme des animaux au XVIIe-XVIIIe siècles: une négociation entre bêtes, fidèles et clergé". *Revue d'Histoire Ecclésiastique*, v. 107, n. 1, 2012, pp. 223–54.

cupins, disse ele, são criaturas industriosas; trabalham duro e adquiriram de Deus o direito de se alimentar. O advogado chegou a duvidar da culpa dos animais: a destruição era, segundo ele, apenas o triste resultado da negligência dos frades. Em vista dos fatos e dos argumentos, o juiz decidiu obrigar os frades a oferecerem uma pilha de madeira aos cupins; estes receberam, por sua vez, a ordem de deixar o monastério e de limitar sua louvável habilidade à pilha de madeira.[3]

Tais compromissos guardam algumas semelhanças com aqueles que estamos reinventando com os animais.[4] Eles são evidentes quando se trata de espécies protegidas com as quais precisamos conviver, sejam abutres que chegam em grande número para responder à oferta que lhes é feita sob a forma de uma vala comum, sejam lobos com os quais a coabitação não é livre de problemas, sejam lontras ou marmotas... As respostas desses animais a nossas propostas protetoras expressam um "excesso de êxito"; agora, diante das consequências desse excesso de êxito, precisamos imaginar soluções, sempre no improviso. Como convencer os abutres a dar lugar a outras espécies? Como negociar com as marmotas que fazem a festa nos campos que os agricultores querem cultivar? Fechar as valas e deixar os primeiros à mercê da própria sorte poderia até tornar esse tipo de lugar menos atraente para eles, mas engendraria outras consequências a ser enfrentadas: alguns abutres renunciariam às suas práticas necrófagas e atacariam cordeiros. Seria preciso, então, entrar em acordo com os criadores. Quanto às marmotas, durante algum tempo, voluntários se mobilizaram para capturá-las

---

3 O exemplo dos processos contra animais foi tirado do prefácio de Jeffrey St. Clair a Jason Hribal, *Fear of the Animal Planet: The Hidden History of Animal Resistance*. Petrolia/Chico: Counter Punch/AK Press, 2010.

4 A temática da não inocência e dos comprometimentos foi desenvolvida especificamente no trabalho de Donna Haraway, *When Species Meet*. Minneapolis: University of Minnesota Press, 2008 [ed. bras.: *Quando as espécies se encontram*, trad. Juliana Fausto. São Paulo: Ubu Editora, no prelo].

e realocá-las. No entanto, com o passar dos anos, os voluntários tornaram-se mais raros e menos disponíveis. Considerou-se, então, oferecer às marmotas soluções contraceptivas, o que de novo suscita um problema, sobretudo para os ecologistas que se revoltam contra tratamentos tão antinaturais. É justamente essa a essência dos compromissos, como bem analisou a filósofa Émilie Hache. Não se trata – como a versão pejorativa, por muito tempo, nos fez pensar – de transigir com a moral, e sim com nossos princípios, quando eles se mostram estreitos demais para "dar conta do recado". Ela diz: "Para os que assumem compromissos, é menos importante julgar o mundo à luz de certos preceitos do que tratar corretamente os diferentes protagonistas com quem convivem e, assim, estar prontos para fazer acordos com eles".[5]

Os novos hábitos de compromisso parecem, já há algum tempo, contaminar as relações com outras espécies, que, apesar de não contarem com o benefício de leis de proteção, suscitam considerações bastante similares. Há alguns anos, gralhas-calvas se instalaram num vasto jardim abandonado, na periferia de Lyon. A coabitação se tornou cada vez mais difícil. As gralhas eram numerosas demais, barulhentas demais, e seus excrementos constituíam um transtorno insustentável. As queixas dos moradores para a municipalidade multiplicaram, e esta decidiu recorrer a caçadores. A população, então, protestou: ninguém queria que as gralhas fossem mortas. Uma solução foi encontrada: logo após a postura dos ovos, chegaram os falcoeiros com suas águias e falcões, cuja missão era convencer as gralhas a fazer o ninho em outro lugar. Colocar a ninhada em perigo parecia o argumento mais contundente nesse caso. Ninguém pode afirmar que a solução tenha sido justa ou ideal, e eu me lembro apenas de um grande mal-estar ao ouvir os gritos desesperados das gralhas, enlouquecidas por abandonar os ovos para

---

5 A citação foi extraída do belo livro de Émilie Hache, *Ce à Quoi nous Tenons*. Paris: Les Empêcheurs de Penser en Rond / La Découverte, 2011.

escapar dos ataques. Tudo o que esperávamos era que as gralhas encontrassem um outro lugar para se abrigar, onde a coabitação fosse menos problemática – mas ninguém podia garantir isso. A solução não era nada inocente; nós também não éramos nem esperávamos que as gralhas o fossem. Aprendemos a difícil arte dos compromissos e dos comprometimentos.

Voltando às práticas dos processos, com os quais podem ser feitas algumas analogias, eles apresentam, entretanto, um caráter que permanece estranho para nós: não apenas os animais são defendidos por advogados, o que lhes confere de alguma maneira o status de pessoa, mas, sobretudo, a eles são atribuídos racionalidade, vontade, motivos e, principalmente, intencionalidade moral. Processar os animais é, em outras palavras, aderir à ideia de que eles poderiam ter um senso de justiça.

Essa ideia não desapareceu completamente, mas durante muito tempo ficou restrita às ditas "anedotas", termo que nega toda e qualquer importância, e toda e qualquer credibilidade, aos acontecimentos observados [→ **Fazer científico**], ou seja, aos relatos de criadores, de proprietários de cães, de tratadores de zoológico ou de adestradores. Atualmente, ela volta com vigor renovado em ensaios cada vez mais frequentes, que reivindicam um tratamento melhor aos animais, e até mesmo sua libertação. Os animais que fogem, revoltam-se ou agridem os humanos agiriam deliberadamente, confirmando com sua rebelião a consciência da injustiça de que são vítimas [→ **Delinquentes**].

Quanto aos cientistas, a ideia levou tempo para criar raízes. As razões por trás da hesitação são inúmeras. Apontarei apenas que, em 2000, o psicólogo Irwin Bernstein recordou alguns colegas, que provavelmente estavam se desviando do caminho, de que a moralidade entre os animais parece condenada a permanecer fora do domínio das técnicas de mensuração disponíveis nas ciências.

Se uma ideia que se aproxima do senso de justiça – ou de injustiça – só começa a aparecer nas pesquisas em 1964, e de maneira relativamente tímida, ainda assim encontro um prenúncio dela num experimento conduzido pelo biólogo Leo Crespi bem no início dos anos 1940.[6] É claro que ele não falava de justiça ou de injustiça, mas tais noções não estão muito distantes de seu assunto. Crespi explica que, no início, sua pesquisa investigava a propensão dos ratos brancos a se entregar a jogos de azar – o que, segundo ele, rendeu-lhe a fama de promover a roleta e o vício entre os roedores. Como os resultados não foram muito convincentes, Crespi decidiu concentrar esforços em outro problema que parecia emergir de suas pesquisas, a saber, o efeito da variação dos estímulos dados aos ratos – tradicionalmente denominados "reforços", mas que Crespi chama de "incentivos". Ele constata que, ao fazer os ratos correrem em labirintos, eles atingem uma velocidade média que se mantém constante desde que recebam a recompensa esperada. Mas, uma vez estabilizados os resultados, se aumentarmos a recompensa em um dos testes, notaremos que os ratos correrão muito mais rápido no experimento seguinte, e mais rápido até do que aqueles a quem uma quantidade maior de comida foi oferecida já no primeiro experimento. Portanto, é o contraste que importa, a diferença entre o que o rato sente que tem o direito de ganhar e o que ele, de fato, recebe, e não a quantidade de incentivos. O efeito contrário também é observado: se diminuirmos a recompensa ao longo do procedimento, os ratos vão desacelerar consideravelmente no teste seguinte. Crespi considerou que esses ratos manifestavam, no primeiro caso, o que ele chamou de "euforia" e, no segundo, uma reação de decepção – em alguns escritos ele fala ora de "frustração", ora de "depressão"; suspeito que a escolha deste último termo tenha relação com seu potencial muito mais promissor para as pesquisas sobre patologias humanas [→ **Imprevisíveis**]. Obviamente

---

6   No que concerne a Crespi e aos ratos "frustrados" ou "embriagados pelo sucesso", há um artigo tardio (1981), mas que demonstra ser aquele publicado em 1966, ligeiramente modificado, disponível em: garfield.library.upenn.edu.

essa pesquisa não resultou na audaciosa proposta de que os ratos "decepcionados" teriam o sentimento de que a recompensa "não é justa", mas o fato de ser frequentemente citada hoje em trabalhos sobre o bem-estar animal comprova seu potencial especulativo: os animais poderiam "julgar" as situações que lhes são propostas. Em 1964, Jules Masserman e seus colegas mostram, por sua vez, que macacos-rhesus confrontados com a escolha entre "comer, mas fazer um congênere sofrer" ou "abster-se" escolhem a abstenção.[7] Nesse experimento, macacos são colocados sozinhos em uma gaiola de dois compartimentos separados por um espelho falso. Na primeira etapa, somente um lado da gaiola é ocupado por um macaco, a quem os pesquisadores ensinam a puxar uma corrente assim que uma luz vermelha se acende e outra corrente quando é acesa uma luz azul, associada à chegada de comida. No teste seguinte, os pesquisadores colocam um congênere no outro compartimento. O espelho falso é posicionado de modo que esse congênere fique visível para o primeiro em seu compartimento. A partir desse momento, uma das duas correntes sempre libera comida, mas administra, ao mesmo tempo, um choque elétrico no congênere do outro lado do vidro. Graças ao dispositivo, o macaco que aciona as correntes percebe as consequências que suas ações têm sobre o companheiro. Os resultados são claros: a grande maioria dos macacos evita, a partir de então, tocar na corrente que dispara os choques. Alguns chegam a optar pela abstenção total, não recebendo mais nenhuma comida. Os macacos preferem passar fome a causar dores a seu companheiro. Evidentemente, as conclusões dos pesquisadores não evocam sempre questões de justiça ou de equidade; eles antecipam – com o emprego prudente das aspas – a possibilidade de condutas "altruístas" e – agora sem as aspas – falam de comportamentos protetores, notando que estes últimos são observáveis em muitas outras espécies

---

7 Jules Masserman, "'Altruistic' Behavior in Rhesus Monkeys". *The American Journal of Psychiatry*, v. 121, n. 6, 1964, pp. 584–85.

e sugerindo dar continuidade a pesquisas nessa direção. A sugestão foi acatada: outros animais foram convidados para o teste, entre eles os ratos. Eles concordaram com Masserman.

Muito recentemente, a ideia explícita de que os animais poderiam ter senso de justiça e de injustiça surgiu no laboratório. Ela deu origem a alguns trabalhos, graças à renovação do interesse adquirido e mobilizado pelas pesquisas sobre cooperação.

Em 2003, a psicóloga Sarah Brosnan publicou na revista *Nature* um experimento que ficaria famoso.[8] Ela submeteu um grupo de macacos-prego [*Sapajus apella*] a um teste destinado a avaliar seu senso de justiça. O grupo era composto de fêmeas, a quem os experimentadores propunham fatias de pepino em troca de pedras que lhes haviam sido dadas previamente. Esse tipo de teste se inscreve no registro geral dos testes ditos de "cooperação", nos quais a troca é considerada um ato cooperativo. A escolha de fêmeas para o experimento justifica-se, por sua vez, pelas características da organização social dos macacos-prego: em liberdade, as fêmeas vivem em grupo e compartilham a comida, enquanto os machos são mais solitários. As trocas desenvolvem-se sem grandes dificuldades nas condições normais do experimento; as fêmeas de macaco-prego parecem querer cooperar – e sem dúvida supõem o mesmo com relação aos pesquisadores. Mas, se uma delas assiste a uma transação na qual uma de suas congêneres recebe uma toranja, iguaria muito mais apreciada do que a fatia de pepino, ela se recusará a cooperar. Essa deserção se agrava mais se a parceira recebe a fruta sem ter de oferecer nada em troca – "sem esforços", dizem os pesquisadores. Algumas das fêmeas de macaco-prego recusam, então, o pepino e dão as costas ao experimentador, ao passo que outras, ao contrário, vão aceitá-lo... para jogá-lo na cara do experimentador. Os pesquisadores concluíram que os macacos podem julgar situa-

---

8 Sarah Brosnan e Frans De Waal, "Monkeys Reject Unequal Pay". *Nature*, v. 425, n. 6955, set. 2005, pp. 297–99.

ções, caracterizá-las como equitativas ou não, e que a cooperação teria provavelmente evoluído, em algumas espécies, no contexto dessa possibilidade.

A proposta poderia ser aplicada a outros animais; as coisas apresentam, entretanto, maiores dificuldades para eles. Os macacos beneficiam-se há muito tempo do "escândalo hierárquico" demonstrado pela primatóloga Thelma Rowell: os pesquisadores dão mais crédito a eles pelo fato de serem nossos parentes próximos. E à medida que lhes atribuímos competências sociais e cognitivas sofisticadas e realizamos experimentos a fim de testá-las, mais eles parecem merecer o crédito recebido e os pesquisadores são encorajados a levantar outras questões de maior complexidade. Os outros animais, tidos como mais primitivos, menos inteligentes, menos talentosos, raramente tiveram direito a considerações desse tipo por parte dos cientistas – ainda que as coisas estejam aos poucos mudando para muitos deles, o que lhes rende o nobre título de "primatas honorários" [→ **Mentirosos,** → **Pegas-rabudas**].

O biólogo especialista em neuropsicologia cognitiva Marc Bekoff está consciente da dificuldade que encontram, para serem reconhecidos como moral ou socialmente bem equipados, os animais que não pertencem nem à espécie dos macacos nem aos raros privilegiados que conquistaram o título de "primatas honorários". Como mostrar, de maneira aceitável do ponto de vista científico, que os animais se comportam de maneira "justa", que colocam em prática todo um repertório de etiquetas sociais e que sabem muito bem discriminar o que envolve se comportar de maneira "injusta"? A moralidade não tem nada de evidente, ela resiste ao regime da prova. Ora, diz Bekoff, esse não é o caso da brincadeira. Reconhecemos facilmente quando um animal brinca. E, quando observamos com atenção animais brincando, fica claro que a brincadeira recorre a um sentido muito apurado, por parte desses mesmos animais, do que é justo e do que não é, do que é aceitável e do que é digno de desaprovação, enfim, dos costumes e códigos de moralidade.

Quando os animais brincam, eles fazem uso do registro pertencente a outras esferas de atividade: atacam, mordem, rolam pelo chão, deitam-se, lutam, perseguem-se, rosnam, ameaçam, fogem. São os mesmos gestos das relações de predação, de agressão ou de conflito, mas com outro significado. Se os mal-entendidos são raros, é porque a brincadeira só existe com base em um acordo, que não cessa de ser expresso e atualizado: "Agora é de brincadeira". É esse acordo que dá sentido e existência à brincadeira. Os gestos são os mesmos de cujos hábitos se desviaram e, no entanto, são diferentes, vêm sempre acompanhados de um código de tradução – e de múltiplas trocas de olhares que asseguram que a tradução seja efetiva e conotam o regime da ação.

Bekoff ressalta que as brincadeiras se inscrevem no domínio da confiança, da igualdade e da reciprocidade. A confiança decorre sobretudo do fato de que o tempo da brincadeira é marcado pela segurança, de que as transgressões e os erros são perdoados e as desculpas, facilmente aceitas; a brincadeira segue regras, mas não é definida por elas. A igualdade vem do fato de que, nas regras do jogo, nenhum animal se aproveita da fraqueza do outro, a não ser em prol do jogo. A reciprocidade é a sua própria condição: nenhum animal brinca contra a vontade, nenhum animal brinca com outro que não brincaria com ele, a não ser por um mal-entendido rapidamente esclarecido. É o que chamamos de risco, e ele nunca está ausente. A brincadeira põe em prática princípios de justiça, e os animais conseguem diferenciar quem segue tais princípios e quem não obedece a eles. Um animal que não consegue controlar sua força durante a brincadeira ou que não é capaz de trocar de papéis, um animal que trapaceia, que sai da situação de jogo para a situação da vida real sem advertência e que agride – em suma, que não pratica o *fair play* –, não encontrará mais parceiros de jogo depois de algumas poucas experiências.[9]

---

9 O trabalho de Marc Bekoff sobre a brincadeira foi publicado em diversas obras e artigos. Utilizei principalmente "Social Play Behaviour: Cooperation, Fairness,

Mas a brincadeira não consiste na simples implementação das regras de um protocolo. Ela demanda algo a mais que não se explicita na forma de regras, tampouco na forma de palavras, mas que é imediatamente reconhecível na brincadeira de dois animais quaisquer. Há, diz Marc Bekoff, um "espírito de brincadeira". Ele é a brincadeira. É a sua alegria.

Afinal, a brincadeira só existe para construir e prolongar esse "espírito de brincadeira", que simultaneamente dá origem à brincadeira como brincadeira e oferece aos gestos seu contexto de tradução; ele realiza e cria o acordo entre os parceiros. O espírito de brincadeira cria esse acordo, mas é, ao mesmo tempo, criado por ele; trata-se mais de uma *sintonia*, que designaria o acontecimento por meio do qual se criam e se harmonizam ritmos, afetos, fluxos de vitalidade.

"Isso, apesar do que parece, ainda é brincadeira": os gestos e sua qualidade peculiar, seu "espírito", a troca constante de olhares são atos que, ao mesmo tempo, "dizem" o que está acontecendo (o "faz de conta que..." das crianças) e "fazem" com que isso aconteça e se

---

Trust, and the Evolution of Morality". *Journal of Consciousness Studies*, v. 8, n. 2, 2001, pp. 81–90. A citação de Irwin Bernstein relativa à impossibilidade de se mensurar cientificamente a moralidade vem desse texto. Devo ressaltar que a relação que Bekoff estabelece entre brincadeira e justiça é muito mais evidente em inglês graças à possibilidade que oferecem os termos *"fair"* e seu derivado *"fairness"*, sobre os quais ele articula sua análise. Aliás, o *Vocabulaire européen des philosophies* [Vocabulário europeu de filosofias], organizado por Barbara Cassin, classifica o termo *"fair"* como "intraduzível". A tradução francesa que foi proposta às teorias de John Rawls (segundo Catherine Audard, responsável por essa entrada no *Vocabulaire* em questão) optou pelo termo "équité" [equidade], salientando que Rawls faz da justiça o resultado de um acordo. Se o francês retomou tal e qual o termo *"fair play"* para remeter à ausência de fraude, do emprego de meios desonestos ou da força em relação às regras do jogo, por outro lado, ele não conseguiu traduzir a ideia de honestidade que o vocábulo *"fair"* veicula. Barbara Cassin (org.), *Vocabulaire européen des philosophies*. Paris: Seuil/Robert, 2004 [a obra está sendo publicada em português, em versão adaptada, dividida em volumes, pela editora Autêntica: Barbara Cassin (coord.), Fernando Santoro e Luisa Buarque (orgs.), *Dicionário dos intraduzíveis: um vocabulário das filosofias* – N. E.].

prolongue (brincar mais uma vez). Em outras palavras, quando os animais dizem o que fazem, eles fazem o que dizem. Não se pode definir de modo mais claro as bases de uma relação de confiança.

Ainda que esses últimos termos não sejam empregados por Bekoff, não tenho nenhuma dúvida de que ele os usaria de bom grado. Pois a brincadeira, que durante muito tempo foi objeto de interpretações funcionais – os gestos teriam um valor de treinamento que seria preciso assumir posteriormente; ela permite aos jovens animais desencadear conflitos ligados à hierarquia etc. –, é, segundo Bekoff, o momento privilegiado para aprender o que se faz e o que é inadmissível, ou seja, para aprender a se comportar de maneira "adequada", em função do que é esperado, e a julgar a forma como os outros respondem a esse ideal pragmático de "adequação". A brincadeira lança as bases da confiança. Ela ensina a "prestar atenção", caso contrário "não é mais brincadeira". Ensina outros papéis, outros modos possíveis de ser, como o de fingir ser pequeno quando se é grande, o de fingir ser fraco quando se é forte e quando se joga com um parceiro mais jovem ou mais frágil, o de fingir estar com raiva quando se está alegre – ela ensina *relativamente* a um outro. A brincadeira desenvolve e cultiva múltiplas modalidades de estar sintonizado com os outros, de acordo com os códigos do que é adequado e com a graça da alegria. Isso quer dizer, então – se me permitem retomar a proposta de Donna Haraway para estendê-la às pesquisas de Bekoff –, que os animais aprendem na brincadeira a ser responsáveis, ou seja, a responder por si; aprendem a respeitar, ou seja, a devolver o olhar, segundo a etimologia.[10] É isso que os animais fazem. Concretamente. A moralidade é muito engraçada e muito séria – é profundamente alegre e grave. Isso se aprende, entre os animais, rindo com um riso animal.

---

10 O termo francês "*respecter*" deriva do latim "*respectare*", assim como seu equivalente "respeitar", em português. [N. E.]

É claro que o significado concedido a estes termos – adequado, acordo, resposta, respeito – ultrapassa muito o âmbito da sua aceitabilidade científica. Marc Bekoff levou toda a sua carreira para aprender isso nos numerosos debates e controvérsias que manteve com os colegas. Quantas vezes não ouviu "isso não é científico"? Que os termos ultrapassem o âmbito do que é cientificamente aceitável, no que diz respeito à brincadeira, não é tão surpreendente, afinal de contas. Pois, se há algo que a brincadeira faz, é justamente mudar os significados, romper com o literal. A brincadeira é o paraíso da homonímia: um gesto que, em outros contextos, traduz medo, agressão e relação de forças se rearranja, se desfaz e se refaz diferentemente; ele não significa mais o que parece significar. A brincadeira é o local da invenção e da criatividade, o local da metamorfose do mesmo em outro, tanto para os seres como para os significados. Ela é o lugar do imprevisível, mas sempre conforme certas regras que direcionam essa criatividade e os *ajustes* correspondentes a ela. Em suma, justiça com a graça da alegria.[11]

---

[11] Para complementar as propostas de Bekoff, inspirei-me em grande medida em D. Haraway, *Quando as espécies se encontram*, op. cit.

K

de

Kg

Existem espécies matáveis?

Dois bilhões trezentos e oitenta e nove milhões de quilos de animais de produção morreram ao longo de 2009. Foram comidos. Se quisermos mensurar o peso total de animais mortos, devemos somar a esse montante os que foram mortos na caça, nos acidentes na estrada, os que morreram de velhice ou de doenças, os que receberam eutanásia, os devorados por um predador não humano, os eliminados por razões sanitárias ou abatidos por não serem mais produtivos. Com certeza estou me esquecendo de muitos outros.[1]

Quantos quilos de homens morreram ao longo do mesmo ano? Não se faz esse tipo de pergunta ou, mais precisamente, não se coloca a questão dessa maneira. Se o número de humanos mortos é evocado, ele é calculado com base em uma média, ou inferido, ou expresso em porcentagens. Ele não será, em hipótese alguma, medido em quilogramas ou em toneladas, mas em "pessoas": 25 mil pessoas morrem a cada dia de subnutrição; 8 mil pessoas, de aids; 6.300, em acidentes de trabalho. Eu poderia aumentar a lista e encontrar, sem muita dificuldade, o índice de vítimas de acidentes de trânsito, de mortes violentas, de óbitos em decorrência do uso de drogas...[2]

---

[1] Sobre o número de animais consumidos por ano, consultei o site notre-planete.info, assim como petafrance.com.

[2] As cifras das diversas mortes humanas que menciono podem ser encontradas nos sites fr.wikipedia.org, sida-info-service.org. Para uma estatística em tempo real das principais causas de mortalidade: planetoscope.com.

A distribuição dos números e a maneira como são coletados indicam algo sobre a nossa relação com essas mortes: tais números não transmitem uma simples informação, não se resumem a uma estatística do mundo. Eles carregam a marca, por trás de todo o trabalho de coleta e de tratamento dos dados, de uma *causa*, não apenas no sentido das causalidades, mas, sobretudo, no sentido que Luc Boltanski e Laurent Thévenot deram ao termo.[3]

A causa, segundo os dois sociólogos, resulta de um trabalho coletivo de fabricação de uma identidade que visa mobilizar as pessoas, a fim de denunciar e de pôr fim a uma injustiça. Assim, essas mortes, sejam elas consequência da aids, dos acidentes de trabalho ou da subnutrição, são colocadas, no interior de cada uma das categorias, como equivalentes. Elas são todas injustas porque são evitáveis; o que as liga é que poderiam ter sido evitadas, se houvesse sido feita alguma coisa, se as vítimas tivessem sido levadas em consideração, se alguém tivesse agido sobre as causas, seja por meio de programas de prevenção, seja por uma outra forma de distribuição das riquezas, por uma outra organização do trabalho...[4]

Para Boltanski e Thévenot, a constituição de uma "causa" exige "dessingularizar" as vítimas: é por sua morte que elas passam a ser definidas. A denúncia dos dois bilhões trezentos e oitenta e nove milhões de quilos de animais de produção mortos encontrada nos sites faz parte dessa operação. A semântica, é óbvio, difere um pouco da que utilizei: 2,389 bilhões de toneladas de carne foram consumidos ao longo do ano. Quilos ou toneladas não morrem: são consumidos. Por trás desse número, não se encontram apenas

---

3 Luc Boltanski e Laurent Thévenot, *De la Justification: les économies de la grandeur*. Paris: Gallimard, 1991.

4 Encontramos uma crítica interessante de política pragmática a respeito das estratégias de luta no artigo: Erik Marcus, "Démanteler l'Industrie de la viande". *Cahiers Antispécistes*, n. 30–31, dez. 2008. Nele encontra-se, discutida de maneira muito precisa, a analogia com a abolição da escravidão, analogia essa que repousa na ideia de que tais lutas não podem estabelecer a perfeição como o objetivo último.

uma causa e causas, mas consequências que aguardam mobilização: o meio ambiente, o destino dos países em desenvolvimento, a camada de ozônio, a saúde dos comedores de carne e os próprios bichos. Os animais mortos pesam, mas um peso diversificado: em emissão de metano pelas vacas, em doenças cardiovasculares para os comedores de carne, em toneladas de cereais que alimentaram os bichos, em árvores derrubadas no curso do desmatamento para cultivar essas toneladas de cereais...

Ademais, notamos que a dessingularização não atua de modo simétrico: os animais mortos são traduzidos em quilos de carne, os humanos mortos, em pessoas. O fato é que são as lógicas de consumo e sua denúncia que direcionam sua tradução, ao menos para os animais. Essa tradução permite trazer para a causa todos os que poderiam estar preocupados com os efeitos da pecuária intensiva, mais particularmente visada, estejam ou não preocupados com o destino dos bichos: se você não é sensível ao destino dos animais, talvez o seja em relação às consequências que as práticas agrárias na base da alimentação desses animais têm sobre o desmatamento; e, se você não está nem aí para o desmatamento, talvez se preocupe com os efeitos do metano sobre a camada de ozônio; e, se você pertence ao grupo dos negacionistas climáticos, talvez a questão da sua saúde consiga comovê-lo.

Mas podemos nos questionar sobre os efeitos pragmáticos desse tipo de argumentação. A dessingularização que cria uma "causa" e funciona por meio da unidade de medida do peso não só parece ser uma arma bastante perigosa de manipular – nas palavras dos ativistas que perceberam que os fatos evocados levam a discussões perigosas, as quais apenas enfraquecem sua posição – como também, de certo modo, prolonga o que poderíamos chamar de efeitos de ruptura ontológica: os homens e os animais são tão ontologicamente diferentes nesse ponto que suas mortes não têm nenhuma possibilidade de serem pensadas em conjunto. Mortos, humanos são corpos, despojos; os animais são carcaças – ou cadáveres, quando não são destinados ao consumo. Não há dúvidas de que o cadáver humano existe, mas tal denominação se aplica a situações muito específicas. De modo geral, se me baseio, por exemplo, nos romances e nas séries policiais, os cadáveres designam situações transitórias, à "espera" de resolução. Fala-se de cadáver a propósito de um corpo encontrado morto que ainda não foi – ou não pode ser – "apropriado" pelos que o conheceram como pessoa. O cadáver só será cadáver enquanto não for "apropriado", pelo tempo de ser devolvido àqueles próximos dele, os mesmos que farão do cadáver o "corpo" de um "defunto": um morto "para os outros", um morto que inicia, nesse momento, sua existência de morte sob a proteção dos vivos.[5]

Falar em termos de toneladas ou de quilos é participar do que Noëlie Vialles descreve como uma operação de tradução, material e semântica, do comedor de carne animal em "sarcófago".[6] Essa expressão designa, em sua análise, a tendência cada vez mais evidente a apagar tudo o que poderia lembrar o animal vivo, tudo o que, segundo ela, "lembra muito nitidamente o animal, sua forma e sua vida singulares, e também seu abate". A dissimulação do abate é evidente hoje em dia; os abatedouros desapareceram das cidades. Tudo o que poderia lembrar o animal vivo, o animal como ser, também desapareceu. Os traços mais reconhecíveis do que ele foi são disfarçados. Um exemplo que os nascidos antes dos anos 1970 poderão confirmar é a retirada progressiva das cabeças de novilho que reinavam nas barracas de feira, assim como o corpo inteiro, às vezes ainda nem depenado, de galinhas ou de animais de caça. O pa-

---

5   Sobre o tratamento dos corpos, remeto a Grégoire Chamayou, *Les Corps vils*. Paris: Les Empêcheurs de Penser en Rond / La Découverte, 2008.

6   Sobre a noção de "sarcófago", a antropóloga Noëlie Vialles marcou profundamente a área de pesquisa em torno do abate de animais com seu artigo "La Viande ou la bête?". *Terrain*, n. 10, 1988, pp. 86–96.

roxismo dessa dissimulação hoje é o hambúrguer, que corresponde a quase metade do consumo de carne bovina nos Estados Unidos.[7] Essa transformação do ser morto em outra coisa que em nada lembra a sua origem resulta de um trabalho que a socióloga Catherine Rémy chama de "desanimalização" do animal.[8] Esta opera na direção contrária do que acabo de descrever em relação aos humanos: no abatedouro, o animal passa do status de corpo para o de carcaça. As práticas de consumo guiam as metamorfoses que se seguem. A partir daí, ressalta Noëlie Vialles, tornam-se frango, vitela... As partes do corpo do animal são traduzidas como formas de cozimento: o assado, o cozido, o churrasco. A dissimulação atua igualmente na materialidade pelo viés do corte, engendrando os termos – em sua maioria, desvinculados da anatomia – maminha, alcatra, chã de fora, pernil, costela, acém, lombo, filé, copa, paleta, costeletas. Os pedaços de carne surgem, portanto, de um processo que Catherine Rémy chama de "dissociação", como se a nova ordem que lhe é atribuída – assado, costeletas ou filé – fosse uma ordem natural. E, portanto, autoevidente e não problemática. O processo de dissociação empregado no abatedouro apresenta-se,

---

7 Recentemente descobri, graças a Maud Kristen, a existência de um belo teste empírico do que Vialles afirma. Um vídeo retoma o que poderia constituir um verdadeiro experimento de psicologia social: um açougueiro, numa grande área aberta, oferece linguiça de porco fresca aos clientes. Ele os deixa prová-la e, em seguida, insistindo no frescor, propõe que vejam como é fabricada. Eles aceitam, até que se dão conta de que o açougueiro pega um leitãozinho vivo, insere-o numa caixa, fecha a tampa e gira a manivela. A linguiça sai por um buraco de uma das laterais. A reação de horror, de escândalo e de nojo, assim como a recusa das pessoas em comer, diz muito sobre os mecanismos de esquecimento necessários para o consumo de carne. Ver, no YouTube, "Moedor de porco – Câmeras Escondidas".

8 A transformação e a desconstrução dos animais são inspiradas no trabalho de campo de Catherine Rémy e, mais precisamente, na leitura que ela faz dos romances que relatam a experiência de visita dos próprios escritores aos abatedouros – Upton Sinclair, Bertolt Brecht e Georges Duhamel. Catherine Rémy, *La Fin des bêtes: une ethnographie de la mise à mort des animaux*. Paris: Economica, 2009.

por causa dessa configuração, como o resultado de uma transformação "suave". Especialmente "suave" na medida em que apaga, materialmente e na imaginação, a violência que conduziu tal transformação. Lembremos aquela imagem de Tintim na América, espantado ao assistir, num abatedouro, à transformação de uma vaca de pé em *corned beef*,[9] salsichas e banha para fritura.

Noëlie Vialles afirma que através do consumo do animal buscam-se "efeitos de vida", desde que sejam "separados do ser vivo que forneceu a substância". Em suma, nossas práticas são práticas de esquecimento.

Em nome do quê reprovamos práticas de ignorância? Se o fato de saber tem como objetivo apenas modificar nossa relação com nós mesmos sem mudar nossa relação com as coisas, a denúncia é inútil. Ela só tem sentido se nos obriga a pensar, a duvidar e a desacelerar. É nesse ponto que o fato de falar em termos de toneladas de carne consumidas me parece problemático. Se, estrategicamente, a manobra permite reunir os mais variados interesses, "criando uma causa comum", estimulando a redução do consumo e, assim, levando a um questionamento da industrialização da criação de animais – famoso oximoro –, ela também sugere uma proximidade problemática com a maneira pela qual, precisamente, esses animais tornaram-se não mais *criados*, e sim *produzidos* como bens de consumo. Assim, falar da morte de bichos nesses termos aproxima perigosamente a linguagem da denúncia daquela empregada nas próprias práticas que contribuem para a dessubjetivação do animal, as quais chamamos de – a designação é eloquente – sistemas de produção animal. O modo como denunciamos o que comemos utiliza e, portanto, ratifica a maneira como aquilo que comemos é produzido. Basta uma rápida visita a um dos sites da indústria suína: lá se veem números e mais números, toneladas e porcentagens, gráficos comparativos

---

9 Em inglês no original; carne em conserva, geralmente enlatada. [N. T.]

ou esferas coloridas retomando visualmente a distribuição desses mesmos números e que, em estatística aplicada, recebem a alcunha familiar de "gráficos de pizza". A socióloga Jocelyne Porcher enfatiza que o desempenho nos sistemas de produção é o que dá sentido ao trabalho. Ela constata que, desde os anos 1970, data da instauração do plano de racionalização da produção, "a indústria suína registrou uma quantidade extraordinária de números, que supostamente prestavam contas do trabalho realizado".[10] E acrescenta: "A produção de números acaba tomando o lugar do pensamento".

Os números desempenham, enfim, um papel semelhante ao que orienta a lógica do sarcófago: fazer esquecer, impedir de pensar.

A filósofa Donna Haraway observa que, estatisticamente, a forma mais frequente de relação do humano com o animal é o ato de matá-lo. Os que duvidam disso provavelmente esqueceram a série de massacres ocorridos nos últimos anos por causa da doença da vaca louca, da gripe aviária, da febre aftosa e do *scrapie* em ovinos.[11] Não levar esses fatos a sério, ela diz, é não ser uma pessoa séria – responsável – no mundo. E acrescenta: saber como levar a sério está longe de ser óbvio. Seja qual for a distância que estejamos tentados a manter com relação a tais fatos, "não há nenhuma maneira de viver que não seja, ao mesmo tempo, para *alguém*, não para *alguma coisa*, uma forma de morrer diferentemente". Para alguém, e não para alguma coisa: não é o fato de matar que nos levou aos extermínios, mas sim o fato de *termos transformado os animais em seres matáveis*. Certamente, ela continua, o veganismo ético reconhece uma verdade necessária, a da extrema brutalidade de nossas relações ditas nor-

---

10 A citação a respeito dos números que tomam o lugar do pensamento, assim como a proposta de considerar os animais mortos como defuntos, foram tomadas de um livro belíssimo: Jocelyne Porcher, *Vivre avec les Animaux: une utopie pour le xixe siècle*. Paris: La Découverte, 2011.
11 Também chamada de paraplexia enzoótica, é uma doença neurodegenerativa, progressiva e fatal que afeta ovinos e caprinos. [N. T.]

mais com os animais; entretanto, para que um mundo "multiespécie" tenha a chance de existir, ele requer "verdades simultaneamente contraditórias", que virão à tona se levarmos a sério não a regra que fundamenta a excepcionalidade humana – "Não matarás"–, e sim outra regra, uma regra que nos coloca diante do fato de que alimentar e matar são uma parte inevitável dos laços que as espécies companheiras mortais estabelecem: "Não tornarás matável".[12]

Haraway diz ainda que o que precisamos encontrar – e encontrar fora da eterna lógica do sacrifício – é uma maneira de honrar. E honrar em todos os lugares em que vivem, sofrem, trabalham, morrem e se alimentam os seres das "espécies companheiras", desde os laboratórios que unem humanos e animais, passando pelos locais de criação, até a nossa mesa.

Essa maneira de honrar ainda não foi inventada. Tal invenção exige que prestemos atenção às palavras, às maneiras de dizer que legitimam maneiras de fazer e de ser; ela requer que duvidemos, que inventemos tropos – como a etimologia nos lembra, que tropecemos –, que cultivemos homônimos capazes de nos lembrar de que nada é óbvio, de que nem tudo "dispensa palavras" [→ **Versões**].

Nesse sentido, gosto da proposta de Jocelyne Porcher. Ela sugere que o animal que matamos, para comer ou por outras razões, e sobre o qual precisamos aprender a prestar contas de maneira responsável, é um *defunto*. Um defunto, não uma carcaça, quilos, um produto alimentício: um ser cuja existência continua de outro modo entre os vivos que ele alimenta e cujo sustento garante. Um defunto cuja existência se prolonga, se não em nossas memórias, ao menos em nosso corpo. Resta aprender como fazer memória: aprender a

---

12 A ideia de que nenhuma espécie deve, *a priori*, ser matável, e de que não há nenhuma maneira de um ser viver sem que outro viva e morra de outra forma, está desenvolvida no livro de Donna Haraway, *When Species Meet*. Minneapolis: University of Minnesota Press, 2008 [ed. bras.: *Quando as espécies se encontram*, trad. Juliana Fausto. São Paulo: Ubu Editora, no prelo].

"herdar na carne", como propõe Haraway, aprender a fazer história juntos, espécies companheiras cujas existências estão a tal ponto enredadas que, uma e outra, elas vivem e morrem diferentemente.

O filósofo Cary Wolfe estende a proposta de Jocelyne Porcher quando retoma a questão levantada por Judith Butler após a tragédia do 11 de Setembro: "Que vidas contam como vidas?".[13] Essa pergunta das vidas que importam, ou que reivindicam sua importância, traduz-se em outra bastante concreta: "O que constitui uma vida cuja perda justifica o luto?". Judith Butler certamente não inclui os animais entre as vidas que reivindicam a dor da perda, diz Wolfe, que toma para si a responsabilidade de estender a questão a eles. Pois para Butler, afirma Wolfe, essa demanda se impõe a nós porque vivemos em um mundo cujos seres são dependentes uns dos outros e, sobretudo, *vulneráveis pelos* outros e *para* os outros. A questão da vulnerabilidade, no entanto, não confere ao animal o status de vítima passiva ou sacrificial. E é essa a dificuldade que, a meu ver, Wolfe parece evitar quando realoca "essas vidas que reivindicam o luto" nas dimensões concretas e cotidianas das relações interespécies, as dimensões que fazem existir uma forma muito particular da "vulnerabilidade comum" evocada por Butler. Ele diz: "Por que vidas não humanas não deveriam contar como vidas pelas quais guardamos o luto, se considerarmos o fato de que a perda de um animal de estimação sujeita milhões de pessoas a uma experiência de dor – e de dor profunda?". Essa pergunta não é feita para nos lembrar da banalidade de uma experiência; acredito que ela seja decisiva na abordagem de Wolfe. Afinal, com ela, a vulnerabilidade não se alinha ao status de vítima, ela não é uma simples identificação das fragilidades; essa vulnerabilidade emerge do engajamento ativo em uma relação responsável, uma relação na

---

13 Judith Butler, *Precarious Life: The Powers of Mourning and Violence*. London: Verso, 2004, p. 26, apud Cary Wolfe, *Before the Law: Humans and Other Animals in a Biopolitical Frame*. Chicago: University of Chicago Press, 2013, p. 18.

qual cada um dos seres aprende a responder por si e à qual aprendem a responder: é por meio da dor que sentimos que a vida poderá contar; é pela aceitação dessa dor que ela conta. Correr o risco da vulnerabilidade diante da dor a fim de que vidas vulneráveis deixem de não contar para nada, para que elas "contem como vidas", assumir um devir vulnerável junto com os bichos e diferentemente deles, parece-me uma maneira de responder à proposta de Haraway de criar histórias com as espécies companheiras. É o que fazem alguns criadores que Jocelyne Porcher e eu entrevistamos, criadores para os quais nenhuma escolha é fácil e que conhecem as dores da escolha. É o que contam as fotos de algumas de suas vacas que enfeitam as paredes das casas; é também o que comprovam os nomes que dão a seus animais – sabendo que esses mesmos nomes marcarão a tristeza e a possibilidade de memória. E é ainda o que eles expressam quando afirmam que não devem pedir perdão a seus animais, e sim lhes agradecer.

Pensar assim não faz sentido, pelo menos não mais do que honrar os mortos ou se perguntar o que os honra, mas exige a procura desse sentido. E exige que aprendamos a criá-lo, ainda que isso não seja óbvio – principalmente quando não é óbvio.

L

de
Laboratório

Qual o interesse
dos ratos
nos experimentos?

A filósofa Vicki Hearne conta que ouviu experimentadores experientes aconselharem jovens cientistas a não trabalhar com gatos. Ressalto, de passagem, que o trabalho com papagaios em laboratórios também é fortemente desencorajado, não apenas porque eles não fazem nada do que é pedido, mas também porque aproveitam a estadia para derrubar, com um admirável cuidado, todos os equipamentos. Segundo os critérios dos experimentadores americanos, eles são extremamente mal-educados. Curiosidade irrepreensível, tédio flagrante ou manifestação temperamental: todos esses motivos podem ser invocados. Quanto aos gatos, segundo Vicki Hearne, os experimentadores experientes dizem que, em algumas circunstâncias, se você der a um deles um problema para resolver ou uma tarefa que precise executar para encontrar comida, ele o fará muito rapidamente, e o gráfico que mede sua inteligência nos estudos comparativos apresentará uma curva ascendente bastante acentuada. Porém – e aqui ela cita um dos experimentadores –, "o problema é que, assim que compreendem que o pesquisador ou o técnico *quer* que eles puxem a alavanca, os gatos param de fazê-lo, e alguns preferem morrer de fome a continuar o experimento".[1] Lacônica, ela acrescenta que tal teoria extremamente antibehaviorista

---

[1] Vicki Hearne, "What It Is about Cats", in *Adam's Task: Calling Animals by Name*. New York: Skyhorse, 2007.

nunca, que ela saiba, foi objeto de publicação. A versão oficial tornou-se: não utilizem gatos, eles mandam os dados pelos ares.

Hearne explica que, ao contrário do que se poderia pensar, os gatos não se recusam a agradar. Muito pelo contrário. Consideram as expectativas dos humanos muito importantes e levam sua tarefa muito a sério. Justamente porque é sério, o gato recusa, pelo simples motivo de que não lhe foi dada a escolha de responder ou não a essas expectativas.

Para alguns de nós, tudo isso poderia cheirar a antropomorfismo. Esse cheiro é facilmente reconhecido: nessa história, atribui-se aos gatos vontade própria, desejos e uma preocupação em colaborar, mas não sob quaisquer condições. Aí se reconhece a marca de um "não cientista" [→ **Fazer científico**]. De fato, antes de se tornar filósofa, Vicki Hearne era treinadora de cães e cavalos; seu desejo de se tornar filósofa foi, aliás, motivado, segundo ela, pelo interesse em encontrar uma maneira adequada de expressar as experiências que os treinadores compartilham e uma linguagem apropriada que dê conta dessas experiências.

Entretanto, embora seja justificado ela afirmar que a teoria segundo a qual os gatos não querem empurrar a alavanca por serem obrigados a isso seja claramente antibehaviorista, na prática ela não está totalmente certa. Se acompanhamos os trabalhos conduzidos pelo sociólogo das ciências Michael Lynch, a piada com a qual os behavioristas resumem o fracasso no laboratório – "os gatos mandam os dados pelos ares" – não tem nada de incomum ou estranha. Ouvem-se várias outras no laboratório. Lynch constatou que coexistem duas visões sobre a cobaia nos laboratórios: a primeira a converte num "objeto técnico analítico"; a outra, numa "criatura natural holística".[2] Essa segunda visão constitui um *corpus* de saberes

---

2 Michael Lynch dedicou numerosos artigos às práticas de laboratório, sobretudo "Sacrifice and the Transformation of the Animal Body into a Scientific Object: Laboratory Culture and Ritual Practice in the Neurosciences". *Social Studies of Science*,

tácitos que nunca são mencionados nos relatórios oficiais, mas que são livremente utilizados no curso das ações, frequentemente sob a forma de histórias engraçadas. O humor, de acordo com o sociólogo, serviria para afastar o que não pode ser inscrito no "fazer científico". As duas atitudes estão, na verdade, em tensão: a segunda demonstra uma atitude natural que se desenvolve quando seres dotados de intenções se encontram, ao passo que a primeira responde às exigências behavioristas de negar qualquer possibilidade de contato entre o experimentador e seu objeto-sujeito. Consequentemente, o antropomorfismo que exerce uma influência constante na prática deveria desaparecer no momento em que o cientista deixa os bastidores e divulga seus resultados.

Dizer "consequentemente", como acabo de fazer, é ir um pouco rápido demais. Seria supor que o antropomorfismo desaparece por um simples efeito de tradução escritural, com o humor abrindo caminho para essa retirada. As coisas são mais complicadas; elas começam muito antes do trabalho de produção dos artigos científicos. Primeiro, a negação não é o simples produto de um exercício ascético de escrita; em segundo lugar, não se trata apenas de negação; enfim, o antropomorfismo não é nem limitado aos bastidores, nem ausente nos artigos: *ele não é perceptível*. Em outras palavras, ele é invisibilizado.

Essa invisibilidade deve sua eficácia a uma série de operações e de rotinas que acompanharam o nascimento do laboratório de psicologia animal.

Tais operações são principalmente de dois tipos. Por um lado, na prática, o dispositivo todo é projetado para impedir que o animal possa manifestar sua posição quanto ao que lhe é demandado. Em outras palavras, a pergunta "como isso pode interessar-lhe?" nunca

---

v. 18, n. 2, 1988, pp. 265–89. Encontramos as diretrizes de sua análise no livro de Catherine Rémy, *La Fin des bêtes: une ethnographie de la mise à mort des animaux*. Paris: Economica, 2009.

é feita *seriamente*. Então, é fácil para os pesquisadores não ser antropomorfos, pois eles não deixam seus animais cederem à tentação nem os estimulam a isso. Por outro lado, se o antropomorfismo não é aparente, é porque os cientistas nos convidam a monitorar o ponto que é justamente mais fácil de controlar: os escritos e as interpretações dos relatórios dos experimentos.

"Como isso pode interessar-lhe?" constitui, na verdade, uma pergunta dupla. Por um lado, ela basicamente interroga sobre a possibilidade de o experimento interessar ou não ao animal. Ora, considerando a maneira como os experimentos são concebidos na maioria das vezes, essa primeira versão da questão não tem nenhuma chance de ser feita. O imperativo de submissão que guia os dispositivos está bem no centro dessa impossibilidade. Não há motivo para questionar se um rato faminto está ou não interessado em correr por um labirinto para encontrar comida nas ramificações cujo trajeto ele tem de aprender: ele não pode fazer diferente. Não está interessado, e sim motivado – ou estimulado. Não é a mesma coisa.

O fato de um animal resistir ou manifestar ativamente seu desinteresse poderia sem dúvida nos levar a explorar esta possibilidade: talvez ele *não* esteja interessado? Em geral, a solução é mais simples: os gatos, papagaios e outros são simplesmente excluídos da aprendizagem. A maior parte do tempo, é dito deles que não são "condicionáveis". Foi exatamente o que aconteceu com os papagaios nos laboratórios dos behavioristas. Como não havia meio de fazê-los aprender a falar, os cientistas que se lançaram a essa empreitada acabaram dando razão a Skinner, que havia afirmado que a linguagem é instintiva e que não se pode condicionar nem os instintos nem os reflexos, com exceção da salivação – como Pavlov demonstrara com seu cão e seu sino. Vale a pena esclarecer a maneira como tentaram ensinar pássaros supostamente falantes a falar: os pesquisadores colocaram papagaios e mainás em caixas de testes e reproduziram gravações de palavras ou frases que, quando ouvidas, levavam ao oferecimento automático de uma recompensa alimentar. Normalmente, segundo a teoria do condicionamento, os sujeitos aprenderiam a repetir o "estímulo condicionado". Não foi o caso. Os pesquisadores concluíram, portanto, que Skinner tinha razão. Mas o psicólogo Orval Mowrer apontou que teria sido possível achar indícios de *outras* razões ao observar o que aconteceu após o experimento: os assistentes adotaram dois dos mainás como animais de estimação. Estes falaram, e com fluência.[3]

Voltemos ao problema de "como isso pode interessar ao animal?". O outro sentido dessa pergunta está igualmente comprometido pelo modo como o dispositivo é concebido: aquele que permite explorar como o sujeito do experimento traduz, de modo particular, sua maneira de interessar-se pelo problema que lhe é apresentado. Pois, nesse tipo de experimento, o animal deve não só responder à demanda que lhe é dirigida como também, e sobretudo, fazer isso nos mesmos moldes da pergunta. Os mainás dos assistentes nunca foram objeto de um artigo nem de uma pesquisa: eles não seguiram o protocolo, ou, se preferirem, eles falaram pelas "razões erradas".[4] Se o animal responde segundo os seus próprios hábitos, no registro do que lhe interessa, os pesquisadores consideram que ele está, de alguma forma, "trapaceando" – com certeza conseguiu fazer o que lhe foi pedido, mas o fez pelas "razões erradas". O trabalho da pesquisa consiste, portanto, em desmascarar essas trapaças e, é claro, impedi-las. O caso dos animais falantes é exemplar nesse aspecto: a utilização de gravações não é o simples efeito da mecanização do

---

3 Encontrei essa história, contada por Orval Mowrer, no livro de Donald Griffin, *Animal Minds*. Chicago: Chicago University Press, 1992.

4 Inspiro-me aqui numa proposta de Isabelle Stengers, que mostra, em *Médecins et sorciers*, em coautoria com Tobie Nathan (Paris: Les Empêcheurs de Penser en Rond, 2004), que um dos desafios da medicina científica é distinguir os pacientes que se curam pelas razões certas daqueles que se curam pelas erradas. Para uma versão mais esclarecedora do que isso resulta na prática – e que me incitou a fazer a relação –, remeto a Philippe Pignarre e à maneira como ele nos propõe reinvestigar o efeito placebo, "La Cause placebo" (2017), ver em: pignarre.com.

trabalho; essas gravações "purificam" a situação de aprendizagem. Se o animal aprende com esse tipo de dispositivo, poderá falar em todas as circunstâncias, o fato de falar não será dependente de uma relação particular, com todas as influências e expectativas do pesquisador "que faz falar"... Em suma, a competência será abstrata o bastante para permitir todas as generalizações.

O trabalho para barrar as trapaças pode tomar as mais diversas formas, das ações domésticas mais banais às mutilações mais cruéis. Assim, para se limitar às versões menos destruidoras, sabemos que os cientistas limpam com uma torrente de água os labirintos por onde correm os ratos. Não lhes escapou, após alguns anos de trabalho duro em torno das teorias da aprendizagem por condicionamento, que esses espertinhos não memorizavam os corredores com as recompensas e os trajetos sem saída: os ratos marcavam cada um deles com o seu cheiro. Essas marcas não têm nada de neutras: elas indicam claramente, para o rato, "aqui é um beco sem saída" (talvez um odor de frustração, quem sabe?) ou "aqui, tá na mão!". Trapaceando dessa maneira, os ratos não demonstravam evidência de aprendizagem baseada na memória, e sim algo diferente, que comprovava seus talentos, mas que não interessava nem aos humanos nem aos teóricos do condicionamento. Em outras palavras, pouco importa a maneira como o rato pode estar interessado em resolver o problema colocado: ele deve resolvê-lo nos termos que interessam aos pesquisadores. Na verdade, isso traduz a impossibilidade da outra versão da pergunta: "Como isso pode interessar-lhe?". Pois, como vemos, se o animal articula uma resposta ao problema à sua própria maneira, ele não responde mais à questão de modo "geral". Isso quer dizer que sua resposta não tem nada de generalizável. Pior ainda, se ele responde por razões ligadas à sua relação com o pesquisador, ou por razões que lhe são próprias, mas que têm a ver com a situação particular à qual está submetido, a "não indiferença" dessa resposta compromete mais ainda o processo de generalização. Não que a resposta submetida seja ela mesma "indiferente" – isso ela não poderia ser em hipótese alguma –, mas os cientistas se sentem no direito de assumir que a resposta resultante da operação de submissão é indiferenciável de todas as respostas resultantes das mesmas operações de submissão.[5] É daí que a operação de submissão tira sua condição essencial: a invisibilidade. Todos os ratos, em todos os labirintos, correm porque estão com fome. Eis o que encerra a questão de maneira conveniente. Contanto, é claro, que o dispositivo tenha sido limpo. Caso contrário, você terá de considerar outras causas: o rato talvez avance não pelo estímulo de alcançar a comida, mas, sequência após sequência, cada uma estimulando a seguinte, ele lê mensagens, deixa-se guiar, "aqui não", "ali sim", "talvez mais longe", "reconheço este cheiro, estou em terreno conhecido". Possivelmente há ainda outros motivos, e a fome poderia ser esquecida em prol deles, na medida em que o rato retoma seus hábitos. Que sabemos nós sobre os motivos de um rato? Ou, pior ainda, como uma jovem pesquisadora me sugeriu um dia: os ratos, ela tinha notado, corriam mais rápido quando havia espectadores. Essa multiplicação desastrosa dos motivos possíveis é agravada se nos referimos ao experimento de Leo Crespi, que afirmava que os ratos, em certos experimentos, modificam seu desempenho se ficam desapontados com a recompensa ou se sentem euforia quando ela supera suas expectativas [→ **Justiça**]. Ou o pior de tudo, como mostrou o hoje célebre experimento de Rosenthal: os ratos aprendem mais rápido o trajeto se seu experimentador acha que são brilhantes no teste e quando estabelece com eles uma relação melhor por estar convencido de que os ratos são inteligentes.[6]

---

5 Ver I. Stengers, *Sciences et Pouvoir: la démocratie face à la technoscience*. Paris: La Découverte, 2002.

6 Faço apenas uma alusão ao experimento de Rosenthal com seus ratos, pois já abordei o assunto outras vezes – aliás, em geral, de maneira muito crítica. V. Despret, *Naissance d'une théorie éthologique: la danse du cratérope écaillé* (Paris: Les Empêcheurs de Penser en Rond, 1996) e *Hans, le cheval qui savait compter* (Paris: Les Empêcheurs de Penser en Rond, 1996).

É verdade que, ao evitar o difícil problema de elucidar, imaginar ou considerar as razões que o animal poderia ter para colaborar com a pesquisa, evitam-se os riscos do antropomorfismo. Sem dúvida. Aliás, meu primeiro reflexo seria recusar tal argumento: o antropomorfismo sempre está lá, afinal, o que há de mais antropomórfico do que um dispositivo que exige que o animal renuncie a seus hábitos para privilegiar aqueles que os pesquisadores acreditam que os próprios humanos privilegiam na experiência de aprendizagem? Só que os pesquisadores não "acham" que os humanos experienciam dessa maneira; na verdade, isso nem passa pela sua cabeça, não é problema deles. Seu problema é assegurar que a aprendizagem aconteça pelas "razões certas", ou seja, razões que se prestam à experimentação. Em função disso, a forma particular de antropomorfismo do experimento é mais difícil de perceber. Ela se retrai na sombra do "academicocentrismo". Isso não se restringe à questão dos odores no labirinto; o procedimento do academicocentrismo é, aliás, ainda mais nítido quando se trata do aprendizado da linguagem. Esse aprendizado repousa numa concepção restrita da linguagem como um sistema puramente referencial que só serviria para designar coisas, o que é uma concepção muito acadêmica da linguagem e supõe que o aprendizado advenha estritamente da memorização – o que corresponde, *grosso modo*, à maneira como decoramos. Nem os humanos nem os animais aprendem a falar assim. Mas, com efeito, os humanos podem, após um longo percurso disciplinar, "aprender" segundo esses procedimentos.

Podem censurar minha incoerência polêmica. Eu taxo de antropocêntrico um procedimento que consiste em lavar um labirinto ou purificar uma aprendizagem de seus elementos relacionais e tenho de concordar com Crespi – com indisfarçada simpatia – quando ele diz que os ratos podem ficar entusiasmados ou desapontados por respondermos ou não às suas expectativas. Eu não tenho a intenção de criar polêmica, muito pelo contrário. Tento tirar a questão do antropomorfismo das polêmicas, complicando-a. Nesse contexto, complicá-la exige reexaminar os hábitos e retraduzi-los num regime que possa interessar ao animal, torná-lo interessante e nos interessar [→ *Umwelt*].

A questão "como isso lhe interessa?" conduz à exploração de mais hipóteses, à especulação, à imaginação, à consideração das consequências inesperadas não como obstáculos, mas como aquilo que vai nos impulsionar. É uma questão arriscada. Não é uma simples especulação, mas uma pesquisa ativa, exigente, até mesmo capciosa. É uma questão prática e pragmática. Ela não se limita a compreender ou revelar um interesse; ela o fabrica, desvia-o e negocia com o animal. Como se faz um papagaio falar? Como isso pode lhe interessar? É claro, não se podem mais utilizar os dispositivos behavioristas com suas gravações acompanhadas de recompensas alimentares. Outros pesquisadores, entre eles Orval Mowrer, compreenderam a lição. O papagaio precisa de relações... e de uma recompensa. Trabalho em vão. O papagaio de Mowrer conseguiu apenas dizer "*hello*" [olá], e não muito bem do ponto de vista dos padrões conversacionais. Ao receber um amendoim a cada vez que dizia "*hello*", o papagaio imaginou que "*hello*" significava "amendoim". A relação não é suficiente, os amendoins tampouco. O interesse deve ser construído. A pesquisadora Irene Pepperberg realizou suas pesquisas sob esse signo. Um interesse precisa ser construído, desviado e até "trapaceado". Foi isso que ela fez com Alex, o papagaio-cinzento que adotou. Primeiro um truque bem conhecido pelos adestradores de papagaios: esses pássaros têm um agudo senso de rivalidade. Então, em vez de tentar ensinar algo a Alex, ela lhe pediu para assistir às aulas que daria a um de seus assistentes cúmplices.[7] Em dado momento, o papagaio ia querer superar o modelo. Alex falou. E falou ainda melhor ao compreender que, falando, poderia

---

7 O trabalho de Irene Pepperberg com o já falecido Alex foi objeto de inúmeros artigos e de um livro: I. Pepperberg, *Alex e eu* [1999], trad. Marcia Frazão. Rio de Janeiro: Record, 2009.

obter coisas – coisas além dos amendoins – e negociar as relações com a equipe de pesquisadores. E ele fez muito mais do que isso. Estou contando de maneira simplificada, como se fosse evidente. Foi um longo trabalho, arriscado e exigente. Pepperberg pressupôs que o que estava em jogo tinha um caráter duplamente excepcional: por um lado, porque a língua aprendida pelo pássaro era de uma outra espécie; por outro, porque aquela aprendizagem ultrapassou muito o que chamam de "período sensível da aprendizagem", ao longo do qual, em condições normais, um papagaio aprende com seus congêneres. Pepperberg afirma que o termo "excepcional" implica também que todas as possibilidades de resistência a tal aprendizagem sejam levadas em conta com atenção redobrada. O que torna o exercício ainda mais exigente; truque e tato, truque e atenção: a sintonia entre tutor e aluno deverá ser ainda mais fina, ainda mais ajustada – desacelerar quando fica difícil, acelerar para evitar o tédio, intensificar as interações, garantir, ela diz, "que os efeitos da aprendizagem sejam o mais próximos possível das consequências que ela teria no mundo real": ser capaz de obter coisas, de influenciar os outros.

Mas *nós estamos*, apesar do que Pepperberg diz, num mundo *real*, o mundo real de um laboratório, de fato excepcional, no qual seres de espécies diferentes trabalham juntos, um mundo real onde toda noite um papagaio diz à sua experimentadora, enquanto ela se prepara para voltar para casa: "Tchau. Agora eu vou comer. Até amanhã".

M

de

Mentirosos

—

A mentira seria uma prova de boas maneiras?

Um macaco, preso a um mastro ao ar livre, adquirira o hábito de permanecer no alto. Ora, toda vez que traziam seu prato de comida, as gralhas que voavam por perto precipitavam-se para roubá-la. A cena repetia-se todos os dias, e todos os dias o pobre macaco não tinha outra escolha senão se render a incessantes idas e vindas do topo ao chão a cada vez que uma gralha sem-vergonha se aproximava de seu alimento. Assim que o macaco se aproximava, as aves insolentes levantavam voo e pousavam a alguns metros dali. O macaco subia novamente, as gralhas voltavam. Um dia, o macaco mostrou sinais de uma doença debilitante. Ele mal conseguia se manter agarrado ao mastro, no mais profundo estado de abatimento. As gralhas, como de hábito, vieram impunemente tomar sua parte da refeição. O macaco, em péssimo estado, desceu do mastro com muita dificuldade. Por fim, deixou-se cair no chão e lá ficou estendido, sem se mover, em visível agonia. Confiantes, as gralhas ganharam coragem e voltaram tranquilas para cometer seu crime cotidiano. De repente, o macaco pareceu recobrar milagrosamente as forças e, num átimo, saltou sobre uma das gralhas, agarrou-a, prendeu-a entre as patas, depenou-a com vigor e lançou pelos ares sua vítima tão apavorada quanto desplumada. O gesto surtiu efeito: nenhuma gralha se aventurou mais em volta do seu prato.

Essa história foi escrita por um autor que não tem nada de contemporâneo; na verdade, Edward Pett Thompson foi um naturalista do início do século XIX.[1] Ele era criacionista. Ao lê-lo, é impossível não experimentar um sentimento de familiaridade. Essa história se parece com aquelas que, hoje em dia, são produzidas pelos cientistas que trabalham com animais considerados mais privilegiados dos pontos de vista cognitivo e social. Ela soa especialmente contemporânea, pois esse tipo de narrativa desapareceu completamente por muito tempo da cena das pesquisas, sobrevivendo somente como anedotas [→ **Fazer científico**].

O livro de Thompson está cheio delas. Ele também conta, por exemplo, como um orangotango de um zoológico roubou uma laranja, enquanto o tratador fingia dormir para espiá-lo, e escondeu a casca para apagar os rastros de seu delito.

Para nós, tal cenário evoca, de maneira clara, dois seres de espécies diferentes praticando a arte do engodo e da farsa. No entanto, não é assim que Thompson vê a situação. Surpreendentemente, ele nem empregou tais termos, assim como não o faz com os termos "mentira" ou "tapeação". Ele enxerga outra coisa. Sua interpretação é guiada pelo problema que se propõe a resolver: criar um sentimento de comunhão de inteligências entre os animais e os homens, a fim de melhor proteger os animais. É muito difícil constituir essa comunidade no contexto de uma antropologia criacionista que pressupõe um universo regulamentado e hierarquizado por múltiplos decretos divinos que proíbem os animais de ter uma alma. Thompson, portanto, segue uma intuição muito acertada: tentar construir essa comunidade com base numa série de analogias das inteligências e das sensibilidades indutoras de proximidade.

O caso da laranja roubada será retomado por Darwin alguns anos mais tarde. Mas já não é a mentira que qualifica o ato. É a ver-

---

1 Edward Pett Thompson, *The Passions of Animals*. London: Chapman & Hall, 1851. Analisei longamente o trabalho de Thompson em um livro cujo título, aliás, ele inspirou: V. Despret, *Quand le Loup habitera avec l'agneau*. Paris: Les Empêcheurs de Penser en Rond, 1999.

gonha. Se o macaco esconde a laranja, diz Darwin, é porque tem alguma consciência da proibição; pode-se pensar que se trata, com esse comportamento tão análogo ao das crianças, de um precursor do sentimento moral. Mesma história, outra interpretação: o projeto de Darwin não é mais o de estabelecer proximidade, e sim continuidade, submetendo-a ao regime da filiação. As analogias de comportamento constituem seus indícios mais promissores, ainda mais se elas pertencem ao domínio-chave da excepcionalidade humana: a moral.

Observa-se que animais desse tipo, e as narrativas que eles mobilizam, vão desaparecer completamente da cena científica. Anedóticas demais, antropomórficas demais, essas histórias ficaram limitadas ao saber dos amadores, que não se privaram de continuar a cultivá-las e de se maravilhar com elas. Os zoológicos serão, assim, um dos principais refúgios da mentira, sobretudo nas peças que alguns animais, dispostos a tudo para fugir ou para acabar com o tédio, pregarão em seus cuidadores.

Será necessário quase um século até que os cientistas considerem retomar a questão relacionando-a explicitamente à dos estados mentais. Os exemplos de mentiras e de dissimulações intencionais começam a proliferar nos trabalhos de campo a partir do início dos anos 1970; menos de dez anos depois, eles entram no laboratório.

Em Gombe, na Tanzânia, Jane Goodall observa os chimpanzés que vêm se alimentar dos cachos de bananas que ela deixou para eles. Um jovem chimpanzé aproxima-se e está a ponto de se servir quando o macho dominante aparece no local. O comportamento do jovem muda imediatamente: ele adquire um ar distante, totalmente indiferente às bananas. O macho mais velho, por sua vez, vai embora. Com o campo novamente livre, o jovem volta para a comida; imediatamente o velho macho reaparece. Suspeitando da aparente indiferença do jovem, ele havia se escondido a fim de observá-lo. Outros eventos no trabalho de campo confirmarão o que as observações de Goodall sugeriam: os chimpanzés são mentirosos.

Foi no final dos anos 1970 que essas observações ganharam um significado que desencadeou uma série impressionante de pesquisas: a partir de então elas passaram do status de anedotas ao de verdadeiros projetos científicos. Notemos que "ganhar um significado", nesse contexto, adquire um sentido muito particular: a expressão designa o fato de as anedotas se tornarem "significativas" por terem passado nos testes experimentais, ou seja, puderam ser demonstradas em laboratório. Elas alcançam, por isso, o status de objeto sério de pesquisas. Controverso, mas sério. Em 1978, David Premack e Guy Woodruff, que trabalhavam havia alguns anos com chimpanzés, decidiram dar uma nova direção a seus trabalhos.[2] Eles explicam que, até então, haviam investigado os chimpanzés "físicos", já que geralmente lhes pediam para resolver problemas tais como pegar uma banana com uma vara, uma banqueta ou uma caixa. A partir de então, dedicaram-se a investigar os chimpanzés "psicólogos". Os macacos seriam mentalistas? Seriam capazes, como se diz popularmente, de ler a mente dos outros? Isto é, será que eles podem se colocar mentalmente no lugar do outro e atribuir-lhe intenções, crenças ou desejos?

O experimento, segundo os dois pesquisadores, foi conclusivo. Se o experimentador procura uma guloseima cujo esconderijo o chimpanzé conhece, geralmente este o ajuda se entende que o humano vai oferecê-la a ele. Mas, se o humano a guarda para si, no experimento seguinte constata-se que o animal vai mentir para ele. Isso indica, por um lado, que o chimpanzé capta o fato de um humano ter intenções e, por outro, que aquilo que o chimpanzé sabe da situação não corresponde ao que o humano sabe a respeito dela. O macaco percebe, então, que o que o humano tem em mente é diferente do que ele próprio sabe.

---

2 David Premack e Guy Woodruff, "Does the Chimpanzee Have a Theory of Mind?". *The Behavioral and Brain Science*, v. 1, n. 4, 1978, pp. 516–26. Agradeço a meu aluno Thibaut De Meyer por ter chamado minha atenção para o artigo.

Antecipando a reação bastante previsível dos behavioristas – fora do condicionamento, não há salvação – e seu famoso cânone de Morgan [→ **Bestas**], os dois autores concedem que, certamente, podemos sempre reduzir a explicação à hipótese, bem mais simples, do condicionamento: os chimpanzés estariam sempre obedecendo à dita regra das associações aprendidas. Na verdade, os chimpanzés não conseguem adivinhar as intenções daquele que os traiu; eles apenas associam, mecanicamente – de tanto serem confrontados com isso –, a ausência de recompensa ao pesquisador responsável por esse fato. Gato escaldado tem medo de água fria. Isso não exige nenhuma competência específica, a não ser a mais elementar faculdade de aprendizagem por condicionamento. Premack e Woodruff vão fazer um contraponto a esse argumento, invertendo, não sem uma pitada de humor, a hierarquização das faculdades e voltando o cânone de Morgan contra aqueles que geralmente o invocam. Nós atribuímos espontaneamente intenções aos outros porque essa é a explicação mais simples e mais natural, eles dizem, e o macaco provavelmente faz a mesma coisa: "O macaco só poderia ser mentalista. A menos que estejamos redondamente enganados, ele não é inteligente o suficiente para ser behaviorista".[3] Isso nos faz pensar se, de fato, os chimpanzés enfrentam menos dificuldades do que os behavioristas para atribuir estados mentais aos seres de outras espécies.

Tirada do laboratório cognitivista, a capacidade de mentir volta para o trabalho de campo para ajudar a resgatar uma nova definição, que tenta se impor, do chimpanzé social. Após a descoberta de guerras terríveis, de crimes e de canibalismo, o chimpanzé foi destituído de seu papel de bom selvagem pacífico, assegurado até então. Agora suas competências para mentir vão lhe oferecer um novo papel; ele se torna o "chimpanzé maquiavélico", dotado de uma qua-

---

3 Ibid., p. 526.

lidade política essencial: o poder de influenciar e, até mesmo, de manipular os outros.

Outros animais, por sua vez, reivindicarão essa competência. Outros macacos, é evidente: os chimpanzés perderam seu monopólio. Os pássaros não pareciam ser, *a priori*, candidatos promissores, em vista do privilégio atribuído ao neocórtex para a evolução dessa faculdade [→ **Pegas-rabudas**]. Entretanto, a enorme sociabilidade das gralhas, bem como uma observação de campo, motivou o especialista Bernd Heinrich a rever esse preconceito.[4] O que o macaco de Thompson fez com uma representante da espécie delas, enganá-la e em seguida depená-la severamente, ganha uma contrapartida "gralheana": a vítima da vez é um cisne. O cisne estava chocando ovos. Um casal de gralhas tentava, em vão, roubá-los, atacando-o. O cisne ameaçava, mas não se mexia. Um dos parceiros fez, então, algo jamais visto entre as gralhas: ele encenou um ferimento, o que se chama, entre outros pássaros, de fingimento da asa quebrada. Mais uma vez, o cisne começou a perseguir o pseudoferido... enquanto a outra gralha precipitou-se para o ninho e pegou um ovo. Fingir um ferimento certamente não tem nada de impressionante, já que muitos pássaros que constroem o ninho no solo fazem isso na tentativa de atrair o predador para longe do ninho onde se encontram os filhotes. Eles simulam um ferimento e fingem fugir com grande dificuldade, atraindo para si o perigo. Mas tal comportamento, até então, era associado a um mecanismo pré-programado; ele não exigia outra explicação, a seleção bastava como motivo. Rejeitava-se, dessa maneira, a possibilidade da atribuição de estados mentais. Será que a explicação do instinto não se impõe pelo fato de as gralhas o manifestarem num contexto inédito e de modo totalmente inabitual? Ou será que é porque Heinrich confiava na inteligência

---

4 O experimento com as gralhas está relatado em Bernd Heinrich, *Mind of the Raven: Investigations and Adventures with Wolf-Birds*. New York: HarperCollins, 2000.

de suas gralhas que pôde fazer uma leitura menos redutora delas? Mas, se essa pergunta nos faz hesitar, significa que talvez seja a hora de reabri-la para aqueles que a consideravam resolvida.

Apesar de o exemplo da gralha ser convincente para aqueles que o observaram – ou seja, para os experimentalistas, e num contexto de intensa rivalidade entre as pesquisas de campo e os experimentos de laboratório –, ele ainda pertence ao registro da anedota. Os eventos raros têm, como a definição indica, poucas chances de se repetir. Exceto, é claro, se pudermos imaginar um dispositivo que exija dos animais uma demonstração de sua fiabilidade. Heinrich fez isso com gralhas mantidas em cativeiro. Inúmeros experimentos confirmaram sua hipótese. Se uma gralha se sente observada por um congênere, ela finge esconder comida em determinado lugar e, enquanto a outra gralha procura nesse suposto esconderijo, a primeira se ocupa de esconder a comida em outro local. Como fizeram os experimentadores com seus macacos, Heinrich também conduziu experimentos envolvendo os pesquisadores, baseados em uma prática bastante frequente entre as gralhas em cativeiro: elas gostam de brincar de esconder objetos.[5] Ora, se um observador humano rouba um de seus brinquedos escondidos no contexto da brincadeira, nota-se uma mudança radical de atitude com relação a essa pessoa específica quando se trata de comida. A gralha tomará muito mais precauções, cuidará para ficar fora de seu campo de visão e dedicará mais tempo para recuperar o objeto do que se estivesse na presença de uma pessoa desconhecida. Isso quer dizer que elas não apenas estão conscientes das intenções de seus congêneres, mas também que podem ampliar o círculo daqueles a quem

---

5 O experimento envolvendo humanos em brincadeiras com gralhas resultou num artigo escrito a quatro mãos: Thomas Bugnyar e Bernd Heinrich, "Ravens, *Corvux corax*, Differentiate between Knowledgeable and Ignorant Competitors". *Proceedings of the Royal Society B*, v. 272, n. 1573, 2005, pp. 1641–46.

atribuem intencionalidade para incluir os humanos nesse grande jogo da socialização.

Os porcos acabam de ser recrutados para essa grande família de mentirosos. Um experimento que reúne, em um labirinto, um porco "informado" do esconderijo da comida e um porco "ignorante" mostra que, se o "ignorante" se aproveita de sua força para reivindicar o privilégio de comer o achado, o porco informado o despistará calmamente no teste seguinte, levando-o para um beco sem saída do labirinto.

Além disso, a possibilidade de o animal atribuir estados mentais ou intenções a outrem favorecerá novas alianças entres domínios de pesquisa relativamente estanques: o dos cognitivistas, que trabalham mais em laboratório em condições que se assemelham, às vezes, a um teste, e o dos primatólogos de campo, mais preocupados com a sociabilidade de seus animais. Essa aliança assume a forma de uma hipótese: uma vez que a mentira repousa na possibilidade de compreender as intenções alheias, ela estaria relacionada à cooperação social. Ajuda mútua e engano seriam duas facetas de uma mesma aptidão, a sutileza social. O mundo se desmoraliza e se remoraliza, e os pesquisadores, outrora rivais, cooperam.

Outras questões também vão atuar em favor do interesse por esses animais desonestos e confirmar o avanço desse tema de pesquisa. Desse modo, por exemplo, os sociobiólogos interessaram-se pela maneira como os animais lançam mão de artimanhas para resolver seus conflitos de interesse. Como resolver tal tipo de conflito quando ele acontece entre dois futuros pais em potencial e cada um deve garantir que o parceiro cuide da ninhada? Segundo os sociobiólogos, cada um deve cuidar para investir o menos possível enquanto se atenta para que o parceiro não "desinvista". Propaganda enganosa e manipulações descaradas tornam-se regras de boas maneiras no sentido mais literal possível. O ferreirinha-comum [*Prunella modularis*], um pássaro encontrado em nossa região da Europa, inventou um sistema bastante impressionante. A invenção deve ser atribuída – ao menos dessa vez – às fêmeas, mais especificamente a algumas delas, já que nem todas exibem tal comportamento. Em certas circunstâncias, uma fêmea cujo território é adjacente ao de dois machos se esforçará para convencer cada um deles de que poderia ser o pai da sua ninhada. Segundo os observadores, se ela fizer isso com habilidade, terá dois machos para defender um território mais vasto e para alimentar os filhotes. Sua estratégia consiste em acasalar, com toda a discrição possível, com um e depois com o outro. Cedo ou tarde eles descobrem tudo, mas nenhum deles pode determinar com certeza que não é, de fato, o pai biológico. Como a temporada de acasalamento está num estágio bastante avançado, eles não podem mais voltar atrás, de modo que preferem assumir o risco em vez de optar por uma deserção incerta.

Trata-se certamente dos padrões típicos e bastante repetitivos da sociobiologia: conflitos de interesse entre machos e fêmeas, animais mobilizados de maneira maníaca por problemas reprodutivos, dilemas entre investimentos de curto e longo prazo, capitais reprodutivos cuidadosamente calculados, cujas estratégias de avaliação dariam calafrios nos *traders*[6] mais cínicos. Certamente, o cenário sofre alterações se as fêmeas submissas ou vítimas da dominância ou da inconstância dos machos entram em cena, mas isso não muda muito a imagem de uma natureza submetida às leis da competição. Não ignoremos o fato de que a cooperação é somente o resultado de uma maquinação obscura.

Entretanto, uma última hipótese interessante surgiu no início das pesquisas cruzadas do cognitivismo e da sociobiologia. O fato de mentir e de ter de se proteger do engano teria resultado, do ponto de vista evolutivo, numa forma de corrida armamentista – reconhece-se novamente o padrão privilegiado dos sociobiólogos. O problema num mundo de mentirosos é conseguir desenvolver uma dupla habilidade: por um lado, a que permite se proteger dos mentirosos e aprender a identificar uma trapaça; por outro, a de

---

6 Em inglês no original, forma como são conhecidos os investidores do mercado financeiro, especialmente da Bolsa de Valores. [N. T.]

mentir bem. De acordo com o modelo da corrida armamentista, quanto mais a habilidade de mentir se desenvolve, mais a de discernir as mentiras deve evoluir em paralelo; consequentemente, a mentira tende a se tornar imperceptível, e seus detectores, ainda mais sutis etc. A habilidade de mentir sem levantar suspeitas teria, assim, sido levada ao extremo e produziria uma estranha capacidade de engodo: a de mentir para si mesmo. Em outras palavras, num mundo de detectores de mentiras, nada é mais eficaz para enganar os outros do que acreditar nas próprias invenções. E tornar-se, assim, a vítima deliberada de motivos inconscientes.

Como podemos ver, a mentira convoca elementos das áreas mais heterogêneas e associa tipos cognitivos, tipos disciplinares e modos psíquicos que as ciências haviam cuidadosamente separado, o que lhe vale uma parte do sucesso: ela advém da biologia; coloca em jogo modos cognitivos sofisticados, crenças em estados mentais que interessam aos cognitivistas e, vale destacar, à filosofia analítica; ela agora se liga aos processos inconscientes; ela reúne teorias sociológicas e políticas e, sobretudo, é considerada intimamente articulada à esfera da moral – mentir, ter empatia, compreender os desejos alheios e preocupar-se com outrem seriam coemergentes.

Ao ler essa aliança surpreendente, é necessário fazer uma última observação para concluir o trecho da história que levou os animais para os caminhos da contrafação. Nessas pesquisas há um paradoxo ao qual não falta humor e que pode ser encontrado em numerosas teorias da evolução: os comportamentos mais claramente estigmatizados por nós no âmbito moral, uma vez retraduzidos pelas teorias da história natural e da evolução, assemelham-se, vez ou outra, às virtudes mais nobres – ou, pelo menos, são condição para estas. Em outras palavras, o que o animal faz e que a moral reprova e condena inequivocamente torna-se, no âmbito na natureza, a via régia para a moralidade. O ciúme dos machos estabiliza os casais, a hierarquia mais rígida e arbitrária converte-se em garantia de paz social, e a mentira revela ser, ainda nessa perspectiva, a prova da mais alta consideração pelo outro e o fundamento da cooperação. Isso às vezes nos leva a ponderar se a etologia não foi inventada por algum jesuíta amador de casuística espontânea. A um inferno pavimentado, sabemos bem com quê, podemos, portanto, contrapor a imagem de um paraíso ao qual levariam, por fim, muito provavelmente, as piores intenções.

N

de

Necessidade

—

É possível levar um rato ao infanticídio?

Entre as espécies políginas, observações cada vez mais numerosas mostraram que, quando um macho toma posse do harém de um predecessor deposto, é capaz de matar todos os filhotes, a fim de acelerar o cio das fêmeas para poder fecundá-las. Os filhotes serão, portanto, portadores de seus genes.[1]

Essa afirmação é largamente difundida hoje em dia,[2] não apenas na literatura científica, mas também nos livros de divulgação científica e nos diversos documentários do tipo "o estranho mundo animal". Ela data do fim dos anos 1970, quando pesquisadores se acharam confrontados com observações problemáticas: entre alguns animais, adultos matam os filhos de seus congêneres. Entretanto, a explicação "adaptativa" do comportamento problemático não de-

---

1 Sarah Blaffer Hrdy, "Infanticide Among Animals: A Review, Classification, and Examination of the Implications for the Reproductive Strategies of Females". *Ethology and Sociobiology*, v. 1, n. 1, 1979, pp. 13–40.

2 Neste capítulo, segui uma parte da análise crítica de Donna Haraway em "Manifesto ciborgue: ciência, tecnologia e feminismo-socialista no final do século xx", trad. Tomaz Tadeu, in Tomaz Tadeu (org.) *Antropologia do ciborgue: as vertigens do pós-humano*. Belo Horizonte: Autêntica, 2000, pp. 37–129; e *Primate Visions: Gender, Race, and Nature in the World of Modern Science*. London: Verso, 1992. Consegui completar a história da controvérsia graças ao fascinante trabalho de Amanda Rees, *The Infanticide Controversy: Primatology and the Art of Field Science*. Chicago: Chicago University Press, 2009.

morou a se impor e permanece dominante até hoje. Prova disso é a impressão de obviedade que a descrição acima nos transmite. Ela passa rapidamente das observações à sua explicação biológica, conferindo status de fato ao que, a princípio, é apenas a hipótese de uma causa. Esse atalho na cadeia das traduções não é um simples efeito da vulgarização, ele assinala o fato de o infanticídio se inscrever no regime das necessidades biológicas.

A questão do infanticídio foi levantada após observações realizadas com macacos relativamente desconhecidos àquela época, os langures-cinzentos [*Semnopithecus entellus*], da Índia. Quase ninguém conhecia os langures – ao contrário dos gorilas, nitidamente mais populares, embora muito mais raros. No entanto, os problemas levantados por esses macacos desconhecidos fascinaram o público. Tal fascínio surpreende menos quando o reinserimos no contexto da época. Os incidentes observados entre os langures e a proposta teórica que lhes dá sentido coincidem com o momento em que a violência doméstica e, mais especificamente, os maus-tratos a crianças emergem como verdadeiros problemas sociais.[3]

Pode-se constatar a respeito de muitos comportamentos animais que o campo frequentemente guia o laboratório. O que os pesquisadores de campo relatam, e que com frequência é tratado com certo desdém pelos do laboratório – "não passam de anedotas" –, vai acabar se submetendo, mais cedo ou mais tarde, ao teste científico por excelência, o teste experimental. O laboratório constitui a ascensão das observações e oferece a transformação milagrosa de anedotas em fatos científicos [→ **Mentirosos**, → **Bestas**]. O infanticídio sofrerá uma ascensão fulgurante. A partir de meados dos anos 1980, os artigos dos experimentadores multiplicam-se. Isso provavelmente guarda alguma relação com a proximidade existente

---

3 Para uma contextualização das pesquisas relacionadas aos maus-tratos de crianças, remeto a Ian Hacking, *Rewriting the Soul: Multiple Personality and the Sciences of Memory*. Princeton: Princeton University Press, 1995.

entre o comportamento e os problemas sociais humanos da mesma época – o fato de os ratos terem sido envolvidos nessa história reforça a minha impressão. Os ratos que até então haviam testado todos os medicamentos possíveis, que se entregaram ao álcool ou à cocaína, que correram nos labirintos dos behavioristas, inalaram a fumaça de milhares de cigarros, conheceram a depressão ou a neurose experimental e aprenderam a medir o tempo – pois esses fiéis servidores da ciência se tornaram infanticidas![4]

É preciso dar-lhes crédito: como vemos, o rato não é particularmente adepto desse tipo de comportamento, mas também não fica muito contente por fumar cigarros, testar medicamentos e correr faminto em labirintos. Se é recrutado para esse tipo de pesquisa, assim como para as demais, é porque é mais conveniente, relativamente econômico, facilmente substituível e, talvez, o mais manipulável dos animais de laboratório. Concordando ou não – ninguém pediu a opinião deles –, os ratos tornaram-se infanticidas.

A literatura científica nos ensina que tal comportamento pode ser exibido pela mãe, por um macho estranho ou por uma fêmea estranha – talvez devêssemos acrescentar à lista dos culpados o pesquisador ou os técnicos de laboratório que se encarregam da eutanásia quando os ratinhos são muito numerosos, mas isso causaria um alvoroço nas publicações. Quanto às mães, constatou-se que podem matar filhotes quando estes apresentam malformações, quando estão estressadas e percebem o ambiente como hostil ou,

---

4 Os artigos referentes ao infanticídio entre os ratos são: Richard E. Brown, "Social and Hormonal Factors Influencing Infanticide and its Suppression in Adult Male Long-Evans Rats (*Rattus norvegicus*)". *Journal of Comparative Psychology*, v. 100, n. 2, 1986, pp. 155–61. Julie A. Mennella e Howard Moltz, "Infanticide in Rats: Male Strategy and Female Counter-Strategy". *Physiology & Behavior*, v. 42, n. 1, 1988, pp. 19–28. Id., "Pheromonal Emission by Pregnant Rats Protects against Infanticide by Nulliparous Conspecifics". *Physiology & Behavior*, v. 46, n. 4, 1989, pp. 591–95. Lawrence C. Peters et al., "Maintenance and Decline of the Suppression of Infanticide in Mother Rats". *Physiology & Behavior*, v. 50, n. 2, 1991, pp. 451–56.

ainda, quando estão famintas, o que as leva a comer os filhotes. Quanto aos machos, há a hipótese de que, ao matar os filhotes, favorecem a volta do cio da fêmea e podem, então, reproduzir-se mais rapidamente. Contudo, não passará despercebido, explicam os pesquisadores, que o infanticídio é inibido se o macho esteve na presença da fêmea durante a gestação, ou se ele é frequentemente colocado na presença dos ratinhos, o que suscita comportamentos parentais. Última categoria de culpados potenciais, as fêmeas estranhas à mãe, por sua vez, praticariam o infanticídio para se alimentar ou para se apossar do ninho da fêmea mãe. Observa-se, por outro lado, que, quando fêmeas são criadas juntas, não apenas o infanticídio é raro como também elas se ajudam mutuamente nos cuidados dos filhotes.

Ora, se nos atemos às condições de como surge esse comportamento, percebemos que aquelas que supostamente "revelam" o infanticídio parecem ser principalmente condições ativamente criadas pelos pesquisadores. Quem tem a ideia de deixar os ratos famintos? Quem tem a iniciativa de colocar machos estranhos numa gaiola pequena em contato direto com mães que acabaram de parir? Quem organiza a repartição das gaiolas de modo a deixar fêmeas desconhecidas lado a lado – e provavelmente fornecendo material suficiente para apenas um ninho? Como o ambiente se torna estressante e hostil? Não podemos ignorar que são condições extremas de cativeiro, e até mesmo condições de cativeiro experimentalmente manipuladas de modo a induzir o estresse, a fome, a hostilidade, o medo etc. Em suma, são condições patológicas levadas ao extremo com o intuito de forçar o comportamento; os pesquisadores repetem e variam o teste até que o comportamento desejado apareça. Trata-se de uma operação tautológica: o infanticídio é o comportamento que emerge quando todas as condições que induzem ao infanticídio são reunidas para fazê-lo emergir! O salto seguinte consiste em considerar que tais condições têm valor explicativo. Esse salto é bastante perceptível na leitura dos artigos.[5] Quando os pesquisadores criam um repertório das circunstâncias nas quais o infanticídio não foi verificado, fica a impressão de que *há condições que impedem o infanticídio*; não condições nas quais o infanticídio não aparece, e sim condições que o neutralizam. Isso quer dizer que tanto o comportamento infanticida como o "não infanticida" são, de fato, ativamente induzidos, já que não emergem na ausência das condições que os suscitam. Daí se deriva uma única conclusão: os pesquisadores acabaram pensando que o infanticídio é o comportamento esperado – o normal – e que o não infanticídio é o comportamento que requer certas condições para ser observado. Estranha inversão. Em condições experimentais, a exceção torna-se a regra, e aquilo que deveria acontecer normalmente se torna excepcional. A especialista em animais de produção Temple Grandin provavelmente se oporia a isso com um julgamento lacônico que utiliza quando os criadores não se comovem com o fato de seus galos estuprarem e matarem as galinhas, ou quando as lhamas mordem os testículos de seus companheiros: "Isso não é normal".[6] Se fosse normal, ela diz, não haveria mais galos nem lhamas na natureza. O raciocínio poderia se estender aos ratos que se alimentam de sua prole.

Essa inversão do normal e do patológico traduz o que aconteceu no laboratório: os pesquisadores agem como se apenas revelassem

---

5 Ressalto, de passagem, que o salto explicativo pelo qual os pesquisadores passam da introdução experimental do comportamento infanticida à ideia de que as condições indutoras são a causa explicativa do comportamento mostra-se semelhante ao que Philippe Pignarre identifica na confusão entre "biologia" e o que ele chama de "pequena biologia" na invenção dos medicamentos. O fato, por exemplo, de um medicamento se mostrar eficaz para tratar a depressão não pode, em hipótese alguma, autorizar o pesquisador a reivindicar ter descoberto *a* causa da depressão. Ver, sobretudo, P. Pignarre, *Comment la Dépression est devenue une épidémie*. Paris: La Découverte, 2001.
6 Temple Grandin (em colaboração com Catherine Johnson), *Animals in Translation*. Orlando: Harvest Books, 2006.

o que preexiste às suas pesquisas, não considerando que as condições de existência do infanticídio provêm ativamente do dispositivo, resultando de todo um trabalho de fabricação de condições necessárias, um trabalho que foi apagado dos resultados. Isso autoriza os experimentadores a reivindicar a possibilidade da generalização para além do laboratório; eis as condições que, *em geral*, causam o infanticídio, e eis as condições que, *em geral*, a inibem.[7] O infanticídio torna-se um comportamento espontâneo, "natural", desde que ocultemos, é claro, que a natureza é laboriosamente fabricada nesses dispositivos. A prova disso é que sua ausência requer a abstenção dos procedimentos que o criaram.

Isso não quer dizer, evidentemente, que não haja infanticídio em condições naturais. Justamente por ter sido observado nelas é que tais pesquisas são realizadas. Voltemos ao trabalho de campo. No fim dos anos 1970, as primeiras observações chocam e intrigam os pesquisadores. A teoria que mencionei é rapidamente elaborada: o macho infanticida, ao matar os filhotes de outro macho de cujo harém ele se apropriou, favorece o retorno do cio das fêmeas para conseguir fecundá-las e propagar seus genes.

Tal explicação baseia-se na teoria sociobiológica da competição intrassexual que relata estratégias adotadas por um e outro sexo em suas relações com os rivais na corrida pela reprodução. Ela foi formulada para se aplicar aos leões, às gaivotas, aos pongídeos, aos langures e a muitos outros mais. Essa teoria é marcada por uma forma de obsessão maníaca cujo sintoma principal é uma impressionante tendência à estereotipia. Todos os comportamentos passam pelo mesmo filtro, o de que os animais teriam apenas uma preocupação em mente: assegurar a disseminação de seus genes. A existência

---

7 A ideia de que os modos de conhecimento e de produção do comportamento infanticida estão inextricavelmente ligados, e de que este não pode pretender ser "revelado" porque não é anterior à experiência, é inspirada no trabalho de Isabelle Stengers, *L'Invention des sciences modernes*. Paris: La Découverte, 1993.

deles seria limitada pelas estreitas fronteiras da necessidade; não apenas nada ocorre sem motivo seletivo, mas também prevalece um único motivo, o qual pertence ao esquema geral das estratégias de *adaptação*. Entregar-se a extravagâncias motivacionais – como o canto, a prática de catar piolhos, brincar, copular ou assistir ao nascer do sol pelo simples prazer de fazê-lo, porque são os costumes sociais no grupo ou porque o prestígio, a bravura ou os laços importam – está fora de cogitação.

Para citar apenas um exemplo, primatólogos observaram num grupo que fêmeas chimpanzés se acasalaram com *todos* os machos hipersexuais presentes. E deduziram que... é uma estratégia para evitar o infanticídio, já que cada um dos machos poderia muito bem ter uma chance de ser o pai. Eis, portanto, uma interpretação bastante virtuosa: a depravação sexual revela-se, na verdade, prova de uma sábia prudência materna... Hipóteses desse tipo ilustram a conivência dos reflexos oriundos das ciências naturais e dos preconceitos machistas ou vitorianos relativos à sexualidade das fêmeas. Procure a utilidade do comportamento – um tipo de moral burguesa da evolução que não perde tempo com arroubos inúteis e que leva os pesquisadores a buscar o valor adaptativo em cada um dos comportamentos –, evite as hipóteses que não sustentam a ideia de um interesse seletivo de longo prazo, como a hipótese do prazer, da força das pulsões ou, simplesmente, de uma sexualidade extrovertida. Quanto aos machos, essa última hipótese poderia ser aceita – e, mais uma vez, seria dito que eles estão preocupados em garantir sua descendência –, quanto à fêmea, porém, nem pensar.

Voltando aos langures, a primeira observação a pavimentar o caminho das pesquisas a respeito do infanticídio é relatada por um pesquisador japonês trabalhando na Índia, Yukimaru Sugiyama. O infanticídio aconteceu enquanto mudanças sociais importantes ocorriam no grupo. Ressaltemos que tais mudanças sociais deveram-se à iniciativa do cientista; foram consequência de uma "manipulação experimental" no grupo. Sugiyama transferiu o único macho do grupo – um macho que, segundo ele, era o dominante soberano, que protegia e dirigia o harém – para um outro grupo, bissexual. Ressaltemos também que esse tipo de prática foi corrente entre alguns primatólogos, sobretudo entre aqueles que pareciam particularmente fascinados pela hierarquia [→ **Hierarquia**]. Em consequência dessa manipulação experimental, nas palavras de Sugiyama, um outro macho entrou no grupo do qual o primeiro tinha acabado de ser retirado, tomou posse do harém e matou quatro filhotes.

Pouco depois, uma outra pesquisadora, a sociobióloga Sarah Blaffer Hrdy, observou, em Jodhpur, ainda entre os langures, infanticídios perpetrados por machos.[8] Sua tese é a de que, pelo infanticídio, o macho manipula o cio das fêmeas e assegura a perpetuação de seus genes. Notemos que, na mesma época, uma outra pesquisadora, Phyllis Jay, também realizou trabalho de campo com os langures, em outra região da Índia. Ela não observou nenhum acontecimento semelhante, mas comentou as demais pesquisas. Retornarei a isso mais para a frente.

Gostaria de me deter por alguns instantes na maneira como as observações de Sugiyama foram formuladas. A semântica utilizada não é inocente; ela não apenas expressa algumas coisas, algumas ideias teóricas preconcebidas, como também induz a escolha de alguns significados. Evocar o que aconteceu falando de macho que "toma posse do harém" e que substitui um "soberano dominante protegendo e dirigindo o harém" – estou apenas me alinhando às escolhas semânticas de Sugiyama, à terminologia que ele mesmo adotou – já mobiliza um determinado tipo de história.

Portanto, a questão não é criticar as palavras utilizadas, mas trabalhar numa perspectiva pragmática. Que tipo de narrativa esse gênero de tropo engendra? Ou, mais concretamente, seria possí-

---

8 S. B. Hrdy, "Infanticide Among Animals: A Review, Classification, and Examination of the Implications for the Reproductive Strategies of Females", op. cit.

vel reestruturar a história fazendo uso de outros tropos? Será que outras palavras não tornariam essa história menos óbvia? Assim, o termo "harém" designa, em geral, um grupo composto de um macho acasalando com várias fêmeas. Essa escolha semântica implica um cenário particular: o de um macho dominante exercendo o controle sobre suas fêmeas. Ora, o que nos leva a pensar que o macho escolhe as fêmeas? Que ele se apropria delas, que toma posse delas? Nada, a não ser o termo "harém", induz esse significado.[9]

Uma outra maneira de descrever esse tipo de organização foi proposta, sobretudo, por pesquisadoras feministas trabalhando com a hipótese darwinista de seleção sexual – segundo a qual são as fêmeas que, na maioria dos casos, escolhem os machos. Para descrever esse tipo de organização poligínica, as pesquisadoras propuseram o seguinte cenário: se um único macho é suficiente para assegurar a reprodução, e os machos, de todo modo, cuidam pouco dos filhotes, por que se encarregar de unir-se a vários? Se um só basta e permite manter os outros machos a distância, as fêmeas têm, portanto, todo interesse em escolher um macho único em vez de se sobrecarregar com outros indivíduos. Eis, portanto, uma história totalmente diferente daquela do harém, uma história que se sustenta tão bem quanto ela e que se mostra consistente com a perspectiva darwinista.

Mas essa história não apenas desloca o foco narrativo, ela obriga a mudar a própria estrutura narrativa. A história que descreve os efeitos da realocação dos machos não tem mais nada da evidência sobre a qual se apoiava. Também não se trata mais da simples conquista de um macho desconhecido que se impõe, que toma posse e que manipula o cio das fêmeas por meio do infanticídio.

Uma outra história pode, então, começar a ser imaginada. Uma história que tem um duplo mérito: complica o problema, retirando-o do registro unívoco e monocausal da necessidade, e, assim,

---

9 Sobre a não inocência da linguagem, mais especificamente daquela que evoca o harém, refiro-me novamente a D. Haraway, "Manifesto ciborgue", op. cit.

não imputa mais ao infanticídio todo o peso da explicação. A obediência a uma necessidade biológica imperativa não é mais o motivo nem o móvel, mas poderia se mostrar apenas como a consequência secundária de outras coisas, as coisas que exigem que prestemos atenção, as coisas das quais uma hipótese "vale-tudo" nos poupa.

É Phyllis Jay que merece o crédito por essa abertura para um cenário alternativo em relação aos langures. Conforme mencionei, Jay estudava os langures em uma outra região da Índia. Ela não observou nenhum infanticídio, mas seu conhecimento dos animais envolvidos levou-a a participar do debate teórico. Ela analisou os dados de campo em que esses eventos foram observados e considerou as manipulações experimentais ou, para os grupos não manipulados, os contextos nos quais as observações foram coletadas. Uma análise minuciosa das teorias, das escolhas semânticas de seus colegas e do que aconteceu com os langures levou-a à conclusão de que é muito mais pertinente entender o infanticídio não como estratégia, e sim como consequência. Por um lado, ela diz, o infanticídio não deve ser entendido no contexto de uma tomada de poder, pois esses termos marcam com demasiada força a narrativa. É nesse ponto, lembra-nos Donna Haraway – a quem eu devo uma boa parte do que guiou minha proposta até o momento –, que vemos que as palavras e as maneiras de dizer importam, que elas não têm nada de inocentes. As estruturas narrativas mantêm a atenção em certas coisas e a desviam de outras. Enquanto focamos na história do harém e da conquista, deixamos de prestar atenção ao que pôde acontecer em consequência das manipulações experimentais. *O fato de o único macho do grupo ter sido vítima de um sequestro.* Talvez ele fosse soberano, mas o que quer dizer ser soberano: suscitar a deferência, laços afetivos, fazer reinar um clima de confiança? Se os langures têm opções diferentes – o que eles visivelmente têm, já que podem viver em grupos bissexuais ou em grupos poligínicos –, se a hipótese da escolha das fêmeas está correta e se elas criaram laços muito particulares com aquele macho, e não com qualquer outro, pode-se imaginar o trauma do grupo. "Nosso macho foi levado por humanos que não param de nos observar." Então, qualquer coisa pode acontecer. As causas do infanticídio tornam-se, nesse cenário, muito mais contextualizadas. Elas nos obrigam a considerar o fato de que uma sociedade se constrói no dia a dia, que ela se compõe e que, a qualquer momento, tudo pode dar errado se humanos irresponsáveis se intrometerem. A análise de Phyllis Jay dos grupos não manipulados converge para essa ideia. As observações desses grupos permitem inferir que os infanticídios aconteceram durante mudanças sociais muito aceleradas, em contextos de enorme densidade populacional, ou seja, em condições muito estressantes e que são, por si sós, suficientemente patogênicas. Ela constata também que um número expressivo dos infanticídios observados é, na verdade, acompanhado do assassinato das fêmeas – a agressividade não controlada do macho não se dirige somente aos filhotes. O infanticídio não é uma adaptação; ele é, antes, o sinal de uma *desadaptação* a contextos demasiado novos e brutais.

A explicação de Phyllis Jay não preponderou; a teoria sociobiológica permaneceu, nesse sentido, a explicação dominante. Nos meios científicos, ela parece ter alcançado a conversão que ambicionava, e a impressão de obviedade nos escritos de divulgação que ressaltei é prova disso. Mas não é bem esse o caso: a controvérsia nunca conseguiu ser totalmente resolvida. Resistências seguiram-se à de Phyllis Jay. Depois da calmaria que geralmente sinaliza o fim de uma controvérsia, o primatólogo Robert Sussman reabriu o debate, esmiuçando o contexto específico de cada um dos casos relatados pelas pesquisas da primatologia. Em sua análise, os ataques infanticidas eram muito menos numerosos do que se tinha estimado: contabilizavam-se apenas 48 destes, e quase metade havia acontecido no sítio de Jodhpur. Além disso, dos 48 ataques, somente 8 são consistentes com as previsões da hipótese adaptacionista. Ele questiona, então, se é realista considerar eventos tão raros, e que, em sua maioria, parecem confinados a um local específico, como exemplares de uma estratégia adaptativa. Além disso, observa-se que no campo de Hrdy, em Jodhpur, pesquisadores alemães que observavam os langures no início dos anos 1980 nunca testemunharam casos de morte violenta dos filhotes.

No fim dos anos 1990, uma outra cientista, Anne Dagg, retomou esse método com os leões. Todas as pesquisas a respeito de leões tinham até então defendido a hipótese da competição sexual. Anne Dagg constatou que, na realidade, nenhum caso de infanticídio pode corresponder a uma "situação típica" capaz de sustentar a hipótese adaptacionista. Suas pesquisas desencadearam uma onda de raiva e reações hostis por parte de seus colegas. A própria Phyllis Jay voltaria ao debate naquela época, com um artigo em que mostra que os pequenos langures, na verdade, interessam-se muito pelos conflitos dos adultos. Com frequência, os acidentes aconteceriam não pelo fato de os filhotes serem, como se pensava, alvo dos ataques dos adultos exaltados, mas por estarem "no caminho" destes.

É raro, observa a socióloga Amanda Rees, que retraçou a história, que uma controvérsia não chegue, mais cedo ou mais tarde, à sua resolução no campo da etologia. A do infanticídio parece, portanto, muito particular nesse aspecto: ela é sempre objeto de questionamentos. Quando se acredita que está pacificada e resolvida, um cientista recusa a "conversão" à teoria sociobiológica e relança a controvérsia. Essa impossibilidade de encerramento é ainda mais surpreendente pois os casos observados são raros – e tendem a se rarefazer ainda mais à medida que as análises reiniciam os debates. É verdade, como apontei, que o problema se prende a questões políticas, que está diretamente ligado a problemáticas humanas graves cujas explicações e respostas são, em si, muito controversas. Logo de início, já no trabalho de campo, foi possível, como ressalta Amanda Rees, observar que as interpretações foram objeto da suspeita de interferência da política na ciência. O fato de se considerar o infanticídio uma estratégia adaptativa, como se lê na descrição das situações feita pelos sociobiólogos, revela uma ideologia machista. Entretanto, se utilizamos o argumento político, não devemos nos perguntar também – como, aliás, reivindicam os sociobiólogos – se a vontade de considerar o infanticídio um acidente não traduz um julgamento moral sobre a natureza ("a princípio isso não deveria acontecer")?

Não estou certa de que esse tipo de argumento seja útil; em todo caso, não dessa forma desconstrutiva ou crítica. Ele certamente participa da controvérsia, mas a desconstrução nos faz perder de vista as questões mais importantes. São duas maneiras diferentes de fazer ciência, duas maneiras em tensão na área do estudo dos animais que estão em jogo. Por um lado, estamos lidando com um método herdeiro da biologia e da zoologia que procura as semelhanças e as invariantes em cada espécie e, mais frequentemente, entre as espécies, exigindo que os animais obedeçam a leis passíveis de generalizações e a causas relativamente unívocas que podem se inscrever numa rotina interpretativa. Ao mesmo tempo, essa prática reposiciona um hábito das práticas de laboratório a fim de prolongá-lo: o de construir no trabalho de campo a repetibilidade dos eventos (considerando todos os campos como idênticos), assim como no laboratório nos submetemos à imposição de repetir os experimentos. Essa exigência baseia-se na convicção de que todos os contextos são, em última instância, equivalentes. É um método que requer a submissão da natureza – como o laboratório requer a submissão dos sujeitos – ao fazer científico [→ **Laboratório**]. Por outro lado, uma outra prática começa a concorrer com essa, uma prática que herda, por sua vez, maneiras de pensar e de fazer da antropologia e que se inspira na flexibilidade dos animais para explorar as situações singulares e concretas encontradas por eles. Essas práticas traduzem cada evento como um problema particular que os animais vivenciam e tentam enfrentar [→ **Reação**]. Ainda se trata de política, mas de política científica e de política de relações com os não humanos.

Além disso, se para os primeiros – os sociobiólogos – todos os meios são, *a priori*, equivalentes e as estratégias adaptativas e os motivos programados sobredeterminam as condutas, os segundos, ao contrário – o que os aponta como herdeiros dos métodos da antropologia –, levaram em consideração que os próprios processos de industrialização e de globalização, que lhes permitem viajar e realizar suas pesquisas em campos longínquos, são justamente aqueles com os quais seus animais são confrontados. Esses processos afetam suas vidas e as modificam consideravelmente, com a destruição de seu hábitat, o turismo e a urbanização. Não se trata de negar que, como todos os seres vivos, esses animais lidam com necessidades biológicas, mas de considerar ativamente as próprias condições de sua existência concreta – não condições no sentido causal, e sim no sentido daquilo que torna a vida deles o que ela é. Vidas que são, atualmente e mais do que nunca, para cada um desses animais, *conosco*, vidas nas quais constituímos um ingrediente de vulnerabilidade. E é também nesse sentido que o problema do infanticídio é um problema político.

O

de

Obras
de arte

Os pássaros
fazem arte?

Os animais seriam capazes de criar obras de arte? Não é muito diferente de perguntar se os animais são artistas [→ **Artistas**].

Colocar isso à prova, a título especulativo, recupera a questão da intenção que deve, em princípio, orientar toda obra. É preciso "intenção" para fazer uma obra e, em caso positivo, é a intenção do artista que determina se ele é ou não autor da obra? Introduzir os animais na questão tem o mérito de nos fazer hesitar e desacelerar. Bruno Latour sensibilizou-nos para tais hesitações quando propôs reconsiderar a distribuição da ação em termos de "fazer fazer".[1]

Vale a pena considerar os esplêndidos arcos dos pássaros-jardineiros de nuca rosa [*Chlamydera nuchalis*], especialmente interessantes porque comprovam o fato de que esses pássaros desviaram, em benefício de suas obras, alguns de nossos artefatos a fim de incorporá-los em suas composições. Se prestarmos atenção ao trabalho concluído – basta jogar o nome da espécie em qualquer ferramenta de busca –, notaremos, graças às fotografias feitas pelos biólogos, que a composição não deve nada ao acaso; tudo é organizado para criar uma ilusão de perspectiva. Isso se destinaria, segundo os biólogos, a fazer com que o pássaro dançando em seu arco pareça maior do

---

1 "Induzir alguém a fazer alguma coisa", na ed. bras.: Bruno Latour, *Reagregando o social: uma introdução à teoria do ator-rede*, trad. Gilson César Cardoso de Sousa. Salvador / Bauru: EDUFBA / EDUSC, 2012, p. 92. [N. E.]

que é. Estamos, portanto, diante de uma cena, uma encenação, uma verdadeira composição artística plurimodal: uma arquitetura sofisticada, um equilíbrio estético, a criação de uma ilusão destinada a produzir efeitos, uma coreografia que arremata a obra; em suma, o que o filósofo Étienne Souriau talvez reconhecesse como uma *poética do movimento*. Essa ilusão de perspectiva tão habilmente orquestrada remete-nos ao que ele propunha como sendo o sentido dos simulacros. Souriau descreve-os como "sítios de especulação sobre os significados", apontando na natureza, o mais claramente possível, a *capacidade de criar o ser a partir do nada, no desejo do outro.*

Criar o ser a partir do nada, no desejo do outro: será que isso constituiria uma obra de arte tal como a entendemos e, nesse sentido, seria o pássaro seu verdadeiro artista e autor [→ **Versões**]? Deixo provisoriamente de lado os debates estéreis e entediantes que teimam em reduzir o animal ao instinto [→ **Fazer científico**] e que supririam nossa cota de explicações causais deterministas e biológicas para dar conta do trabalho concretizado. A propósito desse tipo de explicações, notemos, apenas de passagem, que os sociobiólogos também tentaram submeter os humanos a elas: toda ação, toda obra seria a mera tradução de um programa ao qual nossos genes nos submeteriam, visando perpetuar-se [→ **Necessidade**]. Deixo ao leitor a tarefa de traduzir isso em termos menos cautelosos. O mau gosto dessas explicações e o extremo empobrecimento em que elas incorrem deveriam nos impedir de estendê-las aos não humanos, que já enfrentam suficientes maus-tratos teóricos![2]

---

2 A noção de "maus-tratos teóricos" deve-se a Françoise Sironi, a partir de seu trabalho sobre a clínica transgênero. A analogia entre o que acontece com os humanos e com os animais é sempre perigosa; porém, na medida em que o que ela descreve abrange as situações nas quais os psicólogos que "teorizam" (e que devem também ajudar as pessoas na busca pela metamorfose) desmerecem aqueles que se dirigem a eles – ao lançar mão de suas teorias duvidosas, insultantes e, assim, partícipes de seu sofrimento –, a analogia pode se sustentar sem insultar. As teorias bestializantes têm efeitos concretos sobre os animais, seja diretamente ([→**Laboratório**],

Por outro lado, eu poderia retomar a maneira como o antropólogo da arte Alfred Gell coloca a questão – não a respeito dos animais, mas das produções artísticas em culturas que não as consideram artísticas.[3] O problema de Gell é o seguinte, para resumi-lo de maneira bem rápida: se consideramos arte aquilo que é recebido e aceito como tal pelo mundo institucionalizado da arte, como avaliar as produções de outras sociedades quando *nós* as consideramos produções artísticas e essas mesmas sociedades não atribuem valor a tais objetos? Não o fazer seria relegar os outros, como durante muito tempo se fez, ao status de primitivos que expressam de maneira espontânea e infantil suas necessidades primárias. Mesmo ao fazê-lo, explica Gell, o antropólogo que estuda a criação de objetos em outras culturas seria obrigado a submetê-las a um quadro de referências totalmente etnocêntrico. Com efeito, se levamos em conta que alguns dos objetos não têm valor estético para as pessoas que os produzem, nem para aquelas para as quais são produzidos, a solução de reposicionar cada produção no quadro cultural que estipula suas regras de gosto e seus critérios não resolve o problema. Dizendo de modo mais simples, um escudo, por exemplo, não é arte para "eles", mas é arte para "nós".

Como escapar desse impasse? Gell propõe reformular o problema de outra forma. A antropologia é o estudo das relações sociais; é preciso, portanto, considerar estudar a produção dos objetos nessas relações. Mas, para evitar recair nos impasses que acabo de descrever, os próprios objetos devem ser considerados agentes sociais dotados das características que atribuímos aos agentes sociais. Assim, Gell tenta

---

por exemplo) ou indiretamente, legitimando tratamentos negligentes (afinal, não passam de animais; para um contraste: [→ **Gênios**]). É interessante ler a aventura dessa clínica política que "faz pensar". Françoise Sironi, *Psychologie(s) des transsexuels et des transgenres*. Paris: Odile Jacob, 2011.

3 Alfred Gell, *Arte e agência: uma teoria antropológica*, trad. Jamille Pinheiro Dias. São Paulo: Ubu Editora, 2018.

retirar a questão da intencionalidade do estreito quadro no qual nossa concepção a encerrou e abre a noção de agente – na acepção de "ser dotado de intencionalidade" – para outros seres além dos humanos.

Para retomar o problema dos objetos portadores, para nós, de um valor estético, um escudo decorado não detém, no contexto do combate no qual é utilizado, esse valor. Ele causa medo, fascina, captura o inimigo. Ele não significa nada, não simboliza nada; ele age e faz agir, afeta e transforma. Ele é, portanto, um agente mediador de outras agências. O conceito de agência (que os tradutores franceses do livro de Gell, *Arte e agência*, traduziram como "intencionalidade") não é mais utilizado, portanto, como critério de classificação dos seres (separando aqueles que seriam ontologicamente agentes, dotados de intencionalidade, daqueles que seriam ontologicamente pacientes, desprovidos desta). A agência (ou a intencionalidade) é relacional, variável e se inscreve sempre em um contexto. A obra não é somente capaz de fascinar, capturar, enfeitiçar, prender seu destinatário numa armadilha; mas é a agência contida na própria matéria da obra por fazer que controla o artista, o qual, a partir daí, assume a posição de paciente. Se compreendo Gell nos termos de Bruno Latour, a obra faz-fazer; o escudo faz o artista fazer (e *se* faz-fazer por meio do artista), ele faz aquele que o utiliza fazer (por exemplo, ele poderia torná-lo mais destemido no combate) e ele faz o guerreiro inimigo fazer (fascina-o, assusta-o, captura-o). Em nossa relação com as obras, diz Gell, assemelhamo-nos bastante aos autóctones que o antropólogo [Edward Burnett] Tylor descrevia nas Antilhas: segundo eles, são as árvores que chamam os feiticeiros e lhes dão a ordem de esculpir seu tronco em forma de ídolo.

Ao distribuir a intencionalidade dessa maneira, Gell se aproxima – de certa forma, mas com uma prudência especulativa nitidamente mais marcada – do que propunha Étienne Souriau. De acordo com este, a obra se impõe ao artista ou, para utilizar a terminologia de Gell, "ela é o agente"; são suas intenções que insistem, e o artista é que é o paciente. Entretanto, se meu objetivo aqui é investigar a possibilidade de arte entre os animais, e se tenciono fazê-lo seriamente, devo abandonar Gell e confiar em Souriau. Afinal, se Gell pode muito bem redistribuir a intencionalidade ou a agência, ele restringe, apesar de algumas tentativas louváveis, a redistribuição à relação entre a obra e seu destinatário. Ele escreve:

> Os antropólogos há muito vêm reconhecendo que as relações sociais, para que perdurem ao longo do tempo, têm que se basear em "questões pendentes". A essência da troca, como uma força que produz vínculos na sociedade, é o descompasso ou demora entre as operações que, se a relação de troca for perdurar, nunca deve resultar em uma reciprocidade perfeita, mas sempre em algum desequilíbrio renovado, residual.[4]

Ele continua:

> O mesmo acontece no caso dos padrões [decorativos]; eles desaceleram a percepção ou até mesmo a interrompem, de modo que o objeto decorado nunca seja completamente possuído como um todo, mas esteja sempre no processo de se tornar possuído. Argumento, pois, que isso configura uma relação biográfica – uma troca inacabada – entre o índice decorado [ele dá significado por meio dela ao objeto "obra" como portador de intenções] e o destinatário.

Enfim, o salto especulativo que distribui as intenções entre a obra e o artista não é levado à conclusão, pois Gell nitidamente hesita em fazer de nós antilhanos, do artista um feiticeiro e da obra um agente convocador.

A questão se coloca de modo totalmente diferente para Souriau, que evoca, na sua conferência de 1956, *Du Mode d'existence de*

---

4   Ibid., pp. 133–34. [N. E.]

l'œuvre à faire [Do modo de existência da obra por fazer], e em termos aparentemente próximos, a incompletude existencial de todas as coisas.[5] Mas a incompletude da obra para Souriau inscreve-se, a princípio, não entre a obra e seu destinatário, mas entre a obra por fazer e aquele que vai se dedicar a ela, aquele que vai "ter de responder por ela"; seu responsável. As obras por fazer são seres reais cuja existência, contudo, precisa ser promovida em outros planos. Elas carecem de existência, nem que seja por contarem apenas com uma existência física. A obra, em outras palavras, clama por sua conclusão em um outro modo de existência.

Com o que Souriau propõe, podemos voltar ao problema dos animais artistas? Ele antecipou essa questão com um livro, *Le Sens artistique des animaux* [O senso artístico dos animais].[6] Desde as primeiras páginas, ele evoca o sentido que a sua resposta tomará: "É mesmo uma blasfêmia pensar que a arte tem bases cósmicas e que se encontram na natureza grandes poderes *instauradores* semelhantes?". O termo "instaurador" não é escolhido por acaso. Souriau não disse "criador" ou "construtor" (mesmo que às vezes ele considere esses termos como equivalentes; mas estamos muito longe da chegada do construtivismo, o termo "construir" ainda não é carregado). Instaurar significa outra coisa.

Como acabamos de mencionar, a obra *clama por sua conclusão em um outro modo de existência.* Tal conclusão requer um ato ins-

---

5 A conferência de 1956 à qual me refiro, assim como as teorias da instauração, foram republicadas recentemente: Étienne Souriau, *Les Différents Modes d'existence.* Paris: PUF, 2009. O prefácio escrito por Isabelle Stengers e Bruno Latour é importante – até mesmo imprescindível, na medida em que guia a leitura, às vezes difícil, e incita o fôlego especulativo que acompanhará a aventura de sua descoberta – e chamou minha atenção para as questões propostas por Souriau.

6 Étienne Souriau inspirou profundamente a escrita deste capítulo, e seu livro é uma pequena joia que conserva uma perfeita atualidade – é dele que saíram os diferentes exemplos de animais, bem como as relativas citações. Étienne Souriau, *Le Sens artistique des animaux.* Paris: Hachette, 1965.

taurador. Nesse sentido, ainda que possamos dizer que o criador *opera* a criação, o ser da obra existe antes que o artista a tenha feito. Mas, sozinho, esse ser não poderia se fazer a si mesmo. "Instaurar é seguir um caminho. Nós determinamos o ser por vir seguindo seu caminho", Souriau acrescenta. "O ser em eclosão", ele continua, "reclama sua própria existência. Em tudo isso, o agente deve se inclinar diante da vontade da própria obra, adivinhar tal vontade, abnegar-se em favor desse ser autônomo que ele busca promover segundo seu próprio direito à existência."

Portanto, dizer que a obra de arte é instaurada não é nem atribuir causalidade alhures nem a negar. É insistir no fato de que o artista não é a causa da obra, mas que a obra sozinha tampouco é sua própria causa; o artista carrega a responsabilidade por ela, a responsabilidade daquele que acolhe, coleta, prepara, explora a forma da obra. Em outras palavras, o artista é responsável, no sentido de que ele deve aprender a responder pela obra e a responder por sua conclusão, ou pelo fracasso em concretizá-la como obra.

Então, retornando à nossa questão: podemos conceber falar dos seres da natureza como mestres de uma obra? Certamente, quando Souriau aborda essa questão no livro sobre o senso artístico dos animais, ele parece às vezes se esconder por trás de uma forma de vitalismo perceptível sobretudo nos comentários que acompanham as imagens: "A vida é o artista, o pavão é a obra". No entanto, para além disso, a fim de voltar aos pássaros, achamos uma proposta surpreendente que acompanha a foto de um diamante-mandarim [*Taeniopygia guttata*] fazendo o ninho: "O chamado da obra". Evidentemente, Souriau explica: "Com frequência, o ninho é feito por dois, e sua confecção é a essência do cortejo sexual. Mas às vezes um macho solteiro começa a obra sozinho". Uma fêmea pode se unir a ele e ajudá-lo, explica Souriau, e é nesse sentido que o ninho é uma obra de amor, ou melhor, corrige: "um criador de amor: a obra é mediadora".

Invocar o amor como faz Souriau me dá vontade de prolongá-lo. A obra tem realmente o poder de capturar quem opera em prol de sua concretização. Assim, somos convidados a considerar uma teoria do instinto totalmente diferente. Uma teoria do instinto que, longe de mecanizar o animal e relegá-lo aos determinismos biológicos, oferece, de um modo especulativo, analogias muito mais fecundas.

Voltemos um instante aos ninhos dos pássaros-jardineiros que mencionei e retomemos a questão em que os havíamos deixado, consideravelmente emaranhados entre o instinto e a intencionalidade. Não responderei se esses pássaros são ou não artistas, não é mais esse ponto que me interessa. Se eu tivesse de retomar um dos exemplos de Gell, o dos escudos, seguindo a analogia, seria possível afirmar que esses ninhos são objetos que capturam, transformam e produzem seres presos nas redes da paixão, ou que os encantam e fascinam, têm efeitos sobre eles. Mas, se sigo o caminho aberto por Souriau e me interesso não pela relação com o destinatário, mas pelos desdobramentos do ato instaurador desse ninho, também posso sugerir que o pássaro-jardineiro de nuca rosa está capturado dos pés à cabeça pela obra por fazer e que é ela que dita sua exigência de existência. "É assim que tem de ser."

Certamente, nossas preferências tendem a favorecer a ideia de que a obra seja apenas o feito de alguns, que ela seja menos distribuída, pois é assim que consideramos a arte, numa espécie de status de excepcionalidade. Sem dúvida, é essa falta de excepcionalidade que justifica o recurso tão massivo ao argumento: se todos fazem, é instinto. É verdade, fazer uma obra para esses pássaros tem a ver com questões vitais, o fazer-a-obra é, para cada pássaro, a condição de seu próprio prolongamento. Sem obra, sem descendência para fazer, ela mesma, uma obra. Mas não confundamos condição de prolongamento com condição de existência, não confundamos o que a obra torna possível com seu motivo. Ou, então, abandonemos o conceito de instinto, mas conservemos preciosamente o que ele nos faz sentir, uma força diante da qual o ser deve se inclinar – como às vezes fazemos diante do amor. Seja qual for a visão utilitarista que possamos conferir a essas obras, sabemos que os pássaros não têm tal visão utilitarista em mente (são motivos sempre identificáveis *a posteriori*, uma racionalização conveniente que, apesar de pertinente do ponto de vista da biologia, não é o que se poderia afirmar que importa aos pássaros). O que o instinto ao mesmo tempo afirma e mascara é o apelo da coisa por fazer. Algo nos ultrapassa. Essa captação que alguns artistas conhecem. É assim que deve ser feito. Ponto-final.

P

de

Pegas-
-rabudas

—

**Como fazer
os elefantes gostarem
do espelho?**

Qual poderia ser a relação entre Maxine, Patty e Happy, de um lado, e Harvey, Lily, Gerti, Goldie e Schatzi, de outro? Pouca. As primeiras são elefantas-asiáticas de cerca de trinta anos, as segundas são pássaros pega-rabuda[1] ainda jovens. As primeiras vivem no zoológico do Bronx, as segundas em um laboratório alemão. As diferenças revelam-se infinitas e previsíveis, mas o ponto em comum surpreende: deram-lhes a tarefa de se olhar num espelho e algumas delas pareceram interessadas, Happy do lado das elefantas, Gerti, Goldie e Schatzi do lado das pegas-rabudas. Já Harvey até tentou algumas manobras de sedução diante do que ele achava ser um congênere, perdeu as esperanças, reviu sua posição quanto ao gênero daquilo que estava diante dele imitando todos os seus gestos e, por fim, atacou-o ingenuamente. Lily foi ainda mais rápida: passou imediatamente para a agressão. Após algumas tentativas fadadas ao fracasso, as duas pegas-rabudas perderam o interesse.

No primeiro dia, Gerti, Goldie e Schatzi obviamente também tentaram ver se o "outro" era mesmo um ser social que reagiria adequadamente. Mas, a partir da segunda visita, as três pegas-rabudas se interessaram de outra forma. Foram para trás do espelho – nunca se sabe –, exploraram a imagem diante delas com atenção, mas en-

---

[1] Em francês, "*pies*", aves da família *corvidae*. O termo genérico refere-se especificamente à pega-rabuda (*Pica pica*), pássaro famoso por se reconhecer no teste do espelho. [N. T.]

contraram a prova decisiva para resolver o enigma: elas fizeram movimentos imprevisíveis, balançaram-se de frente para trás, saltitaram, coçaram-se com uma pata. Não podemos ter certeza do que essas três pegas-rabudas inferiram da situação, mas elas evidentemente compreenderam que o outro diante delas não era realmente um "outro". Daí a afirmar que sabiam que se tratava delas ainda falta um passo. Um passo não se dá assim, não no laboratório. A palavra dos pássaros ou uma intuição, por mais lógica que seja, não tem crédito. É preciso um teste, um teste decisivo. Os pesquisadores Helmut Prior, Ariane Schwarz e Onur Güntürkün se dedicaram, então, a desenvolvê-lo e a propô-lo às pegas-rabudas.[2]

Esse teste é bem conhecido hoje e se baseia nos experimentos que o psicólogo George Gallup propôs aos chimpanzés no fim dos anos 1960. O teste é simples – embora tenha envolvido consideráveis complicações. Após o período de habituação ao espelho, o chimpanzé adormeceu e uma mancha verde foi pintada em sua testa. Quando acordou, ele ignorava a presença dessa mancha. Colocaram um espelho à sua frente. Se ele a procurasse sobre a própria testa, poderiam inferir que o chimpanzé compreendera que o reflexo correspondia à sua imagem. Com as pegas-rabudas, o teste se simplificou, os pesquisadores decidiram evitar a anestesia; substituíram a tinta por um pequeno adesivo colorido sobre a garganta delas, logo abaixo do bico, de cor amarela, vermelha ou preta, num local que elas com certeza não conseguiriam ver, mesmo baixando a cabeça. Um dos três cientistas cobriu os olhos do pássaro enquanto outro colava o adesivo.

A operação teve êxito: Harvey e Lily, como se suspeitava em função de suas atuações anteriores, não fizeram nada em relação à mancha; Goldie e Gerti, ao contrário – e Schatzi também, mas em menor medida –, apressaram-se para tirar o adesivo, primeiro com

---

2 Helmut Prior, Ariane Schwarz e Onur Güntürkün, "Mirror-Induced Behavior in the Magpie (*Pica pica*): Evidence of Self-Recognition". *PloS Biology*, v. 6, n. 8, 2008.

o bico, mas, como não conseguiram, em seguida tentaram com uma das patas. As pegas-rabudas reconheceram-se no espelho. Elas têm, portanto, consciência de si ou, de acordo com os termos de Gallup, elas têm uma teoria da mente.

Quanto às elefantas, as coisas são bastantes complicadas de organizar. Particularmente difíceis, porque outro pesquisador, Daniel Povinelli, especialista em primatologia, já tinha submetido duas elefantas-asiáticas ao mesmo teste pouco tempo antes. Elas fracassaram. No entanto, foram capazes de compreender o uso possível do dispositivo: numa prova anterior, Povinelli tinha escondido comida de modo que as elefantas só pudessem avistá-la no espelho. As elefantas também tinham captado perfeitamente sua função; a relação com o espelho não era, então, impedida por uma deficiência visual. Mas a mancha, claramente, não parecia comovê-las. O primatólogo Frans de Waal, seu aluno Joshua Plotnik, e Diana Reiss, especialista em golfinhos, tentaram a sorte.[3] O que os motivou a retomar um experimento aparentemente fadado ao fracasso? Dois de meus alunos da Universidade de Bruxelas, Thibaut de Meyer e Charlotte Thibaut, debruçaram-se sobre essa questão e analisaram cuidadosamente os artigos e os protocolos de cada um dos experimentos.[4] Segundo eles, se Plotnik e seus colegas estavam dispostos a recomeçar, é porque confiavam em uma observação de Cynthia Moss, especialista em elefantes africanos. Os elefantes seriam capazes de empatia; ela pôde observar várias provas disso. Ora, a empatia pode estar correlacionada à possibilidade de atribuir estados mentais e desejos ao outro; assim, ela poderia atestar a possibilidade de uma

---

3 Joshua Plotnik, Frans de Waal e Diana Reiss, "Self-Recognition in an Asian Elephant". *Proceedings of the National Academy of Sciences*, v. 103, n. 45, 2006.

4 Remeto ao fascinante trabalho de Charlotte Thibaut, mestranda em antropologia, e Thibaut de Meyer, estudante de filosofia da Universidade Livre de Bruxelas: *Les Éléphants asiatiques se reconnaissent-ils? Jouer avec des miroirs*, apresentado no contexto do curso "Etologias e Sociedades", ulb, 2011.

teoria da mente [→ **Mentirosos**]. Pois bem, meus alunos constataram que Povinelli também menciona tal observação, mas que não a considera crível. Ele diz que não passa de uma *anedota*. Trata-se, portanto, de dois tipos de relação com o saber, que se delineiam ao serem contrastadas, e não me surpreendo que tal contraste se calque justamente em duas áreas de pesquisa: Povinelli é um experimentalista de laboratório; Plotnik e seus colegas, pesquisadores de campo [→ **Fazer científico**, → **Laboratório**, → **Bestas**].

Em seguida, os três pesquisadores investigam as razões do fracasso dos elefantes de Povinelli. Não é impossível que o espelho fosse pequeno demais e que o fato de ter sido colocado no exterior da jaula, fora do alcance da tromba, tenha sido a causa. Assim, eles tomaram o cuidado de oferecer um espelho do tamanho do elefante e de colocá-lo dentro da jaula, e não fora dela. Maxine, Patty e Happy são confrontadas com o espelho; durante o pré-teste, elas exploram e até tentam subir nele, assustando muito os zeladores e os pesquisadores, que se perguntavam se a parede na qual ele estava apoiado não desabaria. E, tal qual as três pegas-rabudas que se reconheceram, as elefantas apresentaram comportamentos dirigidos a si mesmas: observaram-se enquanto comiam diante do espelho, apresentaram movimentos repetitivos incomuns da tromba e do corpo, além de movimentos rítmicos da cabeça.

Chega o dia de pintar a mancha. Maxine se encara, toca a mancha e continua tocando-a sem parar durante os minutos seguintes. As duas outras parecem não querer passar por essa etapa.

Duas pegas-rabudas e uma elefanta, portanto, se saíram muito bem no teste, duas pegas-rabudas e duas elefantas fracassaram e uma pega-rabuda deixou dúvidas: o experimento teve êxito.

Pode causar surpresa o fato de dizer que o experimento teve êxito. Para caracterizá-lo, comparo o desinteresse de Harvey, Lily, Patty e Happy pelo teste com os resultados claramente positivos de Goldie, Gerti e Maxine. Afinal, todas – as "reconhecedoras de si" e as "não reconhecedoras de si" – são importantes para uma qualificação como essa. Falo de êxito porque houve um fracasso. A possibilidade de fracasso, e o que os cientistas fazem com ela, expressam a solidez e o interesse do experimento. Se todas as pegas-rabudas e todos os elefantes tivessem passado no teste com sucesso, o experimento não permitiria reivindicar aquilo que reivindica para as pegas-rabudas e para as elefantas: elas podem ser "reconhecedoras de si". Em outras palavras, do ponto de vista dos pesquisadores, os resultados do experimento são ainda mais convincentes na medida em que alguns de seus animais fracassaram. De minha parte, sem isso eu não poderia afirmar com tanta convicção que o experimento é realmente interessante e que ele torna os pesquisadores, suas pegas-rabudas e suas elefantas mais inteligentes.

Em primeiro lugar, comecemos pelo óbvio, por aquilo que chamamos sem ambiguidade de "êxito", ou seja, pelo que os pesquisadores dizem a respeito desse êxito.

Vou me ater aos comentários dos criadores de pega-rabuda, os quais são bastante impressionantes de ouvir no campo dos pássaros: "Quando as pegas-rabudas são avaliadas com base nos mesmos critérios que os primatas", afirmam, "elas demonstram a capacidade de reconhecimento de si e estão, portanto, *do nosso lado* do Rubicão cognitivo". Creio que a metáfora do Rubicão cognitivo diz muito: há epopeia, conquista e vitória nessa história; há acontecimento, travessia, transgressão de uma fronteira. A sorte está lançada: as pegas-rabudas, *Pica pica*, serão os primeiros pássaros a ultrapassar a fronteira entre os seres que se reconhecem e os que não se reconhecem. Mas nessa aventura também está sendo tecida uma história diferente; uma história que reúne, após os cerca de 300 milhões de anos decorridos desde o momento da divergência entre seus grupos taxonômicos, os corvídeos e os primatas: as pegas-rabudas estão agora do *nosso lado* do Rubicão cognitivo. Após se pensar por muito tempo que o humano era o único depositário do tesouro ontológico da consciência de si, acabou-se por aceitar que os primatas pudessem reivindicar acesso a ele; em seguida, vieram, por um efeito de contaminação de talentos muito frequente no domínio da etologia, os golfinhos, as orcas e, acrescentemos, as três elefantas que anteciparam as pegas-rabudas em dois anos nessa história.[5] Ora, até o momento, pensava-se que somente os mamíferos tinham acesso a tal competência. Haveria, aliás – dizem os autores na introdução –, "um Rubicão cognitivo para os grandes macacos e algumas outras espécies dotadas de comportamento social complexo, de um lado, e outro para todo o resto do reino animal".[6] Essa hierarquização recebeu, aliás, sua confirmação biológica, já que acabou por ser correlacionada à existência e ao desenvolvimento do neocórtex nos mamíferos.

Voltemos agora ao fato de que Harvey, Lily, Patty e Happy fracassaram no teste – fracasso que, como estou tentando mostrar, sinaliza para mim o êxito do experimento. Em primeiro lugar, quanto aos autores, esse fracasso está longe de colocar em perigo a solidez dos resultados; ao contrário, ele os confirma. Dos 92 chimpanzés testados por Povinelli numa pesquisa anterior àquela com as elefantas, apenas 21 deram provas claras de comportamentos de exploração de si diante do espelho, e 9 deram provas mais fracas; dentre os 21 animais "exploradores especulares", somente metade passou no teste da mancha.

Mas, indo um pouco mais longe com esses fracassos que qualifico como êxitos, gostaria de ressaltar uma particularidade desse experimento que se liga ao que chamo de experimentos bem-sucedidos. Esse experimento, como outros semelhantes, parece notável devido a um de seus aspectos imediatamente visíveis por meio de um indício: é um experimento de cultura das singularidades.

---

5 Sobre o efeito de contaminação das competências que me parece significativo de uma área de pesquisa à outra, remeto ao texto do catálogo da exposição cujo comitê científico organizei na Grande Halle de la Villette, em Paris. V. Despret (org.), *Bêtes et Hommes*. Paris: Gallimard, 2007.

6 H. Prior, A. Schwarz e O. Güntürkün, "Mirror-Induced Behavior in the Magpie (*Pica pica*)", op. cit.

Harvey, Lily, Goldie, Gerti, Schatzi, Happy, Maxine e Patty não têm nada a ver com as legiões de anônimos que atestam a especificidade de uma espécie. O que quer dizer que os fracassos dos não reconhecedores não se limitam a exigir moderação com relação às generalizações; o experimento nos ensina que pegas-rabudas – algumas pegas-rabudas, mais precisamente algumas pegas-rabudas alimentadas à mão – e algumas elefantas-asiáticas, de cerca de trinta anos de idade e criadas num zoológico, podem, em algumas circunstâncias muito específicas e excepcionais para pegas-rabudas ou elefantas [→ **Laboratório**], elaboradas com protocolos (padronizados e relatados com muita precisão na parte de metodologia nos anexos do artigo), desenvolver uma competência inédita. Mas essas pegas-rabudas e elefantas não reconhecedoras de si exibem a grandeza desse tipo de experimento. Trata-se de experimentos de invenção. O dispositivo não *determina* o comportamento que será adquirido; o dispositivo cria a oportunidade para que ele surja.

Afinal, se *todas* as pegas-rabudas e elefantas tivessem passado no teste, isso indicaria duas possibilidades: ou o comportamento é biologicamente determinado ou ele é produto de um artefato. Ora, justamente, o experimento não nos diz nada sobre a natureza da pega-rabuda ou da elefanta; ele não diz "as pegas-rabudas e as elefantas têm consciência de si mesmas", apenas enuncia as circunstâncias favoráveis a tal transformação. A competência não emerge nem univocamente da natureza desses animais (o fato de ser pega-rabuda ou elefanta e não pombo certamente importa, mas, se a competência estivesse inscrita na natureza delas, todas se reconheceriam) nem da eficácia do dispositivo sozinho (este teria "obrigado" as pegas-rabudas e as elefantas a se reconhecerem); ela emerge do registro da invenção em circunstâncias ecológicas particulares. Daí a importância do fracasso!

Em outras palavras, mesmo se todas passassem no teste e as análises dos pesquisadores estivessem corretas, poderíamos suspeitar que os resultados se baseavam num mero artefato. Eu definiria a possibilidade do artefato sob o signo do sucesso, em contraste com o êxito; sim, a hipótese foi validada, o experimento foi um sucesso, mas apenas porque a adesão do animal à hipótese é produto das limitações que lhe foram impostas. Para definir de maneira simples esse tipo de artefato, pode-se dizer que o animal responde ao pesquisador, mas responde a uma pergunta bem diferente daquela que o pesquisador lhe fez. Assim, voltando às nossas pegas-rabudas, os pesquisadores ficarão atentos para evitar a possibilidade de os animais validarem sua hipótese apenas por razões relacionadas à sua submissão. Conseguiu-se registrar, por parte dos pombos, comportamentos muito semelhantes àqueles induzidos pelo teste da mancha no espelho. Ora, Prior e seus colegas afirmam que, analisando o procedimento, nos damos conta de que os pombos passaram por um número inacreditável de testes de condicionamento que acabaram produzindo o modelo comportamental do reconhecimento. Os pombos fizeram o que lhes foi pedido, mas por razões completamente diferentes da competência invocada; eles responderam a uma outra pergunta. Notemos que, nesse grupo de sujeitos, com esse tipo de procedimento, há, com frequência, uma repetição infinita dos testes. Foi, então, uma precaução arriscada que os cientistas tiveram de adotar com suas pegas-rabudas: elas só têm direito a alguns testes; o comportamento deve ser, nas palavras dos pesquisadores, *espontâneo*, e não o resultado de uma aprendizagem "cega" cuja conclusão não permitiria validar a hipótese de uma competência cognitiva sofisticada.

O fracasso de Harvey, Lily, Patty e Happy traduz, então, a dimensão fecunda do teste. As pegas-rabudas e as elefantas emaranhadas no experimento puderam resistir à proposta que lhes foi feita. O fato de permitir que esses sujeitos sejam "recalcitrantes" abre o dispositivo à surpresa ao submetê-lo ao risco.[7] Havia poucos riscos

---

7   Tomo emprestado o termo "recalcitrante" de Bruno Latour, que comenta as propostas de Isabelle Stengers. Ele se encontra no prefácio a I. Stengers, *Power and Invention*. Minneapolis: University of Minnesota Press, 1998.

com os pombos: eles estão entre os melhores promotores da eficácia do condicionamento. Todos tiveram a reação esperada diante do espelho, uma vez que ela lhes foi ensinada. Mas o preço é alto, o pesquisador não pode reivindicar a autonomia dos fatos produzidos. O dispositivo os determina totalmente.

O fracasso de Harvey, Lily, Patty e Happy assinala, assim, o êxito por excelência. A autonomia dos fatos produzidos – o que os cientistas chamam de "espontaneidade" – traduz o fato de o dispositivo ser uma condição necessária, mas não suficiente para sua produção. Certamente, sem espelho, sem trabalho, sem domesticação, sem mancha, sem testes e sem observações, não haveria pegas-rabudas ou elefantas reconhecedoras de si; mas, se as pegas-rabudas ou as elefantas são obrigadas pelo dispositivo, então sua demonstração não poderá confirmar a diferença em relação ao dispositivo dos animais condicionados. A diferença passa, portanto, por um termo sem dúvida mal definido, mas cujas possibilidades de homonímia deixam aberto um amplo repertório de hábitos e de especulações, o estar *interessado*. Não sabemos o que pode ter interessado essas pegas-rabudas e essas elefantas reconhecedoras de si no teste, e as hipóteses poderiam ser inúmeras. Mas essa questão é tão interessante quanto seu inverso: por que as não reconhecedoras de si não ficaram interessadas? O fato de levantá-la expressa, por parte dos pesquisadores, formas de considerações que são, ao mesmo tempo, epistemológicas e éticas, no sentido etimológico rico do *éthos*, os "hábitos" e os "costumes". Assim, quanto às elefantas, eles consideram que as razões do fracasso podem ter a ver com os hábitos delas. Uma mancha não as comove, pois os hábitos das elefantas em matéria de limpeza não são os mesmos dos pássaros ou dos chimpanzés; sua higiene não consiste em retirar sujeira, mas em jogar lama e poeira sobre si para se lavar, sem prestar muita atenção aos detalhes. Então, uma pequena mancha nesse contexto... Em seguida, a análise comparativa dos dispositivos realizada por Thibaut de Meyer e Charlotte Thibaut revelou uma diferença expressiva entre o que propuseram Povinelli, por um lado, e as equipes de De Waal e de Prior, por outro. No caso dos últimos, os animais podiam tocar o espelho. De acordo com meus alunos, é possível que os animais tivessem tecido uma relação emocional com ele. Não tenho certeza se eu empregaria esse termo, mas ele abre para um outro, que se liga ao campo do que *afeta*: eles puderam se deixar *afetar*. Como os cientistas prestaram atenção aos hábitos, esses animais puderam "brincar" com o objeto, o que quer dizer inventar – de um modo imaginário, exploratório, afetivo, sensitivo e concreto – hábitos muito diferentes. E, ao multiplicar e inventar esses hábitos, o que lhes é próprio provavelmente cruzou o caminho do que nos é próprio. Afinal – não esqueçamos –, os espelhos ressaltam o que nos é próprio. Não se pode dizer se, ao se reconhecerem no reflexo, as pegas-rabudas e as elefantas se encontraram – mas elas definitivamente cruzaram conosco.[8]

---

8 Essa reflexão sobre espelhos é a extensão de: V. Despret, "Des Intelligences contagieuses", in Jean Birnbaum, *Qui Sont les Animaux?*. Paris: Gallimard, 2010, pp. 110–22.

Q
de
Queer

Os pinguins estão saindo do armário?

*Queer: o que é torto, irregular. Bizarro,
estranho, inquietante.*

*Uso: Com o significado de "homossexual", o termo
queer foi empregado pela primeira vez no início do
século xx [...]. Nos últimos anos, entretanto, pessoas
gays retomaram a palavra queer e passaram a
empregá-la deliberadamente no lugar de gay ou de
homossexual, na esperança de aliviar a palavra de seu
peso negativo ao utilizá-la com um sentido positivo.*

— NEW OXFORD AMERICAN DICTIONARY

No zoológico de Edimburgo, entre 1915 e 1930, vivia um bando de
pinguins. Ao longo de todos aqueles anos, um grupo de zoólogos os
observou com paciência e minúcia, começando por nomear cada
um deles. Porém, antes de receber um nome, cada pinguim foi classificado em uma categoria sexual: em função dos casais formados,
alguns foram chamados de Andrew, Charles, Eric... outros foram
batizados de Bertha, Ann, Caroline etc.

Entretanto, à medida que os anos se passavam e as observações se acumulavam, fatos cada vez mais intrigantes ameaçavam
semear a desordem naquela bela história. Em primeiro lugar, foi

preciso aceitar a evidência de que as categorizações tinham sido estabelecidas com base num pressuposto um tanto simplista: alguns casais eram formados não por um pinguim-macho e uma pinguim-fêmea, mas pelos pinguins como um todo. As permutações de identidade – por parte dos observadores humanos, não das aves – confinaram estes, então, em uma complexidade shakespeariana. Além disso, os pinguins decidiram imprimir a sua marca e tornar as coisas ainda mais complicadas ao mudar as uniões. Após sete anos de observações tranquilas, os pesquisadores deram-se conta de que *todas* as atribuições, exceto uma, estavam erradas! Realizou-se uma grande mudança de nomes: Andrew foi rebatizado Ann, Bertha transformou-se em Bertrand, Caroline virou Charles, Eric metamorfoseou-se em Erica, e Dora continuou Dora. Eric e Dora, que passavam dias tranquilos juntos, chamaram-se, a partir de então, Erica e Dora; já Bertha e Caroline, identificadas havia algum tempo como homossexuais, passaram a se chamar Bertrand e Charles.[1]

No entanto, esse tipo de observação não mancharia a imagem da natureza. A homossexualidade permanecia um fenômeno raro no mundo animal, e aqueles pinguins eram provavelmente exemplos de casos patológicos observados aqui e ali em viveiros e zoológicos, associados às condições de cativeiro, perfeitamente de acordo com as teorias psicopatológicas humanas que assimilavam homossexualidade a doença mental. A homossexualidade era antinatural, a natureza estava de prova. Entretanto, nos anos 1980, a natureza parecia ter mudado de ideia. Os comportamentos homossexuais tornaram-se inumeráveis. Provavelmente será preciso considerar os efeitos desastrosos, naqueles mesmos anos, da revolução *queer*

---

1 Bruce Bagemihl, *Biological Exuberance: Animal Homosexuality and Natural Diversity*. London: Profile Books, 1999. O exemplo dos pinguins do zoológico de Edimburgo foi extraído dele.

e dos movimentos homossexuais americanos, que teriam contaminado aquelas criaturas inocentes.

Talvez seja necessário colocar a questão diferentemente: por que até então a homossexualidade não tinha sido vista na natureza? No livro *Biological Exuberance* [Exuberância biológica], o ensaísta Bruce Bagemihl considera várias hipóteses após uma longa investigação para catalogar as espécies recentemente saídas do armário. Em primeiro lugar, ele diz que a homossexualidade não era vista porque ninguém esperava vê-la. Nenhuma teoria estava disponível para amparar os fatos. Os comportamentos homossexuais pareciam um paradoxo da evolução, já que os animais homossexuais, a princípio, não transmitiam seu patrimônio genético. Na verdade, isso demonstra uma concepção muito estreita da sexualidade, por um lado, e da homossexualidade, por outro. No primeiro caso, os animais só deveriam se acasalar com o objetivo de se reproduzir. O deus mais rígido de todos teria conseguido obter dos animais uma virtude que não conseguiu de nenhum de seus dedicados humanos. Os animais só fariam aquilo que é útil à sua sobrevivência e à sua reprodução [→ **Necessidade,** → **Obras de arte**]. No segundo caso, os animais homossexuais seriam orientados exclusivamente em direção aos parceiros do mesmo sexo e demonstrariam uma rigidez ortodoxa nesse sentido.

Em seguida, para aqueles que testemunharam comportamentos orientados em direção a um parceiro do mesmo sexo, uma explicação funcionalista serviria como justificativa perfeita e ainda teria o mérito de afastar o comportamento da esfera da sexualidade. Na época em que eu era estudante, aprendíamos no curso de etologia que, quando um macaco mostra seus genitais a outro e se deixa "montar" – também ouvi isto em relação às vacas –, esse ato não tem nada de sexual; é apenas um modo de afirmar sua dominância ou sua submissão, dependendo da posição adotada.

Por fim, outra razão que pesou consideravelmente foi o fato de os pesquisadores terem observado pouquíssimos comportamentos homossexuais na natureza, já que estes são vistos muito raramente. Não que sejam raros, mas não os vemos. Assim como muito raramente são observados comportamentos heterossexuais, pois os animais, muito vulneráveis nesses momentos, em geral se escondem, evitam ser vistos, ainda mais porque o humano é considerado um predador em potencial. Como todos os anos nasciam filhotes, ninguém nunca colocou em dúvida que os animais tivessem uma sexualidade, mesmo que seja vista apenas em raros momentos. Mas "raro" não significa "de jeito nenhum", inclusive no que concerne aos comportamentos homossexuais. Como é possível que, por tanto tempo, isso não tenha sido mencionado nos relatórios de pesquisa? A primatóloga Linda Wolfe consultou seus colegas sobre o tema no fim dos anos 1980.[2] Vários deles, pedindo para manter o anonimato, confirmaram ter presenciado esse tipo de comportamento, tanto entre machos como entre fêmeas, mas tiveram medo das reações homofóbicas e de serem, eles mesmos, acusados de homossexualidade.

Então, considerando tais razões, pode-se legitimamente pensar que a revolução *queer* mudou alguma coisa. Ela abriu caminho para a ideia de que condutas não estritamente heterossexuais existem e encorajou os pesquisadores a investigar e a falar a respeito. Centenas de espécies participam agora dessa revolução: dos golfinhos aos babuínos, passando pelos macacos, pela galinha-da-tasmânia [*Tribonyx mortierii*], pelo gaio-mexicano, pelas gaivotas, pelos insetos e, é claro, pelos famosos bonobos.

Ao mesmo tempo, a sexualidade dos animais beneficiou-se do que eu chamaria de a "revolução cultural" deles. Depois de terem sido excluídos, os animais podem agora reivindicar sua organiza-

---

2 Linda D. Wolfe, "Human Evolution and the Sexual Behavior of Female Primates", in *Understanding Behavior: What Primate Studies Tell Us about Human Behavior*. New York: Oxford University Press, 1991, apud B. Bagemihl, *Biological Exuberance*, op. cit.

ção na ordem da cultura. Eles têm tradições artesanais (para as ferramentas ou armas), músicas da moda (a das baleias, por exemplo), práticas de caça, alimentares, farmacêuticas, dialetais, que são específicas a grupos agora batizados de "culturais"; práticas que são adquiridas, transmitidas, abandonadas, que passam por ondas de invenções e de reinvenções. A sexualidade – incluindo sua variante homossexual – é agora candidata a esse título. Ela também carrega a marca da aquisição cultural. A maneira como os atos são executados, por exemplo entre as macacas-japonesas, mostra divergências: algumas práticas parecem mais populares em alguns grupos e evoluem ao longo do tempo; algumas invenções tendem a suplantar outras maneiras de fazer. Certas "tradições", ou modelos de atividade sexual, podem ser inventadas e transmitidas através de uma rede de interações sociais, deslocando-se entre e dentro de grupos e populações, áreas geográficas e gerações. Segundo Bagemihl, as inovações sexuais num contexto não reprodutivo contribuíram para o desenvolvimento de outros eventos marcantes do ponto de vista da evolução cultural, sobretudo no desenvolvimento da comunicação e da linguagem, assim como na criação de tabus e de rituais sociais. Assim, entre os bonobos foi possível identificar 25 sinais de linguagem das mãos que indicam um convite, uma posição desejada etc. Esses sinais podem ser transparentes, e seu significado, imediatamente compreendido, mas alguns são mais codificados e exigem que o parceiro já os conheça para compreendê-los. Por exemplo, em um grupo, o gesto convidando o parceiro a se virar é executado com a mão fazendo voltas sobre ela mesma. Sua opacidade e sua estilização levam a pensar que se trata de símbolos abstratos. A ordem dos gestos, igualmente importante, conduz à hipótese de que os animais podem manejar a sintaxe. Quanto à organização das relações, ela parece marcada por códigos complexos. Segundo Bagemihl, as regras que guiam as esquivas seriam, em algumas espécies, relativamente diferentes quando se trata de relações hétero ou homossexuais: aquilo que não parece ser permitido fazer com um tipo de parceiro pode sê-lo em outras relações.

Dedicar-se à diversidade dessas práticas, como faz Bagemihl, é uma questão explicitamente política em muitos aspectos.

Por um lado, a diversidade desloca a sexualidade do domínio natural para situá-la no domínio cultural. É um desafio considerável e que constitui uma escolha. Não se trata apenas de retirar a homossexualidade da esfera das patologias mentais ou da esfera jurídica – em alguns estados dos Estados Unidos ela ainda era perseguida, como veremos. Bagemihl vai recusar a mão que lhe estendem os aliados que estrategicamente podiam contribuir para despatologizar e descriminalizar a homossexualidade. Na mão estendida, há uma simples proposta: se a homossexualidade é natural, então ela não é nem patológica nem penalizável. O argumento da não naturalidade foi, aliás, utilizado por um juiz na Geórgia num processo – o caso *Bowers v. Hardwick*. Preso em flagrante por manter relações homossexuais, Michael Hardwick tinha sido condenado, e a não naturalidade do ato fora evocada dentre os argumentos que justificavam a acusação. Naturalizar a homossexualidade poderia resolver muitas coisas. Para Bagemihl, ainda que a homossexualidade seja natural, ela não pode aparecer em uma equação que diz que "o que é natural é certo". A natureza não nos diz que aquilo que é *deve* ser. Ela pode alimentar nosso imaginário, mas não limitar nossos atos. Ressalto, de passagem, a ironia da história. Apesar da recusa, o livro de Bagemihl será invocado em 2003 durante um processo que opunha a corte do Texas a dois homossexuais, Lawrence e seu parceiro, os quais, em consequência de uma denúncia de perturbação do silêncio noturno, foram pegos juntos na cama pela polícia. Eles foram processados por homossexualidade [caso *Lawrence v. Texas*] com base no julgamento mencionado, o julgamento do caso *Bowers v. Hardwick*. Entretanto, os juízes texanos se recusam a seguir a jurisprudência imposta pelo julgamento anterior e refutam – com base, entre outras fontes, no livro de Bagemihl – o argumento da naturalidade.[3] Ao fim do processo, a lei antissodomia foi considerada anticonstitucional.

O autor de *Biological Exuberance* tem outra razão, menos teórica, para se recusar a inscrever a homossexualidade no rol de fatos naturais. Bagemihl não é apenas homossexual. Ele é *queer*. O que lhe interessa é – e eu o cito – "um mundo incorrigivelmente plural, que sofra a diferença, que honre o anormal ou o irregular sem os reduzir a algo de familiar ou de gerenciável".[4] Não se pode definir melhor o que significa ser *queer*. É uma vontade política. E essa vontade política não afeta só os humanos. Ela diz respeito ao mundo à nossa volta; ela diz respeito às nossas maneiras de entrar em relação com o mundo e, entre elas, às maneiras de conhecê-lo, de praticar o saber. Bagemihl mensura os riscos de aceitar que a homossexualidade seja natural. Isso seria fazer dela objeto dos biólogos que tentariam resolver o paradoxo, e ele conhece muito bem os biólogos à espreita: os sociobiólogos. Estes, com efeito, lançaram-se com apetite voraz ao novo problema: mais um caso para ilustrar e estender sua teoria. O "vale-tudo" será cada vez maior; o mundo será sociobiologizado. Afinal, a teoria da seleção de parentesco tem uma solução pronta para a homossexualidade, baseada, aliás, na concepção rígida de uma homossexualidade ortodoxa. Obviamente, homossexuais não transmitem seus genes a descendentes, então, pela regra, deveriam

---

3 Os argumentos que fundamentaram a descriminalização da homossexualidade após o caso *Lawrence v. Texas* podem ser encontrados em: bulk.resource.org. A referência ao livro de Bagemihl, entretanto, não é mencionada nesse site; a obra é citada, contudo, por outras fontes: a American Psychological Association (APA) anexou ao processo, a pedido do tribunal, o que a lei americana chama de *amici curiae* ("amigos da corte"), espécie de conselho geral de especialistas sobre dada problemática. Nesse parecer, consta a referência ao livro de Bagemihl como capaz de colocar em dúvida a não naturalidade da homossexualidade. Não tive acesso ao *amici curiae*, mas um dos homofóbicos mais virulentos, Luiz Solimeo, refere-se a ele, o que deixa poucas dúvidas quanto à sua existência. Ver: tfp.org.

4 B. Bagemihl, *Biological Exuberance*, op. cit., 262.

ter desaparecido por falta de descendentes portadores desses genes – pois, é evidente, a homossexualidade é genética. No entanto, homossexuais direcionam seu abundante tempo livre e toda a sua atenção – já que não têm família para sustentar – para seus sobrinhos, que carregam uma parte idêntica de patrimônio genético. É, portanto, por meio dos descendentes desses sobrinhos que o gene continuará a garantir sua propagação. Esse tipo de biologia é política. Não digo isso no sentido que normalmente é censurado – o de as teorias poderem ser facilmente retraduzidas em teorias misóginas, racistas, eugenistas, capitalistas etc. –, mas simplesmente no sentido de que essas teorias brutalizam, insultam, empobrecem quem pretendem levar em conta. A teoria sociobiológica, em outras palavras – retomando a psicóloga Françoise Sironi –, é uma teoria abusiva. Todo comportamento é reduzido ao caldo genético; os seres se tornam imbecis cegos determinados por leis que lhes escapam – e que se mostram de uma simplicidade perturbadora. Nada de invenção, de diversidade, de imaginário – e, se ainda assim subsistem, é porque foram selecionados para permitir que espalhemos nossos genes. Não se pode ser *queer* e sociobiólogo.

Mas podemos mesmo dizer que os animais são "verdadeiramente" homossexuais, no mesmo sentido que nós? Bagemihl responde: mas será que podemos dizer que nós somos? Será que designamos, com esse mesmo termo, as mesmas realidades, da Grécia apaixonada por jovens efebos aos mais diversos modos de ser atuais? E podemos dizer que toda variação de formas que organizam as relações com o mesmo sexo, entre os animais, é "verdadeiramente" igual [→ **Versões**]?

É nesse ponto que encontro a coerência do projeto de Bruce Bagemihl. A biologia deve responder pela diversidade e pela exuberância da natureza e dos seres; ela deve estar à altura do que eles exigem. Prova de tal direcionamento é o que Bagemihl diz a respeito da tarefa dos cientistas: multiplicar os fatos para ter uma chance de multiplicar as interpretações. Estamos longe das teorias de "vale-

-tudo"; a diversidade das coisas vai fecundar a diversidade das interpretações. O que ele chama, aliás, de "fazer jus aos fatos".

A natureza é convidada para um projeto político. Um projeto *queer*. Ela não nos ensina nada a respeito do que somos ou do que devemos fazer, mas pode alimentar o imaginário e abrir o apetite para a pluralidade dos hábitos e dos modos de ser e de existir. Ela está sempre recombinando as categorias e recriando, a partir da multidimensionalidade de cada uma delas, novos modos de identidade. O que quer dizer ser macho ou fêmea, por exemplo, varia de animal para animal, segundo modos inventivos que se assemelham a uma multiplicidade de formas de habitar o gênero. Encontramos entre alguns pássaros – às vezes até entre membros da mesma espécie – duas situações características: de um lado, vemos fêmeas que vivem a vida inteira como casal; constroem juntas, todos os anos, um ninho onde chocam os ovos que uma das fêmeas fertilizou acasalando com um macho; manifestam regularmente comportamentos de cortejo uma em relação à outra; e, no entanto, jamais apresentam comportamento de cópula. Por outro lado, vemos um macho acasalando a vida inteira com a mesma fêmea, com a qual copula regularmente e cria os filhotes, mas que, em dada ocasião, acasala com um macho (e nunca mais faz isso de novo). Como categorizar? São relações homossexuais, bissexuais? Esses pássaros são machos e fêmeas de maneira constante? Essas categorias ainda servem para dar conta do que eles fazem e do que eles são?

Reconheço aqui um projeto encontrado nos escritos de Françoise Sironi, que trabalha com pessoas transsexuais e transgêneros. O projeto *queer* que ela apoia enraíza-se nas questões de identidades sexuais e de gêneros, mas seu objetivo político ancora-se sobretudo em uma prática que obriga a pensar e estimula o pensamento. As duas abordagens visam transformar usos, relações com as normas, consigo e com os outros, e abrir possibilidades. Afinal, se a vontade dessa psicóloga clínica é justamente aprender com aqueles que a ela se dirigem, ajudá-los a lutar contra o "abuso teórico" que seus colegas exercem contra eles, "libertar o gênero de seus grilhões normativos" e apoiar "sua impressionante vitalidade criadora", ela conta também com eles – que são especialistas em metamorfose – para nos ajudar a pensar e a imaginar outras "construções identitárias contemporâneas".[5] "Os sujeitos transidentitários e transgêneros têm hoje uma função no mundo moderno [...]. Sua função é permitir devires, mostrar diversas expressões da multiplicidade em si e no mundo."[6] Desterritorializar-se, abrir-se a novos agenciamentos de desejo, cultivar o apetite pelas metamorfoses e forjar-se em múltiplos pertencimentos.

---

5 F. Sironi, *Psychologie(s) des transsexuels et des transgenres*, op. cit.
6 Ibid., pp. 229–30.

R

de
Reação

—

As cabras concordam com as estatísticas?

Em 1992, Daniel Estep e Suzanne Hetts afirmaram que

na maioria das pesquisas, o cientista tem a pretensão de que o animal se comporte como se o observador ou a observadora fosse uma parte socialmente insignificante do meio ambiente. Isso reduz ao mínimo a comunicação entre eles. Muitos pesquisadores de campo fazem grandes esforços, seja camuflando-se de seus objetos de pesquisa, seja utilizando esconderijos ou instrumentos de observação à distância (binóculos, dispositivos telemétricos). Outros gastam uma energia e um tempo consideráveis para habituar seus animais à presença do observador. A medida exata da redução da reatividade do animal que eles conseguem alcançar é bastante difícil de estimar e raramente é apresentada de maneira direta. Os observadores não descrevem com frequência como seus objetos de pesquisa reagem a eles.[1]

Os autores têm razão, não há muitos contraexemplos. Encontramos alguns entre os primatólogos [→ **Corpo**] ou, ainda, em Konrad Lorenz, que, justamente, utilizava a relação íntima estabelecida com

---

1 Daniel Q. Estep e Suzanne Hetts, "Interactions, Relationships, and Bonds: The Conceptual Basis for Scientist – Animal Relations", in Diane Balfour e Hank Davis (orgs.), *The Inevitable Bond: Examining Scientist Animal Interaction*. Cambridge: Cambridge University Press, 1992.

seus animais para estudá-los. O fato de que para a maioria deles isso não tenha acontecido sem esforço atesta a dificuldade. Nesse sentido, as coisas estão mudando progressivamente, e a crítica que se pode ler nas entrelinhas comprova a nova atitude em relação aos animais observados. Ainda que eu concorde com tal crítica, alguns pontos na sua formulação merecem ser retomados. O texto de onde o trecho foi extraído inscreve-se em um projeto mais geral de pesquisas que reuniu cientistas buscando refletir e explicitar os vínculos que se criam entre o animal e seu observador. O projeto é apaixonante. Esse trecho mostra, entretanto, os limites que permanecem atrelados a tentativas dessa natureza: os autores falam de "reação" e de "reatividade". Aprendi com a filósofa Donna Haraway a prestar atenção aos termos, não apenas porque eles traduzem hábitos, mas, sobretudo, porque envolvem as narrativas de modo nada inocente [→ **Versões**, → **Necessidade**].

O termo "reação", familiar para os etologistas, tem consequências. No contexto de uma pesquisa sobre os vínculos, ele fica bem distante do que ambiciona explorar. Por um lado, ao reduzir a maneira como o animal leva em conta a presença do observador a uma "reação", os autores reforçam a concepção de um animal passivo, totalmente determinado por causas que estão além dele e sobre as quais não tem nenhum controle. Por outro – e os dois estão relacionados –, considerando a habituação como um método destinado a diminuir a "reatividade" dos animais à presença do observador, ofusca-se o fato de que os animais têm uma parte ativa – e até muito ativa – no encontro. Essa diminuição da reatividade é, de fato, apenas o efeito mais aparente de outra coisa; ela não explica nada, mas pede para ser explicada. Então, para cada grupo, será preciso considerar uma série de hipóteses não apenas contextualizadas, mas também tributárias da maneira como o grupo se organiza, do jeito como ele interpreta o intruso, das oportunidades que este pode lhe oferecer etc. Em suma, cada etologista encontra-se numa postura similar à dos antropólogos quando estes se colocam a questão inevitável dos trabalhos de campo (ou tentam responder a ela): como aqueles que investigo compreendem o que acabei de fazer? Quais intenções atribuem a mim? Como traduzem o que eu busco? Como avaliam o que trago como incômodo ou como benefício, e para quem? Quando os primatólogos – ou, mais raramente, os etologistas – fazem esse tipo de pergunta, uma outra história começa a se impor. Assim, foi a partir de uma constatação rotineira que a primatóloga Thelma Rowell propôs rever o que se entende pelo termo "habituação".[2] Se comparamos com grupos recenseados apenas ocasionalmente (ou observados à distância), há mudanças demográficas em alguns grupos de macacos que se beneficiaram da presença de um observador que praticou a habituação. O termo "beneficiar" não foi escolhido por acaso, pois as mudanças demográficas seriam mais favoráveis para os últimos. Prestando atenção às condições nas quais o processo de habituação se estabeleceu, Rowell percebeu que a proximidade física do cientista desencorajava os predadores e os obrigava a caçar em outro lugar. O que a levou à hipótese de que muitos animais deixam o observador se aproximar deliberadamente quando compreendem que sua presença os protege. Não se trata, portanto, de se habituar, mas sim de compor com, e até mesmo usar, o observador. Mas tal explicação não é nem um pouco generalizável. Alguns macacos não têm grandes problemas com predadores; outros só se sentem seriamente importunados pelos humanos; outros ainda, menos sociais, como os orangotangos, devem aprender a compor com o intruso que afugenta seus congêneres, inclusive as fêmeas. Estamos bem longe da reatividade. E aqui se desenha uma história totalmente diferente – uma maneira

---

2 As propostas de Thelma Rowell quanto à criação do hábito partem da entrevista que ela me concedeu quando Didier Demorcy e eu produzimos o vídeo *Non Sheepish Sheep*, destinado à exposição organizada por Bruno Latour e Peter Weibel, *Making Things Public: Atmospheres of Democracy*. Zentrum für Kunst und Medientechnologie (zkm) de Karlsruhe, Alemanha, mar.–ago. 2005.

totalmente diferente de fazer história. Agora ela implica que os seres experimentem o encontro, que eles interpretem, de ambos os lados, o que pode constituir seus desafios e o jogo de trocas, que eles negociam sutilmente. Evidentemente, isso vai contra as exigências do "fazer científico" às quais muitos pesquisadores se submetem [→ **Laboratório**].

Renunciar à reatividade e fazê-lo seriamente, ou seja, arcar com as consequências a que tal escolha obriga, não é nada simples para um pesquisador. É uma escolha difícil. Frequentemente, significa ver seus trabalhos desqualificados e seus artigos recusados. Renunciar à reatividade implica considerar que os animais levam ativamente em conta uma proposta que lhes é feita e respondem a ela, o que engaja o pesquisador de uma outra maneira. Pois, se *responder* pressupõe uma possível bifurcação, *reagir*, ao contrário, implica que a maneira como o problema é colocado influencia fortemente o que acontecerá em seguida e o sentido disso. O que significa, para o pesquisador que aceita ouvir as respostas de seus animais, que o controle da situação se distribui de uma outra maneira. Nos termos empregados por Isabelle Stengers para expressar essa diferença, o cientista ficará *obrigado* pela resposta; ele terá de responder a ela e responder por ela.

O pesquisador Michel Meuret fez essa escolha; ele deixou-se guiar, pois os animais que observava respondiam a ele, o que, em última instância, comprometeu qualquer possibilidade de amostragem, com as consequências que isso pode ter sobre a possibilidade de ser publicado.[3] A situação era ainda mais interessante porque

---

3 As informações relativas ao trabalho de Michel Meuret podem ser encontradas em Cyril Agreil e Michel Meuret, "An Improved Method for Quantifying Intake Rate and Ingestive Behaviour of Ruminants in Diverse and Variable Habitats Using Direct Observation". *Small Ruminant Research*, v. 54, n. 1–2, 2004, pp. 99–113. Além disso, Meuret teve a gentileza de vir passar dois dias na minha casa, a pedido meu, em junho de 2009; este texto resulta de nossas discussões.

era inesperada. Tratava-se certamente de uma prática de habituação, mas conduzida num contexto do tipo experimental. Não eram macacos, mas cabras. Ainda mais impressionante: Meuret não estudava os comportamentos sociais, e sim as preferências alimentares, tema que geralmente não estimula os pesquisadores a prestar uma atenção sustentada à sociabilidade dos animais.

Seu projeto de pesquisa ambicionava avaliar exatamente o que, em que quantidade e de que maneira as cabras comem em condições incomuns; nesse caso, em áreas de roçagem. É verdade que o conjunto do dispositivo se assemelha mais a uma situação de investigação comparável à dos etologistas de campo, mas as "condições incomuns", ou seja, alimentos que não faziam parte dos hábitos dos animais de criação, justificam a denominação de experimento: um teste é proposto às cabras e avalia-se a maneira como elas respondem. O experimento começa com uma primeira etapa de *acomodação recíproca* entre os animais observados e seus observadores. Quando a acomodação parece ter se instalado, os pesquisadores, auxiliados pelos conselhos do pastor, tentam identificar os animais que podem ser seguidos e aqueles que eles preveem que não serão perturbados demais pela presença permanente do observador. A pesquisa começa assim que essa etapa é concluída. A partir daí, cada pesquisador da equipe segue, diariamente, um animal escolhido e passa o dia inteiro observando o que ele come. Cada detalhe é cuidadosamente anotado; cada espécie de planta, catalogada; cada dentada, registrada. A proximidade é total; o interesse pelo observado é sustentado.

O método científico exige que esses animais sejam escolhidos ao acaso para constituir uma amostra aleatória. Ora, justamente, esta é a razão da segunda etapa: tal escolha não pode dever nada ao acaso. Isso poderia revelar-se um desastre. A presença contínua do observador pode, por exemplo, contribuir para modificar o status social de um indivíduo. Um aspirante a líder pode interpretar o interesse do pesquisador como um encorajamento. O fato de ser objeto de um interesse intenso por parte de humanos suscita em algumas cabras condutas como a de querer suplantar as outras, pegar a comida delas e, até mesmo, procurar briga. Para outras, ser objeto da atenção de humanos provocará a agressividade de suas companheiras, como se tal interesse expressasse uma vontade da cabra de trocar de lugar na hierarquia. O risco é não apenas de criar desordem no grupo, mas também de perder de vista o que se observa: o que uma cabra come em condições incomuns ou, ao contrário, o que come uma cabra que quer mostrar aos outros a sua superioridade, porque, de repente, ela pensa que seu status mudou?

O número de cabras que podem ser seguidas não chega a 15% ou 20% do rebanho. Isso não tem nada de amostra. O que significa que os animais observados não são nem um pouco representativos do rebanho, muito menos das cabras em geral. Eles podem, no entanto, demonstrar algo sobre as cabras: sua aprovação ou desaprovação a respeito da qualidade do que lhes é oferecido nessas áreas incomuns. Pode-se, então, pensar que elas não são representativas, mas sim *representantes* junto aos pesquisadores e às pessoas que desejam que as cabras cuidem da manutenção da roçagem, essencial nas regiões sujeitas a incêndios florestais. E elas serão *representantes confiáveis* se os cientistas as tiverem selecionado de maneira correta. Essa terminologia, apesar de não estar explícita no dispositivo, dá conta perfeitamente da prática e das relações que se estabelecem. Por mais implícita que seja, ela torna as generalizações muito mais duvidosas, e os pesquisadores muito mais atentos às consequências de sua escolha, de seu trabalho e da maneira como as cabras respondem a eles. Meuret explica ainda que, se ao longo da observação uma cabra manifesta demasiado interesse, ansiedade ou desconforto, em função da presença próxima e constante do observador, é preciso suspender a observação. Ser representante é ser aquela que garante a confiabilidade do dispositivo e a solidez dos resultados; isso não pressupõe nem a indiferença nem a reatividade à prática de observação, mas uma aprovação (*probare*):

que dá provas.[4] Isso pressupõe, por parte dos pesquisadores, imaginar que os animais respondem às suas propostas, julgam-nas e recebem uma resposta em troca de tal julgamento. A prova disso é: "Um bom sinal para iniciar uma observação é quando o animal te empurra porque você está no caminho dele: isso quer dizer que o animal é capaz de manifestar que você está atrapalhando".

Algumas pesquisas experimentais começam a levar em conta a ideia de que é muito mais interessante se dirigir a um representante confiável do que a um representativo pouco interessado. Elas são raras. As pesquisas bem-sucedidas com os animais falantes são desse tipo [→ **Laboratório**]. Os animais que não querem falar não colaboram. Os pesquisadores são, portanto, obrigados a trabalhar apenas com aqueles que se mostram interessados e a solicitá-los ativamente no sentido de que se tornem interessados. Mas outras iniciativas semelhantes estão surgindo. Muito recentemente, descobri que primatólogos do Centro Nacional de Pesquisa de Primatas de Yerkes, nos Estados Unidos, conduziram um experimento com chimpanzés em cativeiro para avaliar a influência da personalidade sobre o ato de imitar no contexto do uso de utensílios. Se dois chimpanzés com personalidades muito diferentes – um jovem e um mais velho e mais dominante – mostram a congêneres como manipular um utensílio para obter guloseimas, qual dos dois chimpanzés os demais tenderão a imitar? As duas manipulações ensinadas são ligeiramente diferentes, o que permite identificar a privilegiada. Devo mencionar de passagem que essa pesquisa pretende compreender os mecanismos da difusão cultural de um novo hábito: os jovens são geralmente aqueles que os inventam; os dominantes costumam ter mais prestígio. Tudo indica, pelo menos em matéria de utensílios experimentais, que o prestígio ganha, o que deixa intacto o para-

---

4   No original, a autora recupera a etimologia do termo "*approbation*" [aprovação], derivado do substantivo latino "*approbatio*", que, por sua vez, é formado a partir do verbo latino "*probare*" [provar, demonstrar, aprovar]. [N. T.]

doxo: ainda não se sabe como uma inovação é transmitida. Mas esse não é o ponto que eu gostaria de ressaltar com a pesquisa e, aliás, isso nem é mencionado no artigo, apenas nos anexos metodológicos, como geralmente é o caso. Os pesquisadores dizem: "Os chimpanzés reconhecem o nome deles e são 'convocados' a participar da pesquisa, seja quando chamados para dentro, se estão no cercado exterior, seja quando é colocado um dispositivo experimental no portão da cerca, dando-lhes a escolha de interagir com ele".[5]

É apenas um pequeno passo. Mas talvez ele anuncie outros. Certamente, o fato de os chimpanzés serem recrutados em condições que requeiram seu interesse não significa que tais questões lhes interessem; o fato de a noção de dominância ainda estar no cerne das preocupações dos pesquisadores leva-me, antes, a hesitar [→ **Hierarquia**]. Mas, quando esse pequeno passo é dado por alguém como Michel Meuret, isso me faz pensar que uma certa concepção de objetividade substitui aquela que define o saber como um ato de poder tanto mais potente na medida em que pretende constituir o ponto de vista de lugar algum. A objetividade não é mais, como sugere a filósofa Donna Haraway, questão de desengajamento, mas de "estruturação recíproca *e*, geralmente, desigual".[6] Ela diz que a nova maneira de conceber a objetividade exige

> descrever o objeto do saber como um ator e um agente, não como uma tela, um motivo ou um recurso [...]. Tal observação é de uma clareza paradigmática nas abordagens críticas em ciências sociais e humanas, nas quais a própria capacidade de ação da população estudada transforma completamente o projeto de produção de uma teoria social. Aceitar a capacidade de agência dos "objetos" estuda-

---

5 Victoria Horner et al., "Prestige Affects Cultural Learning in Chimpanzees", *Plos One*, 19 maio 2010.

6 Donna Haraway, *Simians, Cyborgs, and Women: The Reinvention of Women*. New York: Routledge, 1991, p. 201.

dos é a única forma de evitar erros grosseiros e falsos conhecimentos nessas áreas. Mas a mesma ideia deve se aplicar aos outros tipos de saberes nessas ciências [...]. Seus atores têm formas tão diversas quanto maravilhosas. E as descrições de um mundo "real" não dependem mais de uma lógica de "descoberta", e sim de uma relação social temerária chamada "diálogo". O mundo não fala mais "consigo" nem desaparece em prol de um mestre decodificador.[7]

Deixo-a concluir: "Abrir espaço para a agência do mundo no saber dá brecha para possibilidades perturbadoras, em particular a ideia de que o mundo tem um senso de humor próprio...".[8]

---

7 Ibid., p. 198.
8 Ibid., p. 199.

S

de

Separações

É possível danificar um animal?

A primatóloga Barbara Smuts conta:

> Enquanto eu estudava os babuínos selvagens no Quênia, deparei-me com um pequeno babuíno encolhido no fundo de uma jaula da estação de pesquisa local. Um de meus colegas o havia recolhido depois que sua mãe fora estrangulada pela armadilha de um caçador ilegal. Embora estivesse em local seco e aquecido e recebesse leite por um conta-gotas, em algumas horas seus olhos se tornaram vítreos; seu corpo estava frio e ele mal parecia estar vivo. Concluímos que era tarde demais. Como eu não queria deixá-lo morrer sozinho, levei seu corpinho para a minha cama. Algumas horas mais tarde fui despertada por um pequeno babuíno de olhos brilhantes que pulava sobre a minha barriga. Meu colega decretou o milagre: "'Não' – como teria dito Harry Harlow –, 'ele apenas precisava de um pouco do conforto do contato'".

Não posso ser rigorosa com Barbara Smuts por se referir a Harry Harlow; a alusão é, com efeito, inevitável, já que integra a resenha de um livro dedicado à sua biografia, escrito pela jornalista Deborah Blum em 2003.[1] Entretanto, se cogito a possibilidade de uma crí-

---

1 Barbara Smuts, "No More Wire Mothers, Ever". *New York Times*, 2 fev. 2003; Deborah Blum, *Love at Goon Park: Harry Harlow and the Science of Affection*. Chichester: John Wiley & Sons, 2003.

tica, é porque, ainda hoje, é quase impossível falar de apego, mesmo entre humanos, sem evocar seu nome. Como se devêssemos a ele o fato de saber que, quando um filhote fica separado de qualquer contato significativo por muito tempo, a consequência é a morte, psíquica ou física. Já sabíamos disso! Dar a ele o crédito de sabermos é endossar implicitamente a maneira como ele propôs "saber" disso: por meio do regime de provas, o que, nesse contexto, significa um regime de destruição. Já é tempo de falar dele como um evento histórico, como "algo que nos aconteceu" e que nos obriga a pensar.[2]

Evocar Harry Harlow, afirmando, como fez o colega de Smuts, que ele "teria dito", não é pensar de maneira séria; é confirmar que não aprendemos nada enquanto fingimos saber. Afinal, Harlow não teria "dito", ele teria feito. Se Harlow estivesse lá, teríamos uma outra história. O psicólogo teria, sem falta, encontrado uma nova oportunidade para testar, com mais uma espécie, a tese que reivindicava ter validado. Ele poderia ter improvisado de novo um manequim de ferro e um manequim de pano e verificado – uma vez mais, mais uma vez –, no teste imposto ao pequeno babuíno órfão, a necessidade do vínculo. Definitivamente, o colega de Smuts tinha razão em decretar o milagre. Pois foi um milagre mesmo. Não tanto, porém, em termos do improvável retorno à vida de um filhote babuíno órfão; o milagre foi um cientista se convencer de que não há jeito melhor de conhecer aqueles que investigamos do que aceitando aprender *com* eles, e não *sobre* ou até mesmo *contra* eles. Escutando o que lhe ditava a compaixão e submetendo-se, ela mesma, aos riscos do apego, Smuts aprendeu, em apenas uma noite, o que anos de tortura autorizaram Harlow a produzir como saber. Ela aprendeu algo que já sabia, mas que não deixamos de aprender sempre que somos tocados: que só compreendemos bem os outros – sobretudo nessas

---

2　Uma parte da análise deste capítulo foi objeto de um artigo: V. Despret, "Ce qui Touche les Primates". *Terrain*, n. 49, 2007, pp. 89–106. O artigo privilegia, entretanto, outro tema: a crítica das teorias da catação social de piolhos.

histórias de apego – quando nos deixamos atravessar, em nossos próprios apegos, pelo que é importante para eles.

"Nós passamos os últimos quatro anos numa depressão profunda – felizmente, a depressão dos outros, não a nossa – e consideramos esse período da pesquisa animal como um dos mais bem-sucedidos e mais promissores que vivemos."[3] Foi assim que Harlow apresentou, alguns anos depois, o resultado de suas pesquisas. Ele esclarecia, entretanto, que não era de fato a depressão, e sim o amor, que estava no centro de suas preocupações: "Surpreendentemente, começamos a produzir a depressão no macaco não através do estudo dos lamentos, mas graças ao estudo do amor".[4] Como se passa da depressão ao amor ou do amor à depressão? As pesquisas de Harlow são famosas hoje; estudando as consequências da ausência de laços no desenvolvimento de macacos filhotes, o psicólogo ambicionava provar e mensurar a importância vital de tais laços.

Vale a pena nos determos no que chamaram, em um laboratório de psicologia, de "estudar o amor". A biografia dedicada a Harlow por Deborah Blum, apesar do mal-estar e da ambivalência perceptíveis – seu livro anterior não escondia sua simpatia pelos movimentos e ativistas de proteção aos animais –, torna visível o que eu chamaria de o veneno dessa herança: ela faz de Harlow o herói revolucionário que obrigou o mundo da psicologia a admitir a afetividade como objeto totalmente legítimo de pesquisas. E reconstitui o percurso dele em busca de indícios que apontassem, já no início de seu trabalho, o amor como motivo de sua vida de pesquisador.

Os ratos foram as primeiras vítimas dessa estranha exploração. Em sua tese de doutorado em psicologia, Harlow deu continuidade aos trabalhos de seu orientador, Calvin Perry Stone, que tinha dedicado sua carreira científica às preferências alimentares dos ratos. Harlow

---

3 Harry Harlow e Stephen Suomi, "Induced Depression in Monkey". *Behavioral Biology*, v. 12, n. 1974, pp. 273–96.
4 Ibid.

começou a estudar as escolhas de jovens ratos ainda não desmamados: será que preferem o leite de vaca a outros líquidos? São capazes de aceitar suco de laranja na ausência de leite materno? Quinino? Água salgada? Para realizar esse tipo de pesquisa, é preciso, obviamente, separar os bebês ratos de sua mãe. Só então a história pode começar. Harlow nota que os filhotes de rato param de se alimentar se o ar está frio ou quente demais. Apenas uma temperatura equivalente à do corpo da mãe parece favorecer a ingestão de alimentos. A resposta alimentar seria, então, estimulada pelo posicionamento do filhote entre o corpo materno e o ninho. Daí à ideia de que os filhotes talvez preferissem ficar com a mãe foi apenas um passo.

Um simples passo, sem dúvida, mas para um cientista um passo não se dá tão facilmente. Harlow constrói uma gaiola onde uma tela metálica separa as mães dos filhotes. Estes, desesperados, andam em círculos na parte da gaiola na qual se encontram isolados, enquanto as mães, do outro lado, esforçam-se para roer a barreira. A força dessa pulsão deve ser testada. Ela vira um calvário. Se fazemos as mães passarem fome e retiramos a tela de separação, oferecendo-lhes comida, o que elas vão escolher? Elas recusam o alimento e se precipitam para seus filhotes. Qual é a causa desse estranho comportamento? Seria um reflexo? Ou um instinto? Harlow submete os ratos a essas novas hipóteses. Ele retira os ovários das mães, cega-as, extrai seu bulbo olfatório. Cegas, sem hormônios e até sem olfato, as mães continuam a se precipitar em direção a seus bebês. Talvez se tratasse mesmo de amor – como se o amor não fosse tecido por odores, imagens e hormônios. Em todo caso, para Harlow, trata-se de uma pulsão cuja força é siderante: a necessidade de contato.

É assim que a história começa, e é assim que ela recomeçará alguns anos mais tarde, no início da década de 1950, no departamento de Psicologia da Universidade de Wisconsin–Madison. Dessa vez, não são mais ratos, mas pequenos macacos-rhesus, esses grandes heróis dos laboratórios que deram seu nome a nossos fatores sanguíneos. Macacos não são ratos, sabemos disso. Sabemos melhor ainda quando se trata de compor uma colônia de pesquisas: é preciso mandá-los vir da Índia, eles são caros e, frequentemente, chegam num estado bastante lamentável. Os doentes contaminam os demais num ciclo sem fim. Harlow decide criar ele mesmo sua própria colônia e, a fim de evitar o contágio, isola os recém-nascidos no instante em que nascem. Os macaquinhos criados dessa maneira contam com excelente saúde, salvo por um aspecto: eles ficam sentados passivamente, balançam sem parar, com o olhar triste fixo no teto, sugando incansavelmente o polegar. E, quando os colocamos na presença de um congênere, viram-se de costas e até lançam gritos aterrorizados. Uma única coisa parece atrair sua atenção: os pedaços de pano que recobrem o chão das gaiolas. Os macaquinhos não largam os pedaços de tecido e se cobrem com eles o tempo todo. Eles têm uma necessidade vital de tocar algo macio.

É, portanto, essa necessidade vital que é preciso estudar, dissecar, mensurar. Harry Harlow começa, então, a confeccionar substitutas de mãe, todas de tecido. Paralelamente, ele oferece a seus órfãos um manequim feito de fios de aço que libera leite. Os pequenos macacos ignoram-no e ficam perto dele apenas o tempo necessário para se alimentar, agarrando-se por horas a fio ao corpo de tecido. A necessidade de tocar constituiria, assim, uma necessidade primária; ela não está subordinada à satisfação de uma necessidade que se acreditava ser mais fundamental: a de se alimentar.

O manequim macio possui não apenas um corpo, mas uma cabeça com olhos, nariz e boca: seria o amor que vem, enfim, tomar corpo com esse rosto? Não, ainda é preciso estudar a necessidade de tocar. O rosto não está ali para dar mais realismo à substituta, mas para barrar outra explicação. Afinal de contas, esse rosto não tem nada de atraente, pelo contrário. Ele deve, justamente, não atrair. Os olhos são dois refletores vermelhos de bicicleta; a boca, um pedaço de plástico verde; o nariz é pintado de preto. Se o rosto tivesse apresentado qualquer interesse para os macaquinhos, seria possível argumentar que não era a necessidade de tocar que os levava a se apertar contra o boneco por horas a fio, mas os estímulos atraentes da face. Harlow, aliás, prova a eficácia dessa fraude, sua função reconfortante. Como fazer isso? Basta tirar o manequim deles. O pânico os domina. Isso dá lugar a outro experimento. Há tantas coisas a retirar, ou a dar, para depois se avaliar o efeito de sua retirada.

Retirar, separar, mutilar, remover, privar. Há algo da ordem de uma infinita repetição em tudo o que acabo de relatar. O experimento de separação não para na separação dos seres uns dos outros; ele consiste em destruir, em desmembrar e, sobretudo, em remover. Como se esse fosse o único ato que pudesse ser realizado. Não pedirei que releiam as passagens anteriores para ressaltar esse ponto, mas ali aparece o verdadeiro fio que conduz essa história: o de uma rotina que descontrola e enlouquece. Separar as mães de seus filhotes e, em seguida, separar as mães de si mesmas, de seu próprio corpo, remover seus ovários, seus olhos, seu bulbo olfatório – o que chamam de modelo da "falha" em ciência –, separar por razões de higiene e, em seguida, pela separação em si mesma.

Pode-se mencionar o que constatava o psicanalista George Devereux, nas origens da etnopsiquiatria, em *De l'Angoisse à la méthode dans les sciences du comportement* [Da angústia ao método nas ciências do comportamento] [1967]. Ele mostra que a indiferença dos cientistas está relacionada, inicialmente, à sua incapacidade de perceber a diferença entre um pedaço de carne e um ser animado, a diferença entre os que não sabem o que está acontecendo e aqueles que sabem, entre "alguma coisa" e "alguém". Ele dizia que o que uma ciência do comportamento válida quer não é um rato privado de seu córtex, mas um cientista a quem tenham devolvido o seu. Deliberadamente ou não, as duas figuras de referência não são escolhidas por acaso: a carne, ou seja, aquilo que vem necessariamente de um animal, e um rato submetido a um experimento de privação, os dois principais modos de violência do mundo contemporâneo em relação aos animais. Todavia, o primeiro contraste não é tão simples quanto parece. Afinal, se a questão é o que fará o cientista hesitar, a ideia de que esse pedaço de carne que ele vai destruir com ácido vem de um animal que foi preciso matar, e que será preciso matar outros para fornecer outros pedaços de carne passíveis de reagir ao ácido, poderia também levar à hesitação. Quanto ao rato privado do córtex e ao cientista a quem seria preciso devolver o seu, Devereux traduz claramente o processo em curso: o método tomou o lugar do pensamento. A escolha de tal exemplo por Devereux também não se deve ao acaso: os experimentos de privação ou de separação – emprego esses termos aqui como equivalentes porque eles operam o mesmo processo – são exemplares do que ele salienta. O método aparece aí em sua versão mais caricatural: uma estereotipia que aplica o mesmo gesto em todos os níveis, uma rotina que inibe qualquer possibilidade de hesitação.

Para dar apenas um exemplo, suspeitou-se que os ratos que corriam nos labirintos não utilizavam as faculdades de aprendizagem – associação e memória – que eram o objeto da pesquisa; eles se guiariam por seus próprios hábitos [→ **Laboratório**]. Eles utilizam seu corpo, sua sensibilidade, sua pele, seus músculos, suas vibrissas, seu olfato e sabe-se lá o que mais. Serão, então, privados disso, com um espírito sistemático que também confina à estereotipia. John Watson, o pai do behaviorismo, retirou os olhos do rato, seu bulbo olfatório e suas vibrissas, essenciais para o sentido do tato nesse animal, antes de lançá-lo à descoberta do labirinto. E, como o rato não queria mais correr no labirinto nem ir atrás da recompensa da comida, Watson o deixou passando fome – mais um experimento de privação: "Naquele momento, ele começou a aprender o caminho do labirinto e, por fim, tornou-se o autômato habitual".[5] Mas quem é o autômato nessa história?

---

5 John Watson, "Kinaesthetic and Organic Sensations: Their Role in the Reactions of the White Rat to the Maze". *Psychological Review: Psychological Monographs*, v. 8, n. 2, 1907, pp. 2–3. Descobri-o por ser citado e referenciado no maravilhoso livrinho do historiador inglês Jonathan Burt, *Rat*. London: Reaktion Books, 2006.

Esse tipo de rotina não é exclusividade do laboratório; o campo também não ficou imune, e ainda não o é. O primatólogo japonês Sugiyama, observando um bando de langures na Índia, transferiu o único macho de um grupo – um macho que ele dizia ser o dominante, que protegia e dirigia o harém – para um outro grupo, bissexual. Foi uma catástrofe. E foi também a descoberta da possibilidade de infanticídio entre os macacos [→ **Necessidade**]. Ressaltemos que práticas como essa foram correntes entre alguns primatólogos, em especial entre aqueles que pareciam particularmente fascinados pela questão da hierarquia. Lembro-me também dos experimentos realizados por Hans Kummer que consistiam em transplantar fêmeas de uma espécie de babuínos, organizados de maneira polígina, para o grupo de outra espécie, organizado segundo o modelo multimachos-multifêmeas. Como elas iam se adaptar?

Experimentos conduzidos sobretudo pelo primatólogo Clarence Ray Carpenter consistiram em retirar sistematicamente o macho dominante de um grupo, para observar os efeitos de seu desaparecimento. O grupo social desmorona, os conflitos tornam-se numerosos e violentos, o grupo perde uma parte de seu território para outros. Ora, é notável que, em nenhum momento, em nenhum desses experimentos, a hipótese do estresse causado pela própria manipulação parece digna de ser evocada.

O ato de retirar o dominante em vez de outro macaco não é insignificante. Sem dúvida, isso corresponde precisamente ao fascínio que o modelo da hierarquia exerce sobre esse tipo de pesquisa [→ **Hierarquia**]. Mas, ao mesmo tempo, segundo a filósofa Donna Haraway, isso traduz uma concepção funcionalista, de tipo fisiológico, do corpo político.[6] O grupo social dos macacos funciona como um organismo (e o organismo funciona como um corpo político): retire a cabeça, e o que garantia a lei e a ordem é neutralizado.

---

6 Os experimentos de Carpenter foram analisados por Donna Haraway, *Primate Visions: Gender, Race, and Nature in the World of Modern Science*. London: Verso, 1992.

Mas por que os pesquisadores submeteriam seus animais a tais experimentos? A resposta é muito simples: para ver no que dá, como adolescentes malcriados. Ou, para dizer de modo menos simples: porque os efeitos permitem inferir as causas. Só que nunca se pode saber o que, de fato, "causa", a não ser negando os efeitos de sua própria intervenção. Se Harlow, Carpenter, Sugiyama, Watson e tantos outros tivessem considerado que, em termos daquilo que "causa" a perturbação, o desespero ou a desorientação de seus animais, eles deveriam ter levado em conta o efeito da má intenção que atravessava o dispositivo inteiro, eles não poderiam ter afirmado nada a partir de suas pesquisas. Suas teorias, no fim das contas, só se importam com uma coisa: um exercício sistemático e cego de irresponsabilidade.

T
de
Trabalho

—

Por que dizem que as vacas não fazem nada?

Os animais trabalham? A socióloga especialista em animais de produção Jocelyne Porcher fez dessa pergunta o objeto de suas pesquisas. Ela começou perguntando aos criadores: teria sentido, para eles, pensar que seus animais colaboram e trabalham com eles?

A proposta não é fácil. Nem para nós nem para boa parte dos criadores.

A mesma resposta surge em todo lugar: não, são as pessoas que trabalham, e não os bichos. Certamente, pode-se consentir no que diz respeito aos cães-guia, aos cavalos e aos bois que transportam cargas, bem como a alguns eleitos associados a profissões: cães policiais e de resgate, ratos desminadores, pombos-correios e alguns outros colaboradores. Entretanto, a ideia mostra-se pouco aceitável com relação aos animais de produção. Ainda assim, ao longo das investigações que precederam sua pesquisa, Jocelyne Porcher ouviu muitas histórias e anedotas que a levaram a pensar que os animais colaboram ativamente com o trabalho dos criadores, que eles fazem coisas e tomam iniciativas de maneira deliberada. Isso a levou a considerar que o trabalho não é visível nem facilmente pensável. Ele se diz sem ser dito, se vê sem ser visto.

Se uma proposta não é fácil, com frequência isso significa que a resposta à pergunta que tal proposta suscita muda algo. E é justamente isso que norteia a socióloga: se aceitamos tal proposta, isso deve mudar algo. Afinal, essa pergunta não é feita, em sua prática de socióloga, "pelo saber"; ela é uma decisão pragmática, uma pergunta cuja resposta tem consequências [→ **Versões**]. Raros são os sociólogos e os antropólogos que conseguiram imaginar que os animais trabalham, observa ela. O antropólogo Richard Tapper parece ser um dos poucos a tê-lo feito. Ele considera que a evolução das relações entre os humanos e os animais seguiu uma história semelhante às relações de produção dos humanos entre si. Nas sociedades de caçadores, a relação entre humanos e animais seria do tipo comunitário, já que os animais fazem parte do mesmo mundo que os humanos. As primeiras domesticações seriam similares às formas de escravidão. O pastoralismo remeteria, segundo Tapper, às formas contratuais de tipo feudal. Já os sistemas industriais se calcariam nos modos de produção e de relação capitalistas.[1]

Essa hipótese, embora bem-vinda, será recusada por Jocelyne Porcher.[2] Embora certamente tenha o mérito de abrir para a ideia de que os animais trabalham, ao mesmo tempo fecha as relações num único padrão, o da exploração. Por conseguinte, diz Porcher, "é impossível pensar num encadeamento diferente".

Assim, o que a reconstrução do antropólogo Tapper coloca em jogo é a questão do que herdamos. Herdar não é um verbo passivo, é uma tarefa, um ato pragmático. Uma herança constrói-se, transforma-se sempre retroativamente. Ela nos torna, ou não, capazes de outra coisa além de simplesmente prolongar; ela exige que sejamos

---

1   R. L. Tapper, "Animality, Humanity, Morality, Society," in Timothy Ingold (org.), *What Is an Animal?*. London: Routledge, 1994, pp. 47–62, apud J. Porcher, *Vivre avec les Animaux*, op. cit.

2   Sobre a crítica dirigida a Richard Tapper, bem como as citações associadas a ela, ver Jocelyne Porcher, *Vivre avec les Animaux: une utopie pour le xixe siècle*. Paris: La Découverte, 2011. Ver também J. Porcher e Tiphaine Schmitt, "Les Vaches collaborent-elles au travail? Une question de sociologie". *La Revue du Mauss*, n. 35, 2010, pp. 235–61; J. Porcher, *Éleveurs et animaux: réinventer le lien*. Paris: PUF, 2002; J. Porcher e Christine Tribondeau, *Une Vie de cochon*. Paris: Les Empêcheurs de Penser en Rond / La Découverte, 2008. A crítica dos sistemas industriais, bem como do trabalho das vacas, vem do artigo publicado em *La Revue du Mauss*.

capazes de responder àquilo, e por aquilo, que herdamos. Nós realizamos uma herança, o que também quer dizer que nos realizamos no gesto de herdar. Em inglês, o termo *remember* – lembrar-se – pode dar conta desse trabalho que não é apenas um trabalho de memória: "lembrar-se" e "recompor" (*re-member*). Fazer história é reconstruir, fabular, de modo a oferecer ao passado outras possibilidades de presente e de futuro.

O que uma história que permita pensar as relações que uniram criadores e seus animais pode mudar? Em primeiro lugar, ela muda a relação com os animais e a relação com os criadores. Porcher afirma que "pensar a questão do trabalho obriga a considerar os animais de outro modo que não vítimas, idiotas naturais e culturais que precisam ser libertados involuntariamente". A alusão é clara. Ela dirige-se aos liberacionistas, àqueles que, segundo ela, gostariam de "libertar o mundo dos animais", entendido aqui como "livrar o mundo dos animais". Tal crítica aponta a posição particular que Porcher adota em seu trabalho: a de sempre pensar os homens e os animais, os criadores e seus bichos, juntos. Não considerar mais os animais como vítimas é pensar uma relação que pode ser diferente de uma relação de exploração; é, ao mesmo tempo, pensar uma relação na qual os animais – por não serem idiotas naturais ou culturais – estão ativamente implicados, dão, trocam, recebem, e – porque não se está no âmbito da exploração – os criadores dão, recebem, trocam, crescem e deixam seus animais crescerem.

Eis o porquê de a pergunta "os animais trabalham, colaboram ativamente com o trabalho dos criadores?" ser importante, num sentido pragmático. Na falta de história, é ao presente que é preciso dirigi-la. A pergunta direcionada aos criadores não representa, portanto, uma busca do saber – "o que os criadores pensam de...?" –, e sim uma verdadeira prática de experimentação à qual Jocelyne vai convidá-los. Se ela lhes pede para pensar, e ela lhes pede ativamente, não é para coletar informações ou opiniões, mas para explorar propostas com eles, suscitar a hesitação, tentar experimentar – no sentido mais experimental do termo: o que pensar assim provoca? E, se tentamos pensar que os animais trabalham, o que quer dizer, então, "trabalhar"? Como tornar visível e dizível o que é invisível e pouco pensável?

Eu avisei que a proposta de pensar que os animais trabalham não é fácil. Ela é ainda mais difícil, Jocelyne nos ensina, pois o único lugar onde poderia se sustentar é justamente onde o significado de exploração é o único que prevalece. Em outras palavras, o trabalho dos animais é invisível, *exceto nos lugares de grande maus-tratos de homens e animais.*

Com efeito, os lugares em que a questão do trabalho dos animais chega a ser formulada, lá onde sua evidência aparece, são os piores lugares de criação, os lugares de criação como produção – a criação industrial. Jocelyne Porcher explica o aparente paradoxo: a criação industrial é o lugar em que os animais estão a tal ponto distantes e privados de seu próprio mundo que "suas condutas aparecem nitidamente inscritas numa relação de trabalho". Homens e animais estão envolvidos num sistema de "produzir a qualquer preço" e de competição que favorece a consideração do animal como um trabalhador: ele deve "fazer seu trabalho", é punido quando acham que está sabotando (por exemplo, quando uma porca esmaga seus filhotes). Os trabalhadores desses sistemas, particularmente da pecuária intensiva de porcos, chegam a considerar seu trabalho, diz Jocelyne Porcher, como um trabalho de gestão de pessoal; a expressão é pouco empregada, mas seu conteúdo implícito não deixa de ser evocado. É preciso selecionar as porcas produtivas e separá-las das improdutivas, verificar a capacidade dos animais de garantir a produção esperada. Ela diz que se representar como uma espécie de "diretor de recursos animais comprova a difusão do pensamento gerencial e do lugar crescente que ele ocupa no âmago dos setores de produção animal" [→ **Kg**]. O animal ocupa, portanto, a posição de uma espécie de subproletariado obscuro, ultraflexível, explorável e destrutível à vontade. A tendência típica da industrialização de dispensar, sempre que possível, mão de obra viva, mais onerosa e sempre passível de erros, encontra-se, sobretudo, na utilização de robôs de limpeza que substituem os humanos e de "varrões" robóticos que substituem os porcos na tarefa de detectar as fêmeas no cio.

Por outro lado, a possibilidade de os animais trabalharem em criações que os tratem bem parece dificultar essa percepção. Certamente, ao longo da investigação, após muita insistência, alguns acabam dizendo que, talvez sim, "vendo por esse lado", seria possível pensar que os animais trabalham. Isso leva tempo, demanda um jogo sério com as homonímias, requer conferir múltiplos sentidos às anedotas; é uma experimentação. Ao mesmo tempo, isso dá um indício de que o problema do trabalho animal não tem nada de óbvio. Assim, Jocelyne Porcher decidiu dedicar-se justamente a esse indício, à possibilidade de tornar o trabalho perceptível. Ela modificou seu dispositivo. Ela perguntou às vacas.

A etologia nos ensinou que algumas perguntas só obtêm respostas se são construídas condições concretas que não apenas permitam que tais perguntas sejam feitas, mas que tornem aqueles que as fazem sensíveis à resposta, que os tornem capazes de detectar quando a resposta tem a chance de emergir. Com uma de suas alunas, Jocelyne observou e filmou longamente as vacas de um rebanho num estábulo, anotou todos os momentos em que as vacas deviam tomar iniciativas, respeitar regras, colaborar com o criador, antecipar as ações dele para lhe permitir fazer seu trabalho. Ela também prestou atenção aos estratagemas que as vacas inventam para manter um clima tranquilo, às manobras de polidez, à interação social e ao ato de deixar uma congênere passar à sua frente.

Ora, o que ficou evidente para ela foi a própria razão pela qual o trabalho era invisível: o trabalho só se torna perceptível, *a contrario*, quando as vacas resistem, recusam-se a colaborar, justamente porque essa resistência mostra que, quando tudo vai bem, é devido a um investimento ativo por parte das vacas. Afinal, quando tudo corre bem, não se vê o trabalho. Quando as vacas vão pacificamente para o robô de ordenha, quando elas não se empurram, quando respeitam a ordem de passagem, quando deixam o robô no momento em que a ordenhadeira termina a operação, quando se deslocam para permitir que o criador limpe sua baia – se elas fazem o que é necessário para obedecer a uma ordem –, quando fazem o que é preciso para que tudo se desenrole sem problemas, nada disso é visto como prova de sua vontade de fazer o que é esperado. Tudo ganha o ar de algo que funciona ou de uma simples obediência *mecânica* (o termo expressa bem o que ele quer dizer); tudo se desenrola mecanicamente. É somente nos casos de conflitos que perturbam a ordem – por exemplo na troca de turno no robô de ordenha, ou quando elas não se movem para abrir caminho para a limpeza, quando vão a um lugar diferente do que é solicitado, quando se esquivam ou, simplesmente, quando enrolam para fazer o trabalho; em suma, quando elas resistem – que se começa a ver, ou melhor, a traduzir diferentemente, as situações em que tudo funciona. Tudo funciona porque elas fazem de tudo para que tudo funcione. Os momentos sem conflitos não têm, portanto, nada de natural, de óbvio ou de mecânico; na verdade, eles exigem por parte das vacas toda uma atividade de pacificação em que elas se comprometem, cuidam de sua limpeza, dirigem gestos de polidez umas às outras.

Uma constatação semelhante, ainda que as diferenças sejam significativas, emerge das pesquisas que o sociólogo Jérôme Michalon realizou com os animais, principalmente cães e cavalos, recrutados como assistentes terapêuticos de humanos que apresentam algum tipo de dificuldade.[3] Esses animais têm um ar passivo, de "*laissez-faire*", mas, quando as coisas se tornam difíceis para eles, quando

---

3 Ver a tese de Jérôme Michalon, *L'Animal thérapeute: socio-anthropologie de l'émergence du soin par le contact animalier*, apresentada para a obtenção do título de doutor em sociologia e antropologia política, sob a orientação de Isabelle Mauz, na Universidade Jean Monnet, de Saint-Étienne, em setembro de 2011.

"reagem", percebemos que a colaboração se baseia numa extraordinária capacidade de abstenção, numa retenção ativa, numa determinação em se "conter" que não são percebidas justamente porque adquiriram um aspecto "óbvio".

Nas observações de Jocelyne, tudo o que parece óbvio comprova a presença de todo um trabalho de colaboração com o criador, um *trabalho invisível*. Foi somente prestando atenção às múltiplas maneiras como as vacas resistem ao criador, desviam-se ou transgridem as regras, enrolam ou fazem o contrário do que é esperado delas que as duas pesquisadoras puderam ver nitidamente que as vacas compreendem com muita clareza o que devem fazer, e que elas investem ativamente no trabalho. Em outras palavras, é na "má vontade" que aparecem, por contraste, a vontade e a boa vontade; é na relutância que se torna perceptível a cooperação; no suposto erro ou no mal-entendido fingido aparece a inteligência da prática, uma inteligência coletiva. O trabalho é invisibilizado quando tudo funciona bem ou, para colocar diferentemente, quando tudo funciona bem, a implicação que requer que tudo funcione bem é invisibilizada. As vacas trapaceiam, fingem não compreender, recusam-se a adotar o ritmo que lhes é imposto, testam os limites, por razões que lhes são próprias, mas que tornam perceptível, por contraste, o fato de que elas participam, intencionalmente, do trabalho. A esse respeito, lembro-me de uma observação de Vicki Hearne, adestradora de cães e cavalos que se tornou filósofa, que se perguntava por que os cães sempre trazem o bastão de volta e o deixam a alguns metros de onde era esperado. Ela diz que é uma maneira de dar ao humano uma medida do limite da autoridade que o cão está disposto a conceder. Uma medida quase matemática que lembra que "nem tudo é óbvio".

Com relação às vacas, o que muda ao tornar visível esse investimento ativo no trabalho conjunto? Pensar que criadores e vacas compartilham condições de trabalho – e poderíamos, seguindo Donna Haraway, estender a ideia aos animais de laboratório – desloca a maneira como, geralmente, a questão é aberta e fechada.[4] Isso obriga a conceber os bichos e as pessoas como conectados na experiência que estão vivendo e na qual constituem, juntos, suas identidades. Isso obriga a considerar a maneira como eles se respondem mutuamente, sua responsabilidade na relação – aqui, "responsabilidade" não quer dizer que eles devam assumir as causas, e sim que devem responder às consequências, e que suas respostas devem participar dessas consequências. Se os animais não cooperam, o trabalho é impossível. Não há, portanto, animais que "reagem"; eles só reagem se não vemos nada além de um funcionamento mecânico. Operando tal deslocamento, o animal não é mais uma vítima propriamente dita, pois, novamente, ser vítima implica passividade, com todas as consequências disso, sobretudo o fato de que uma vítima suscita pouca curiosidade. É evidente que as vacas de Jocelyne Porcher despertam muito mais a curiosidade do que se tivessem sido tratadas como vítimas; elas são mais vívidas, mais presentes, elas sugerem mais perguntas; elas nos interessam e têm a oportunidade de interessar ao criador. Uma vaca que desobedece conscientemente envolve-se numa relação totalmente diferente daquela em que se envolve uma vaca que sai da rotina porque é uma besta que não entendeu nada; uma vaca que faz seu trabalho está envolvida numa relação muito diferente daquela que envolve uma vaca vítima da autoridade do criador.

Se as pesquisas de Porcher permitem afirmar que as vacas colaboram com o trabalho, podemos dizer com isso que elas trabalham? Podemos afirmar, questiona Porcher, que as vacas "têm um interesse subjetivo no trabalho"? O trabalho aumenta sua sensibilidade, sua inteligência, sua capacidade de experienciar a vida? Essa questão exige que diferenciemos as situações em que somente a coerção

---

4 Donna Haraway, *When Species Meet*. Minneapolis: University of Minnesota Press, 2008 [ed. bras.: *Quando as espécies se encontram*, trad. Juliana Fausto. São Paulo: Ubu Editora, no prelo].

torna o trabalho visível daquelas em que os animais "imprimem a sua marca" e tornam o trabalho invisível. Para estabelecer essa diferença e dar conta do que caracteriza as situações de criação em que bichos e homens colaboram juntos, Porcher vai retomar as teorias de Christophe Dejours e dar-lhes uma extensão original.[5]

Se o trabalho humano, conforme propõe Dejours, pode ser um vetor de prazer e participar da construção de nossa identidade, é porque ele é fonte de reconhecimento. Dejours articula esse reconhecimento ao exercício de dois tipos de julgamento: o julgamento da "utilidade" do trabalho, emitido por seus beneficiários, clientes e usuários, e o julgamento da "beleza", que qualifica o trabalho bem-feito e incorre no reconhecimento pelos pares. A esses julgamentos, Porcher sugere acrescentar um terceiro: o julgamento do vínculo. Esse é o julgamento percebido pelos trabalhadores como provindo dos animais, o julgamento que os próprios animais imputam ao trabalho. Ele não se refere ao trabalho realizado ou aos resultados da produção, e sim aos meios do trabalho. Esse julgamento está no cerne da relação com o criador, é um julgamento recíproco por meio do qual o criador e seus animais podem se reconhecer. E é aí que o contraste entre as situações pode se desenhar, entre o trabalho mortífero e destruidor de identidades nos criadouros em que todos sofrem e os lugares em que humanos e bichos compartilham as coisas, realizam-se juntos. O julgamento do vínculo, ou o julgamento das condições da vida conjunta, diferencia o trabalho que aliena do trabalho que constrói, mesmo em situações radicalmente assimétricas entre criadores e seus animais.

Ainda resta fazer história, recriar uma história que dê sentido ao presente para lhe oferecer um futuro um pouco mais viável. Não uma história idílica de uma era dourada do passado, mas uma história que abra caminho para os possíveis, que abra o imaginário ao im-

---

5 J. Porcher e T. Schmitt, "Dairy Cows: Workers in the Shadows?". *Society and Animals*, v. 20, 2012, pp. 39–60.

previsível e à surpresa, uma história para a qual seja possível desejar uma continuação. É o que Jocelyne Porcher começa a fazer quando conta, nas últimas linhas de seu livro, uma lembrança da época em que ela mesma era criadora de cabras: "O trabalho era o lugar do nosso encontro inesperado, a possibilidade da nossa comunicação, numa época em que pertencíamos a espécies diferentes que, antes do neolítico, até mesmo antes dos neandertais, aparentemente não tinham nada a dizer uma à outra nem nada a fazer juntas".[6] Tudo foi dito e, ainda assim, nada foi dito.

---

6 J. Porcher, *Vivre avec les Animaux*, op. cit., p. 145.

U

de
Umwelt

Os bichos conhecem os costumes do mundo?

O filósofo americano William James tomou emprestada uma frase de Hegel afirmando que "o propósito do conhecimento é despir o mundo objetivo de sua estranheza e fazer com que nos sintamos mais em casa nele".[1] À guisa de introdução à teoria do *Umwelt*, podemos inverter dois termos dessa frase: a teoria do *Umwelt* tem como propósito despir o mundo objetivo de sua *familiaridade* e fazer com que nós nos sintamos um pouco *menos* em casa nele. Voltarei a essa proposição mais uma vez para corrigi-la; mas, pelo menos provisoriamente, eu a conservarei como está, porque ela tem o mérito de conferir uma perspectiva pragmática à teoria do *Umwelt*. Ela convida a responder à injunção muito prática de Donna Haraway: precisamos aprender a nos deparar com os animais como se fossem estranhos, para desaprender todas as suposições idiotas que forjamos sobre eles.

A teoria do *Umwelt* foi proposta por Jakob von Uexküll, naturalista estoniano nascido em 1864. Em seu trabalho, o termo *Umwelt*, que designa o meio ou o ambiente, tem um sentido técnico: significa o meio "concreto ou vivido" do animal.

A intuição básica dessa teoria é aparentemente simples: o animal, dotado de órgãos sensoriais diferentes dos nossos, não pode perceber o mesmo mundo. As abelhas não têm a mesma percep-

---

[1] William James, *A Pluralistic Universe* [1909]. Newcastle upon Tyne: Cambridge Scholars Publishing, 2008.

ção das cores que nós; também não percebemos os perfumes que as borboletas captam, assim como não somos tão sensíveis quanto um carrapato ao odor do ácido butanoico liberado pelos folículos sebáceos do mamífero que ele aguarda, pendurado num caule ou num galho. A reviravolta original da teoria está na maneira como a percepção vai ser definida: é uma atividade que preenche o mundo com objetos perceptivos. Para Uexküll, perceber é atribuir significados. Apenas o que tem um significado é percebido, assim como só ganha um significado aquilo que pode ser percebido e que importa ao organismo. Não há, em nenhum mundo animal, objeto neutro, sem qualidade vital. Tudo o que existe para um ser é um sinal que afeta, ou um afeto que significa. Cada objeto percebido – retomo aqui as palavras que Deleuze ofereceu a essa teoria – *efetua um poder de ser afetado.*[2] O fato de Uexküll definir como equivalentes "meio concreto" e "meio vivido" adquire significado na medida em que os dois termos remetem a "capturas", capturas cuja direção se mostra indeterminada. Por um lado, o meio "captura" o animal, ele o afeta; por outro, o meio só existe pelas capturas de que é objeto, pela maneira como o animal confere a esse meio o poder de afetá-lo.

Por que Tschock, a gralha de Konrad Lorenz, de repente não se interessa mais pelo gafanhoto que cobiçava alguns segundos antes? Porque ele está imóvel. Ou seja, ele não significa mais, ele não existe mais no mundo perceptivo da gralha. Ele só existe – ele só afeta – quando salta. Um gafanhoto imóvel não tem o significado de "gafanhoto". Aliás, Uexküll explica que é por isso que muitos insetos gostam de se fazer de mortos diante do predador. Inspirando-se nele, seria possível dizer que, assim como a teia de aranha é "mosqueira" na medida em que é feita "para a mosca", o gafanhoto tornou-se "para a gralha" e integrou na sua constituição algumas características de seu predador. Para Uexküll, já que cada evento do mundo perce-

---

2   Gilles Deleuze e Claire Parnet, *Diálogos*, trad. Eloisa Araújo Ribeiro. São Paulo: Escuta, 1998. [N. E.]

bido é um evento que "significa" e que só é percebido porque significa, cada percepção faz do animal um "atribuidor" de significados, ou seja, um *sujeito*. Dito de modo mais aprimorado, toda percepção de significado implica um *sujeito*, assim como todo sujeito é definido como aquele que confere significado.

Se me interessei pela teoria do *Umwelt*, foi principalmente por duas razões: porque ela me parecia ter condições de tornar os animais menos idiotas e porque prometia tornar os cientistas mais interessantes. Eu esperava, na esteira de Donna Haraway, que essa teoria induzisse a considerar os animais como estranhos, como "alguéns" cujo comportamento incompreensível não somente convida a suspender o julgamento, mas também convida ao tato e à curiosidade: em qual mundo deve viver *esse estranho* para apresentar tais costumes? O que o afeta? Quais precauções a situação requer?

Devo confessar que fiquei decepcionada. Talvez tenha relação com o fato de a teoria do *Umwelt* ser, sobretudo, fecunda para animais relativamente simples, aqueles cuja lista dos afetos que os definem permanece limitada, aqueles que talvez nos sejam mais familiarmente estranhos. O fato de essa teoria convidar os pesquisadores a identificar os sinais que desencadeiam os afetos impeliu-os a focar nas condutas instintivas e, portanto, nas mais previsíveis. Ela mostrou-se, com raríssimas exceções – que seus autores me perdoem por não os citar aqui –, contraprodutiva em comparação com o que eu esperava dela. Talvez eu esperasse demais; os animais, da maneira como ela os descrevia, pareciam se limitar a seguir rotinas incontornáveis.

Quanto às experimentações, a polidez em relação a costumes estranhos encontrou rapidamente seus limites. Nesse caso, talvez não seja por causa da teoria, e sim das rotinas experimentais que a teoria obviamente não conseguiu desativar.

Como prova disso, apresento o caráter paradoxal de uma pesquisa relativamente recente que, com a proposta bastante interessante de prestar atenção à maneira como os macacos percebem seu ambiente e por ele são afetados, submeteu-os a testes cognitivos em diferentes pontos de seu cercado. Observou-se, dizem os autores, que esses macacos – no caso, macacos-prego – em cativeiro organizam muito rapidamente seu espaço, diferenciando os espaços sociais daqueles destinados ao sono e à alimentação. A hipótese dos pesquisadores é que cada um desses espaços poderia se mostrar "capacitante" ou "incapacitante" para algumas tarefas cognitivas. A ideia é interessante; ela implica questionar novamente as generalizações apressadas. Ela exige uma desaceleração. Os resultados das pesquisas, em matéria de competência dos animais, não poderão ter a pretensão de nos ensinar alguma coisa se não forem minuciosamente contextualizados, e contextualizados pela experiência que o animal tem do que lhe é proposto. Se não há generalizações óbvias nem a respeito de um mesmo cercado, pode-se imaginar as sérias dúvidas que os pesquisadores aprenderão a cultivar quanto à passagem de uma situação experimental para outra e, mais ainda, quanto à generalização em um mesmo grupo de animais – sem contar a generalização dos animais para os humanos. Voltemos ao experimento. A hipótese que guiava a pesquisa mostrou-se pertinente, pelo menos do ponto de vista dos pesquisadores: confrontados com uma mesma tarefa de manipulação de ferramentas (extrair geleia do fundo de tubos fechados em uma caixa utilizando varinhas compridas), os macacos-prego são muito mais bem-sucedidos no espaço em que costumam se dedicar a atividades de manipulação e menos bem-sucedidos no espaço em que vigiam seu ambiente e se dedicam às interações sociais. Isso me parece bastante previsível – afinal, a hesitação não está presente – e poderia, inclusive, merecer outras explicações que não a de uma facilitação pelo significado apreendido – nesse contexto, por meio do dispositivo de ferramentas; por exemplo, os macacos seriam mais distraídos no espaço social. Por fim, os resultados não convidam a desacelerar as generalizações, pois a própria questão da "percepção do contexto", que sem dúvida é geral demais, transforma os macacos-prego em figurantes de uma cena que pouco lhes diz respeito.

Uma vez que se trata de seu mundo vivido, temo que eles ficam tão confusos quanto os pesquisadores em relação ao que buscam.

Prova ainda melhor é a maneira como a pesquisa é organizada. Ela começa, em uma etapa prévia, com um procedimento, clássico nessa área, que surpreendentemente não é objeto de nenhum questionamento: determina-se a posição hierárquica dos macacos colocando-os à prova de uma única garrafa de leite, sob o pretexto de que essa variável poderia ter um papel nos testes subsequentes. É preciso saber quem é o "dominante" e quem é o "subordinado", pois isso poderia ter efeito sobre os resultados [→ **Hierarquia**]. Os macacos reúnem-se, então, em torno da garrafa, entram em competição – como os pesquisadores desejam – e, muito rapidamente, a hierarquia de dominância que resulta dessa competição se instala. Há uma estranha mistura entre mundo vivido, variáveis e hierarquia; resta, sobretudo, um ponto cego nessa história: como os macacos experienciam aquilo a que são submetidos com o teste de hierarquia? Que importância esse teste tem para eles e como seria possível determinar isso, já que eles foram obrigados a participar? Afinal, se há uma questão que a teoria do *Umwelt* levanta, e levanta de maneira pertinente, é a de saber o que importa para os animais. Visivelmente, essa questão não tem lugar aqui.

Mas a teoria poderia ser mais feliz se eu seguisse a proposta de Jocelyne Porcher quando ela escreve que "é próprio da criação de animais almejar que dois mundos coabitem da maneira mais inteligente possível".[3] Para que ela mantenha suas promessas, sem dúvida é necessário deslocar a teoria do *Umwelt* de seu lugar habitual. E, provavelmente, o fato de poder manter as promessas da teoria não é alheio ao deslocamento que a afasta sensatamente dos cientistas sujeitos às palavras de ordem do fazer científico e aos im-

---

3 A proposta de Jocelyne Porcher de considerar o mundo da pecuária como um mundo em que *Umwelten* convivem encontra-se em: J. Porcher, *Vivre avec les Animaux: une utopie pour le xixe siècle*. Paris: La Découverte, 2011.

perativos do instinto. Afinal, a proposta de Porcher nos convida a explorar as situações de domesticação ou de criação como locais de intercaptura nos quais novos *Umwelten* se criam e se sobrepõem. São os locais que tornariam perceptíveis a porosidade dos mundos e a flexibilidade daqueles que os povoam. Fazer com que dois mundos coabitem de maneira inteligente pressupõe não apenas pensar e se associar ao que tal convivência exige, mas também se interessar pelo que ela inventa e metamorfoseia.

Também a esse respeito Deleuze tinha razão em insistir no fato de que os animais não estão em nosso mundo nem em um outro, mas *com um mundo associado*.[4] Com a coabitação dos *Umwelten* de seres associados a mundos que inventam modos de coexistência, damo-nos conta de que estamos lidando com um mundo móvel, variável, de fronteiras permeáveis e em movimento. Com relação a essa possibilidade, a domesticação poderia ser definida como a transformação do que era um mundo próprio para um ser em outro, ou, para ser mais exato, a transformação de um ser-com-seu--mundo em outro ser-com-seu-mundo. As vacas não apenas não são mais selvagens; agora elas estão atreladas a um mundo com estábulos, feno, mãos que extraem o leite, domingo, odores humanos, carícias, palavras e gritos, cercas, caminhos e sulcos; está atrelado a elas um mundo que modificou a lista do que as afeta e do que as constituiu. A própria existência da líder – aquela com a qual o criador conta para que o rebanho o acompanhe nos deslocamentos – poderia traduzir o ponto mais articulado da coexistência: a líder está no centro de uma rede de confiança que se tece entre suas companheiras e o criador; ela é o nó. As vacas de um rebanho com líder confiam na confiança que a líder demonstra em relação ao criador. Se ela o segue, as outras seguirão. Pode-se explorar do mesmo modo cada um dos universos da domesticação. Os

---

4   G. Deleuze e C. Parnet, *Diálogos*, op. cit.

cães aprenderam a seguir o olhar dos seres-com-um-mundo para os quais o olhar importa e afeta; eles aprenderam a latir com os seres-com-um-mundo que não param de falar. E da mesma maneira ocorre com o gato "que anda sozinho", como dizia Rudyard Kipling, com os porcos que são tão sensíveis aos desejos, como afirma Porcher, ou ainda com os cavalos, que, como seres-com--um-mundo onde o corpo porta e importa, combinaram-se com seres-com-um-mundo que formam um corpo com eles.

Pensar esses "seres-com-um-mundo associado" que se transformam mutuamente na aventura da domesticação leva-nos a William James. Pois, se cada ser vem com um mundo associado, o *Umwelt* do mundo dos criadores e de seus animais constitui-se, portanto, em uma associação de mundos associados, de uma composição de seres-com-mundos-associados que se associam. É o que James chamava de *pluriverso*. Mundos cuja coexistência se cria, experimenta-se, inventa-se, multiplica-se, ora como composição, ora como simples copresença.

Isso quer dizer que a inversão que propus para a afirmação de James só se sustenta se cada um dos termos for submetido a uma compreensão bastante diferente, uma compreensão que justamente nos leva a redescobri-lo.[5] *A teoria do* Umwelt *teria como propósito despir o mundo objetivo de sua familiaridade e fazer com que nós*

---

5   A ideia de que a objetividade do mundo não consiste em um acordo dos pontos de vista, e sim se deve à multiplicidade dos mundos expressos pelos seres (e não interpretados), foi-me inspirada pela leitura de Eduardo Viveiros de Castro, que descreve o perspectivismo dos ameríndios. Não estou tentando fazer de Uexküll um ameríndio; apenas encontro uma solução pragmática no perspectivismo, a qual o mononaturalismo nos recusa, para dar conta de certas situações. Acredito que as situações a que me refiro vão além, por um lado, das capacidades do mononaturalismo – e isso sem poder usar os recursos do vitalismo que permitiam a Uexküll fazer coexistir mundos; por outro, da solução fácil de subjetividades explodindo em torno de um mundo unificado – o que é um modo de não levar a sério a existência desses mundos. A ideia de um mundo em processo de objetivação reflete a maneira como meu devir filosófico com William James foi sustentado, nos campos que ex-

nos sentíssemos um pouco menos em casa nele: o "se sentir um pouco menos em casa" adquire um novo sentido, que dá conta da tarefa de construir um "nós" e um "em casa", um *domus* para seres que *compõem*. Além disso, se devo considerar seriamente que os seres não estão nem em um mundo nem em outro, mas *com* um mundo, isso significa que o próprio termo "mundo objetivo" também deve ser esclarecido, ou melhor, redefinido. Afinal, esse "mundo objetivo", nos moldes de pensamento com os quais estamos acostumados, poderia nos levar a supor a existência de um mundo objetivo *em si*, que existe *a priori*, unificado apesar e por trás das aparências. O mundo não é objetivo nesse sentido, ele é múltiplo. Ele também não é subjetivo – uma tentação que a teoria poderia estimular hoje em dia –, pois a própria ideia dessa explosão de subjetividades pressuporia que, sob elas, existe um mundo com o qual elas se relacionam e que seria seu suporte estável. Portanto, o que está em jogo nesse mundo múltiplo não é o fato de que uma espécie aprende como a outra vê o mundo – como postulava o "subjetivismo" –, e sim que uma espécie aprende a descobrir qual mundo é expresso pela outra, de qual mundo a outra é o ponto de vista. Então, à luz dessas especificações, sou obrigada a retornar à primeira proposta de James: conhecer é mesmo despir a estranheza desses mundos que formam o mundo objetivo, para aprender a habitá-los bem e construí-los num "em casa".

E, se se trata de um mundo objetivo, é porque esse mundo está em contínuo processo de objetivação. Tudo que é vivido é concreto porque é vivido, tudo que é concreto é vivido porque é concreto. O mundo objetivo está em processo constante de múltiplas objetivações, algumas bem estabilizadas, porque são reatualizadas de maneira rotineira – como o mundo do carrapato cujos hábitos são confiáveis –, e outras sempre em via de experimentação, transformando afetos e modos de

---

ploro, pelos trabalhos de Bruno Latour, sobretudo pelo grande e belo *Enquête sur les modes d'existence*. Paris: La Découverte, 2012.

ser afetado, como os *Umwelten* parcialmente conectados e cuja coexistência metamorfoseia os seres que são sua expressão. É o que James chamaria de êxito, quando os mundos se associam bem, estão "inteligentemente associados", e quando criadores e animais estão felizes, juntos. Outros mundos estão destinados a desaparecer, fazendo cair no esquecimento ontológico uma "parte inteira de realidade". Assim, Éric Chevillard escreveu, num romance que narra as consequências do desaparecimento dos orangotangos para esse mundo:

O ponto de vista do orangotango que não contava pouco para a invenção do mundo e que mantinha de pé o globo terrestre, com suas frutas carnudas, seus cupins e seus elefantes, esse ponto de vista único a quem devíamos a percepção dos trinados de tantas aves canoras e das primeiras gotas de tempestade sobre as folhas, esse ponto de vista não existe mais, o senhor se dá conta [...]. O mundo encolheu de repente [...]. É toda uma parte da realidade que desmorona, uma concepção completa e articulada dos fenômenos que fará falta, a partir de agora, para a nossa filosofia.[6]

---

6   Éric Chevillard, *Sans l'Orang-outan*. Paris: Minuit, 2007.

V

de
Versões

Os chimpanzés morrem como nós?

Cada palavra tem muitos hábitos e potências; é
sempre necessário poupar e empregar todas elas.

— FRANCIS PONGE, *Pratiques d'écriture ou*
l'Inachèvement perpétuel, 1984

Um artigo da *National Geographic*, acompanhado de uma foto, circulou na rede e suscitou muitos debates em novembro de 2009. Ele relatava que chimpanzés de um santuário de reabilitação nos Camarões haviam se comportado de maneira totalmente incomum quando seus cuidadores lhes apresentaram o corpo de uma fêmea idosa, particularmente amada, que acabara de morrer: eles ficaram mudos e imóveis por um longo tempo, o que é totalmente surpreendente e improvável entre seres tão barulhentos.[1] Tal reação foi interpretada como um comportamento de tristeza diante da morte. Será que os chimpanzés vivenciam o luto? Os debates, é claro, exacerbaram-se. As versões da história multiplicaram-se. "Não é luto, só os humanos conhecem esse sentimento que pressupõe a *consciência da morte*." O cadáver pode comover ou aterrorizar, mas nada permite afirmar que o terror traduz uma consciência plena de que a

---

1 Sobre a foto dos chimpanzés do santuário de Sanaga Yong, nos Camarões (*National Geographic*, nov. 2009), e a discussão sobre a cultura, ver: cognitionandculture.net.

chimpanzé não estará mais lá. Por outro lado, alguns invocaram o caso dos elefantes que permanecem junto ao corpo de uma companheira morta, ali depositam flores ou ervas e seguem todos os procedimentos de um ritual.[2] Outros participantes da controvérsia fizeram uma crítica bastante recorrente a esse tipo de questão [→ **Artistas**]: eles explicaram que os chimpanzés não aprenderam aquilo *sozinhos*, já que foram os responsáveis pelo santuário que fizeram questão de mostrar o cadáver para que os chimpanzés "compreendessem o falecimento". Esse comportamento, portanto, não é *realmente* um sinal de luto, mas uma reação ao que lhes foi solicitado.[3]

Em contrapartida, pode-se responder – como fiz ao participar do debate – que "solicitar" é justamente um termo que deveria nos fazer hesitar. A iniciativa pode, de fato, ter suscitado o sofrimento, mas não pode tê-lo determinado. O sofrimento dos chimpanzés

---

2   Ver também o belo capítulo sobre pássaros em luto em Thom van Dooren, *Flight Ways*. New York: Columbia University Press, 2014.

3   A respeito do "luto" entre os chimpanzés, lembro-me de um começo de discussão com Élisabeth de Fontenay, pois eu havia utilizado o termo *"décédé"* [falecido]. Ela dizia que preferia o termo *"mort"* [morto]. "Eles estão mesmo mortos." Sei que Élisabeth de Fontenay é mais do que atenta às palavras que utilizamos, e que a questão da tradução é essencial em seu trabalho (ver É. de Fontenay e Marie-Claire Pasquier, *Traduire le Parler des bêtes*. Paris: L'Herne, 2008). Não se trata de negar ou de recusar aos animais experiências porque seriam "nossas" (prova disso é a sua atenção a tudo relacionado ao "silêncio dos bichos"; aliás, é esse o título de um de seus livros). Em seu livro sobre a tradução, ela escreveu uma página magnífica – a propósito de um texto de Marguerite Duras – sobre o sofrimento da gorila Koko, que, às vezes, afirma estar triste (na linguagem dos sinais que lhe ensinaram) "sem saber por quê". Diante da reticência de Élisabeth de Fontenay em utilizar, como eu, o termo "falecido" e preferir "morto", posso apenas especular. A discussão, interrompida nesse ponto, não nos permitiu confrontar nossos argumentos. Sua posição não me parece determinada pelo fato de se tratar de animais; em vez disso, ela traduz essa relação com os mortos que nos prescreve, em nossa tradição secular, manter com a morte uma relação "lúcida". Não é *a* morte que me interessa, e sim as relações possíveis com os que se foram. Que este texto possa ensejar uma continuação da nossa discussão...

pode ser "solicitado", assim como nossos próprios sofrimentos diante da morte, quando aprendemos o que ela significa, são solicitados por quem nos cercam naquele momento, o que nos convida a não esquecer a ligação entre *solicitar* e *solicitude*. E, se prolongamos a proposta da teoria das emoções de William James, podemos considerar que o sofrimento diante da morte recebe a existência do consolo como condição possível de existência – *solicitude*. Os cuidadores do santuário são, portanto, "responsáveis" pelo sofrimento dos chimpanzés, no sentido de terem assumido a responsabilidade de guiar a maneira como os chimpanzés seriam afetados, de modo que estes pudessem *responder*; a responsabilidade não é uma causa, é uma maneira de fazer responder.

A questão de saber se é mesmo um luto "verdadeiro" não é tão interessante, e questões desse tipo não parecem ter uma saída clara. Por outro lado, na linha do pragmatismo de William James, a situação mostra-se propícia para fazer uma pergunta mais importante: o que demanda de nós considerá-lo como tal?

O contraste entre as duas questões, "é realmente luto?" e "o que isso exige de nós?", alinha-se a duas figuras da tradução: o tema e a versão.[4] Saber se é mesmo "luto verdadeiro", se "isso quer dizer exa-

---

4   O contraste que estabeleço entre "tema" e "versão" não é entre o tema "em si" e a versão "em si". É um contraste entre duas maneiras por meio das quais a experiência "comum" é testada. Para um aluno mediano, o tema representa o esforço trabalhoso de dizer, de maneira exata, a mesma coisa, e esta passagem se realiza sem os recursos da liberdade e da sensibilidade que ele pode haurir de sua própria língua. Barbara Cassin (que me apontou essa dificuldade) mostrou que se pode fazer o que chamo de "versões" quando se traduz de sua própria língua para a língua do outro, ou seja, quando se faz um "tema". De todo modo, ser capaz de escolher e de cultivar as homonímias na língua do outro quando se faz um tema mostra que o procedimento se inscreve no que chamo de "versões". Laurence Bouquiaux, que teve a gentileza de me auxiliar no trabalho de releitura deste manuscrito, fez tal observação. Ela lembrou-me como Leibniz propôs muito bem que uma das maneiras de "acalmar" as controvérsias poderia ser passar pela exigência de traduzir o problema para a língua ou para os termos do outro. Leibniz o fez tão bem, acrescenta Laurence, que um dia, após ter exposto

tamente a mesma coisa", remete ao exercício do *tema*: uma tradução cujo valor primordial é a fidelidade e a conformidade com um texto original. Isso é mesmo um luto "verdadeiro", no sentido exato como nós mesmos o compreendemos? O tema, tal qual o defino – como "ter resposta para tudo" –, prefere os sinônimos aos homônimos: os dois termos, "luto-dos-humanos" e "luto-dos-chimpanzés", devem dizer precisamente a mesma coisa, devem ser substituíveis um pelo outro. Pode-se passar de um universo ao outro tranquilamente, contanto que seja em linha reta, sem deformação. Por outro lado, a tradução que vai operar a partir da pergunta "o que isso demanda de nós?" inscreve--se na outra figura da tradução, especificamente na figura das *versões*. A resposta a essa pergunta não é ela mesma uma versão, mas um vetor da versão, ou melhor, a sua criadora.

A versão, como tradução que conduz de uma outra língua à sua própria, pressupõe, como toda tradução, escolhas. Entretanto, ao contrário do tema, essas escolhas baseiam-se no princípio da multiplicidade dos sentidos possíveis, no leque das possibilidades que as "homonímias" abrangem: um mesmo termo pode abrir inúmeros significados e fazer os sentidos divergirem. Se retomo a maneira como a filósofa Barbara Cassin propõe trabalhar a língua francesa por meio da língua grega, numa tradução, não apenas cada termo e cada operação sintática da língua de partida pode receber vários sentidos como também eles serão traduzidos, na língua de chegada, por termos e operadores sintáticos que podem ter, eles mesmos, vá-

---

um ponto da doutrina, seus correligionários luteranos o tomaram por um criptocatólico! De fato, o que construo no contraste entre tema e versão – a leitura se tornaria complicada se eu o indicasse toda vez com aspas – é uma "maneira de fazer tema" nas múltiplas versões do tema. [Em francês, *thème* (tema) é um exercício de escrita que consiste em passar uma frase ou um texto da língua materna para uma língua estrangeira. Em português, costuma-se chamá-lo "versão". Já a *version* (versão), no caso francês, é o exercício na direção contrária: passa-se um texto em língua estrangeira para a língua materna, o equivalente ao que se chama, em geral, de "tradução". – N. T.]

rios significados.[5] A versão cultiva essas divergências e essas bifurcações de maneira controlada – mas, como se diz, andar é uma maneira controlada de cair.

Assim, no lugar da pergunta temática "o 'luto-dos-humanos' equivale exatamente ao 'luto-dos-chimpanzés'?", a versão recorre a outro procedimento, a um duplo procedimento. Quais são os múltiplos sentidos, as homonímias possíveis, capazes de dar conta do luto entre os humanos? E a pergunta pode remeter aos chimpanzés: quais sentidos poderiam existir entre eles? Não há, portanto, tradução de um termo a outro, mas um duplo movimento de comparações, dentro de cada universo de sentidos possíveis, sob o efeito do que o outro termo induz. Nesse contexto, o antropólogo Eduardo Viveiros de Castro emprega o termo "equivocação". Traduzir, ele diz, é presumir que sempre existe uma equivocação; é comunicar por diferenças, diferenças na sua língua – inúmeras coisas podem reivindicar responder a um mesmo termo –, diferenças na língua do outro e diferenças na própria operação de tradução, pois as duas *equivocalidades* não podem ser sobrepostas. É o que leva Viveiros de Castro a dizer que "a comparação está a serviço da tradução", e não o inverso.[6] Não se traduz para comparar; compara-se com o único objetivo de conseguir traduzir. E comparam-se

---

5   Barbara Cassin, "Relativité de la traduction et relativisme", colóquio *La Pluralité interprétative*, Collège de France, 12–13 jun. 2008. Encontram-se as preocupações da filósofa no fascinante *Vocabulaire européen des philosophies*. Paris: Seuil/Robert, 2004 [ed. bras.: B. Cassin (coord.), Fernando Santoro e Luisa Buarque (orgs.), *Dicionário dos intraduzíveis: um vocabulário das filosofias*, v. 1: *Línguas*. Belo Horizonte: Autêntica, 2018]. Ela propõe uma versão em termos de experiências no livro que escrevi em coautoria com Isabelle Stengers: *Les Faiseuses d'histoires: que font les femmes à la pensée?*. Paris: Les Empêcheurs de Penser en Rond, 2011.

6   Eduardo Viveiros de Castro, "A antropologia perspectivista e o método de equivocação controlada", trad. Marcelo Giacomazzi Camargo e Rodrigo Amaro. *Aceno – Revista de Antropologia do Centro-Oeste*, v. 5, n. 10, ago.–dez. 2018, pp. 247–64. Id., "Zeno and the Art of Anthropology". *Common Knowledge*, v. 17, n. 1, 2011, pp. 128–45.

diferenças, equívocos, homônimos. A equivocação é a implementação das versões.

O tema comprova a reivindicação de um significado único que tem o poder, por si só, de se impor. A tradução em versões, por outro lado, consiste em conectar relações de diferenças.

Quando eu estava escrevendo *Penser comme un rat* [Pensar como um rato], os cientistas a quem apresentei a pesquisa inicial que levaria à redação do livro sugeriram-me esclarecer o que eu queria dizer com "pensar" antes de aplicar o termo aos animais. Tal sugestão – creio que era mesmo a intenção deles – deveria ter me convencido a utilizar outro termo para os ratos, ou a restringir os significados que eu lhe atribuía, a fim de que os dois referentes – a maneira como um rato pensa e a maneira como um humano pensa – fossem exatamente equivalentes. As duas soluções recorrem à tradução temática. Resisti.

Eu sabia que o que estava no cerne de tal dificuldade era o problemático termo "como", porque ele pressupõe a semelhança adquirida e os sentidos fixados. Aliás, ao longo da escrita, cogitei abandoná-lo e dar ao livro o título "pensar com um rato". Por fim, não o fiz e, pensando retroativamente, acho que eu estava certa, pois o termo "como" é justamente o que provoca o mal-estar. O termo "com" teria sido uma solução, na medida em que permite supor uma coexistência sem choques. Mas os choques nos instigam a "manter a vigilância". "Pensar com" certamente induz obrigações éticas e epistemológicas, e tais obrigações são importantes para mim. No entanto, o risco desse termo era não tornar perceptível a dificuldade colocada pelo fato de que os significados só são equivalentes, na melhor das hipóteses, parcialmente, na sequência de um trabalho sobre as homonímias possíveis, um trabalho que obriga a proliferar essas homonímias para harmonizá-las parcialmente; um trabalho que pressupõe tornar visível a própria operação de tradução, as escolhas feitas, os desvios de sentido que devem ser realizados para operar comparações, e as bricolagens a que se deve recorrer para assegurar transições que são sempre confusas. O termo "como" não tinha, portanto, nada de uma equivalência dada cujas instâncias concretas deveriam ser buscadas. Mas ele devia se construir como um operador de bifurcações em nossos próprios significados, um criador de conexões incompletas e parciais. Por fim, isso leva novamente a "pensar com um rato", uma locução que designa não o evento de pensar empiricamente como ou com os ratos, mas o trabalho a que os ratos nos obrigam para pensar sobre "a maneira de pensar 'como'".

O tema segue uma linha, palavra por palavra; a versão desenha uma arborescência. "É o mesmo luto 'verdadeiro'?" é, portanto, uma questão do tema. "O que isso exige de nós?" não é uma versão propriamente dita, mas a questão conduz a ela: quais são os múltiplos significados disponíveis na minha língua ou na minha experiência, e quais são os significados que pensamos fazer sentido na experiência dos chimpanzés? A que nos engajam as divergências entre as experiências deles e as que nós conhecemos? Que trabalho de tradução somos obrigados a fazer para conectá-las?

"Uma boa tradução", acrescenta Viveiros de Castro, é aquela que "permite que os conceitos alienígenas deformem e subvertam a caixa de ferramentas conceitual do tradutor para que o *intentio* da língua original possa ser expresso dentro da língua nova".[7] Traduzir não é explicar, menos ainda explicar o mundo dos outros; é colocar o que pensamos ou experienciamos à prova do que os outros pensam ou experienciam. É experimentar "como pensamos quando *pensamos como um rato?*".

Então, com relação à pergunta "quais são os múltiplos significados disponíveis na minha língua ou na minha experiência?" para traduzir o *luto* dos chimpanzés, posso, por exemplo, descobrir, enfim, que esses recursos acarretam um problema. Os chimpanzés se submetem

---

7 Id., "A antropologia perspectivista e o método de equivocação controlada", op. cit.

à prova da minha língua e do meu universo de experiência porque as definições do luto sobre as quais, aparentemente, "nós, humanos, estamos de acordo" não permitem passar de nosso universo ao deles. Não é o mesmo luto. Mas é justamente nesse momento que se deve abrir a questão, no lugar de fechá-la. É o momento de considerar o fracasso de colocar as definições em relação como um problema – não dos chimpanzés, mas de nossas próprias versões.

"Não tem o mesmo sentido que para nós" não designa a pobreza de significado entre os chimpanzés, mas aponta a nossa. O luto converteu-se, no meu próprio universo cultural, em um tema. Um tema órfão ou solitário, um termo que não tem homônimo, um tema pobre demais para conectar-se, um tema que coloca a nossa experiência sob vigilância.[8] Se queremos, pois, levar a sério a questão "a que nos mobiliza dizer que os chimpanzés conhecem uma versão do luto?", devemos, para não excluir os chimpanzés desde o início, colocar nossas próprias concepções à prova das versões. O trabalho de tradução torna-se, então, trabalho de criação e de fabulação, para resistir à atribuição do tema.

Pode-se apenas chegar a uma constatação: o luto é um futuro sombrio para os mortos. Da mesma forma que é para os vivos. As teorias do luto que os psicólogos ensinam e que os cursos de filosofia ou de moral laica retransmitem são extremamente normativas e prescritivas. Trata-se de um "trabalho" a ser cumprido em fases, em que as pessoas devem aprender a confrontar-se com a realidade, a aceitar o fato de que seus mortos estão mortos e a desligar-se dos vínculos com o falecido; aprender a aceitar seu nada e substitui-los por outros objetos de investimento. É uma *conversão*, certamente, mas de tipo sectário, uma conversão que exclui qualquer outra versão. Uma conversão temática.

---

8 Magali Molinié, *Soigner les Morts pour guérir les vivants*. Paris: Les Empêcheurs de Penser en Rond, 2003.

Convenhamos que o "luto" tal como o entendemos não pode convir aos chimpanzés. O "luto" intima os mortos ao nada, ele obriga a escolher entre relações "reais" e relações "imaginárias" ou "crenças". Ele intima a realidade ao que a nossa tradição cultural define como real. Para que se reconhecesse a consciência do luto nos chimpanzés, seria preciso, pois, que eles tivessem consciência de que, quando os mortos estão mortos, eles não existem mais em *nenhum lugar* e *para sempre*, a não ser na mente dos vivos. Os chimpanzés não têm nenhuma razão para aderir a tal hipótese. Não porque eles não sejam capazes de uma consciência de "não existir mais", de "nenhum lugar" e de "para sempre" (nós mesmos não sabemos), mas porque não há nenhuma *razão histórica* que deveria levá-los a pensar assim.

Ao colocar as coisas dessa maneira, podemos começar a questionar certas versões silenciosas, sufocadas, versões que circulam por baixo dos panos. Versões que encontramos em lugares onde elas são autorizadas como "imaginárias" – essa é a condição para sua aceitação –, nos romances, nos filmes, nas séries de televisão. E, se insistirmos, também perceberemos que inúmeras pessoas têm teorias totalmente diferentes sobre a morte e o sofrimento e não pensam, de modo algum, que os mortos não demandam mais nada delas nem de nós. Mas não há lugares verdadeiros para cultivar tal versão. Essas pessoas aprendem, então, a renunciar a ela para seguir as instruções oficiais e eruditas, a fim de – precisamos esclarecer – não passar por esquisitas, supersticiosas, crédulas ou loucas. Ou, então, elas não renunciam, mas só às custas de se questionar se não são esquisitas, crédulas ou loucas. Ou, ainda, elas encontram outros que pensam mais ou menos como elas, como espíritas ou médiuns, sabendo muito bem que eles passam por supersticiosos, esquisitos, crédulos.[9]

---

9 Ver V. Despret, *Au Bonheur des morts: récits de ceux qui restent*. Paris: Les Empêcheurs de Penser en Rond / La Découverte, 2015.

Então, dizer que os chimpanzés *não têm a consciência da morte* pode fazer passar do tema à versão, do fracasso de uma tradução temática (o que podemos dizer de nós não pode ser dito deles) à experimentação de uma versão (e se nós nos disséssemos *diferentemente?*). Não estou sugerindo que os chimpanzés vão propor uma nova teoria do luto que vai nos salvar; eles já suportaram o suficiente esse papel de modelos que os obrigamos a manter. Isso não seria traduzir, e sim se apropriar. Mas eles nos convidam a reativar nossas versões apagadas, nos obrigam a repensar, põem nossos temas e versões à prova da tradução. Se os tratadores do santuário assumiram a responsabilidade de criar um sofrimento que eles poderiam consolar, isso não nos conta uma história da origem – eis como o luto nasceu –, mas mobiliza para nós a possibilidade de uma outra versão, que mostra que a maneira como respondemos ao luto lhe dá a sua forma particular, suscita-o, mas também o restringe nas formas da resposta: nós somos intimados ao luto de maneira temática, já que o que permite traduzir o sofrimento da ausência, entre nós, só pode receber outras traduções sub-repticiamente, de modo transgressivo. Os chimpanzés podem nos fazer bifurcar com relação às nossas próprias possibilidades de bifurcação.

Traduzir, de acordo com o modo da versão, conduz, pois, a multiplicar as definições e os possíveis, a tornar perceptíveis mais experiências, a cultivar os equívocos; em suma, a proliferar as narrativas que nos constituem como seres sensíveis, conectados aos outros e afetados. Traduzir não é interpretar, é fazer experimentos com as equivocações.

Por um lado, mencionei que, com o tema, somos responsáveis pela escolha do termo em vista da verdade; por outro, com a versão, somos responsáveis pelas consequências possíveis que tal escolha implica [→ **Necessidade**, → **Trabalho**]. Assim, dizer que um animal é dominante pode demandar uma verificação temática que obriga a verificar que o animal é, de fato, o "verdadeiro" dominante em todas as situações, ou a garantir que esse termo equivalha ao que a literatura lhe atribui como significado [→ **Hierarquia**]. Em termos de versões, a questão torna-se: a que nos engaja o fato de denominá-lo assim? Chamá-lo "dominante" privilegia um certo tipo de história, suscita um certo modo de atenção a determinados comportamentos mais do que a outros, torna perceptível a relação com outras versões possíveis. Carregado demais, o termo "dominante" permanece na ordem da versão, mas de uma versão de tendência temática; é sempre a mesma história que se conta a partir desse termo; ele restringe o cenário. Pensar a tradução em termos de versões confere, àquela ou àquele que deve escolher o termo pertinente, a liberdade de abandonar e de encontrar, nos recursos da sua língua, um outro termo que fecunde uma outra narrativa mais interessante – termos como os da deferência, do carisma, do prestígio, do "mais velho", como propuseram sucessivamente Thelma Rowell para seus babuínos, Margaret Power para os chimpanzés de Jane Goodall, Amotz Zahavi para seus tagarelas-árabes ou, enfim, Didier Demorcy para os lobos que observávamos juntos num parque de Lorraine.[10] Ou, ainda, caso se trate de machos que se impõem pela força e fazem reinar o terror, o termo "socialmente inexperiente", pelo qual Shirley Strum optou, para mostrar que tais atitudes demonstram, sobretudo, a incapacidade desses babuínos "dominantes" – que tanto fascinavam os primatólogos – de negociar sutilmente sua posição no grupo.

O interesse das versões – como vemos quando esses termos são utilizados – não é fazer dos outros tábula rasa, mas criar e tornar perceptíveis as relações que os outros calavam, ou às quais as versões deles davam outro sentido.

---

10 Sobre outros termos que designam a dominância e permitem reconstruir uma outra história, "carisma" deve-se a Margaret Power, *The Egalitarian: Human and Chimpanzee*. Cambridge: Cambridge University Press, 1991. Sobre Zahavi e o "prestígio": [→ **Fazer científico**]; sobre Rowell: [→ **Hierarquia**].

São versões, em suma, que tento cultivar nessa forma um pouco bizarra de sucessão de textos que se apresentam separados uns dos outros, autorizando essa "tomada pelo meio" semelhante à dos abecedários ou dos dicionários, dos livros de parlendas ou de poemas.[11] Cada história recebe, ou às vezes não, uma luz particular no contexto em que é recebida ou convocada. Mas cada uma se ilumina de forma diferente pelas outras histórias que respondem a partir de seu próprio contexto de enunciação, e segundo a maneira fortuita como elas se conectam. Essas conexões entre versões poderiam tornar perceptíveis outras maneiras de considerar as histórias de práticas e de animais, de julgar o interesse delas, sua repetitividade, as contradições que levantam e sua criatividade – às vezes, não duvido, contra minhas próprias maneiras de apreendê-las. Mas o êxito desse tipo de dispositivo seria justamente tornar as coisas menos simples e gaguejar à leitura como me acontece ao escrever, rindo ou me irritando. Em suma, cultivar – como Donna Haraway faz tão bem, não sem mal-estar nem perturbação, com raiva ou humor – versões contraditórias e impossíveis de harmonizar.[12]

---

11 A questão da versão é importante para mim há muitos anos. Se ela se enriquece com as novas leituras e testes, isso só poderia "se sustentar" pelas possibilidades (pelas "capturas") abertas pelo trabalho coletivo que levou à sua elaboração e para o qual cada modificação carrega uma lembrança (agradeço a Didier Demorcy, Marco Mattéos-Diaz e Isabelle Stengers).

12 Sobre as verdades contraditórias e impossíveis de harmonizar, durante uma perturbação ou mal-estar, remeto a Donna Haraway, *When Species Meet*. Minneapolis: University of Minnesota Press, 2008 [ed. bras.: *Quando as espécies se encontram*, trad. Juliana Fausto. São Paulo: Ubu Editora, no prelo].

de Watana

Quem inventou a linguagem e a matemática?

Watana é uma matemática pré-conceitual. Apesar de muito jovem, ela já foi objeto de artigos científicos, de vídeos, e seu trabalho foi exibido numa exposição na Grande Halle de la Villette, em Paris. Ela nasceu em 1995, na cidade de Antuérpia, na Bélgica. Rejeitada por sua mãe, foi adotada por funcionários do zoológico. Em seguida, ela passou algum tempo em Stuttgart, na Alemanha, até chegar a Paris, em maio de 1998, para integrar o conjunto de animais do Jardim das Plantas. Ela pertence à espécie dos orangotangos, uma espécie que até o momento não legou grandes nomes à história da matemática. Nenhum animal o fez, apesar de algumas tentativas para, ao menos, introduzi-los no mundo da aritmética.

Podem-se encontrar nos escritos de um naturalista do século XVIII, Charles-George Leroy, relatos de caçadores afirmando que, se eles tentassem enganar uma pega-rabuda para roubar seus ovos e utilizassem a estratégia de abandonar a área deixando um deles em emboscada, ela só seria capturada se o número de caçadores fosse maior do que quatro. As pegas-rabudas, segundo esse relato, diferenciariam, portanto, entre três e quatro, mas não entre quatro e cinco.

A capacidade de "contar" foi, ao longo do século XX, posta à prova nos laboratórios cognitivistas. Sobretudo as grallas e os papagaios – mas estão longe de ser os únicos – podem discriminar cartões nos quais um certo número de pontos é desenhado. Os resultados, entretanto, foram contestados: os animais não contariam, mas sim reconheceriam uma espécie de *Gestalt* formada pelo conjunto.

O etologista Rémy Chauvin responde que é assim que nós mesmos procedemos na maior parte do tempo e que alguns gênios matemáticos não têm, materialmente, tempo para fazer o cálculo que lhes é proposto. Deve tratar-se de outra coisa. Não dizem que os proprietários japoneses de carpas ornamentais não sabem quantas vivem em seu tanque, de tão numerosas que são, mas que conseguem notar imediatamente se falta apenas uma?

Por meio do modelo do reforço, também os ratos foram submetidos à questão de serem ou não capazes de "contar". O rato deve demonstrar, por exemplo, que é capaz de se abster de apertar uma alavanca até que um determinado número de sinais de estímulo tenha sido emitido.

Mais famoso é o caso de Hans, o cavalo berlinense que acreditavam ser capaz de resolver adições, subtrações e multiplicações e, até mesmo, de extrair a raiz quadrada. De fato, durante um tempo, numerosos indícios pesaram a favor dessa hipótese, quando, submetido a um júri imparcial em setembro de 1904, o cavalo mostrou que podia resolver problemas cuja resposta ele dava por meio do número de batidas do casco. O psicólogo Oskar Pfungst foi encarregado de resolver o assunto e o conduziu com eficiência: para a psicologia científica nascente, era impensável que um cavalo soubesse contar. Pfungst descobriu, durante testes aos quais o cavalo foi submetido, que ele lia indícios involuntários do momento em que deveria parar a contagem a partir do corpo daquele que lhe fazia a pergunta. O assunto foi encerrado, embora alguns, como Rémy Chauvin, ainda questionassem a pertinência dos resultados e considerassem que o cavalo podia muito bem ter recorrido a dons de telepatia. Certamente, a ideia de atribuir competências tão marcadamente humanas a um cavalo pode parecer pouco razoável. Mas alguns insistiram na ideia de que, mesmo que o cavalo não contasse como nós, sua competência não se limitava a ler os movimentos dos humanos. Nos argumentos evocados nessa controvérsia, encontra-se uma observação outrora feita por mineradores, os quais constataram, ao observar os cavalos que puxavam carrinhos de mineração, que eles se recusavam a andar se os dezoito carrinhos habituais não estivessem atrelados atrás deles.

Alguns autores também consideram o desempenho dos macacos em testes envolvendo trocas como uma demonstração de competências em cálculo. Nesses experimentos, os chimpanzés aprenderam a manipular dinheiro (ou fichas) com o qual podiam pagar por suplemento de comida ou por serviços. Podemos rir, lamentar que eles estejam presos no sistema do comércio ou, ainda, apreciar o fato de que o dinheiro ratifica a ideia de que eles trabalham [→ **Trabalho**]. Além disso, nos testes experimentais ditos de cooperação, viu-se que macacos-prego podiam recusar-se a cooperar se sentissem que a troca era desigual [→ **Justiça**]. Eles podiam comparar ordens de grandeza, o que, mesmo sem ser aritmética, constitui suas premissas. Pesquisas recentes destinadas a questionar o modelo do animal como "ator econômico racional" mostram que os macacos – mais uma vez os macacos-prego – podem utilizar dinheiro nas transações, mas que algumas vezes eles "calculariam" racionalmente e outras nem tanto. Quando os preços de um produto alimentício diminuem, eles optam pelo menos caro. Mas suas escolhas se tornam "irracionais" – pelo menos segundo certa concepção de racionalidade adotada pelos experimentadores – quando são propostas transações nas quais os macacos-prego podem ganhar ou perder parte da compra; sob *benefícios iguais*, eles privilegiam as transações que conferem o sentimento de ganho.[1]

O fato de Watana ser considerada uma matemática pré-conceitual advém de outra área. Seu talento se exerceria no domínio da geometria. É a proposta de dois pesquisadores que a estudaram no

---

[1] As informações sobre os macacos-prego envolvidos em comércio encontram-se em M. Keith Chen, Venkat Lakshminarayanan e Laurie Santos, "How Basic Are Our Behavioral Biases? Evidences from Capuchin Monkey Trading Behavior". *Journal of Political Economy*, v. 114, n. 3, 2006.

conjunto de animais do Jardim das Plantas: um filósofo, Dominique Lestel, e uma artista filósofa, Chris Herzfeld.[2] A história começou quando Chris Herzfeld ficou intrigada com o comportamento da jovem orangotango que ela fotografava. Watana brincava com um pedaço de corda na qual parecia fazer nós. Uma observação mais atenta confirmou: era justamente isso que ela estava fazendo. Seu tratador, Gérard Douceau, sustentou essa hipótese. Watana sempre fora atraída pelos cadarços de seus sapatos, ele diz, e tentava desamarrá-los toda vez que tinha a oportunidade.

Chris Herzfeld consulta, então, a literatura científica à procura de outros casos. Há apenas um único caso de macacos que fazem nós. Por outro lado, em cativeiro, os relatos são mais promissores. Tanto nos santuários de reabilitação como nos zoológicos, macacos foram vistos desfazendo nós e, ocasionalmente, até mesmo os fazendo. Mas esse tipo de observação tem poucas chances de ser retomado pelos cientistas, são anedotas. Assim, a pesquisadora decide lançar uma enquete por e-mail.

No artigo que retoma o resultado de suas pesquisas, Dominique Lestel e Chris Herzfeld esclarecem que *hoje*, ou seja, desde a publicação da pesquisa de Byrne e Whiten sobre a mentira entre os primatas em 1988, esse tipo de abordagem metodológica é considerado pertinente. Aqui é preciso fazer um parêntese. O senso de obrigação que os impele a esclarecer esse ponto nos deixa ver o caminho percorrido há uma centena de anos – contando que, por

---

2 O trabalho fotográfico de Chris Herzfeld está num livro coletivo: Pascal Picq et al., *Les Grands Singes: l'humanité au fond des yeux*. Paris: Odile Jacob, 2009. Alguns dos filmes produzidos sobre Watana foram exibidos na exposição *Bêtes et Hommes*, na Grande Halle de la Villette, em 2007. Há um texto de Chris Herzfeld no catálogo da exposição. Sobre o restante, remeto à contribuição de Dominique Lestel e C. Herzfeld, "Topological Ape: Knot Tying and Untying and the Origins of Mathematics", in Pierre Grialou, Giuseppe Longo e Mitsuhiro Okada (orgs.), *Images and Reasoning: Interdisciplinary Conference Series on Reasoning Studies*, v. 1. Tokyo: Keio University Press, 2005, pp. 147–63.

"caminho percorrido", se entenda não progresso, mas uma marcha consistente com a expressão "um passo para a frente, dois passos para trás". Esse esclarecimento narra por si só toda uma parte da história das ciências dos animais, a forma como as rivalidades entre "maneiras de saber" resultaram na desqualificação de uma parte importante dos recursos que poderiam ter constituído o seu *corpus* [→ **Fazer científico**]. Darwin conduziu uma grande parte das investigações assim, com a técnica posta à parte, escrevendo, nos quatro cantos do mundo, perguntas do tipo: "Os senhores observaram...?". Em boa parte, as observações que sustentavam sua teoria emanavam de naturalistas amadores, caçadores, proprietários de cães, missionários, tratadores de zoológico e colonos. A única precaução que ele tomava era a de especificar que o relato parecia confiável porque provinha de uma pessoa digna de confiança. Naquela época, esse tipo de garantia ainda bastava.

No entanto, o esclarecimento por parte dos dois autores do artigo também sugere outra coisa, perceptível em todos os artigos científicos e que constitui o interesse da prática da publicação: esse esclarecimento traduz que cada cientista se dirige a colegas que "se mantêm vigilantes". Ele exibe um dos modos de reflexividade próprios dos cientistas que devem construir seus objetos e, portanto, por um lado, tomar cuidado com as metodologias (como é o caso aqui) e, por outro, garantir a confiabilidade de suas interpretações sempre passíveis de contraposição por parte de uma interpretação concorrente: "Poderiam argumentar que", por exemplo, "o simples condicionamento explicaria" [→ **Mentirosos**, → **Pegas-rabudas**]. Cada cientista deve, antes mesmo de submeter seu trabalho à crítica dos colegas, criar um diálogo imaginário com eles, no qual se antecipem todas as objeções, à maneira de uma "reflexividade distribuída".[3]

---

3 Inicialmente, fiquei atenta à questão da "reflexividade distribuída" em resposta a Isabelle Stengers, quando ela evocou as "interpretações rivais" em *L'Invention des sciences modernes*. Voltei ao texto quando o antropólogo Dan Sperber me apontou

Voltemos à investigação de Herzfeld. Ela recebeu 96 respostas. Dentre os adeptos do nó encontram-se macacos falantes, bonobos e chimpanzés; o prêmio, entretanto, é dos orangotangos: eles são sete, contra três bonobos e dois chimpanzés. Todos foram criados por humanos, seja em zoológicos, seja em laboratórios. A super-representação dos orangotangos não é surpreendente; na natureza eles constroem seus ninhos; em cativeiro, parecem gostar de manipular objetos e de brincar sozinhos com eles.

Watana não é uma exceção, mas é especialmente talentosa. Assim, Lestel e Herzfeld propõem colocar os talentos dela à prova. Em condições controladas e filmadas, o dispositivo experimental consiste em lhe oferecer material para amarrar e fazer bricolagem: rolos de papel, papelão, pedaços de madeira, tubos de bambu, fios, cordas, laços, estacas de jardinagem e pedaços de tecido. Assim que recebe o material, Watana começa a fazer nós usando as mãos, os pés e a boca. Ela junta dois pedaços de fio, amarra-os, em seguida faz uma série de nós e de laços, passa os laços uns pelos outros, insere pedaços de papelão, de madeira ou de bambu. Ela faz um colar de duas voltas, coloca em torno do pescoço, em seguida joga-o para cima

---

que era fácil ser crítica em relação aos artefatos dos laboratórios, pois os próprios cientistas fazem esse tipo de crítica a si mesmos e mutuamente. Então, eu tinha apenas de segui-los e divulgá-los. Concordo com Sperber, mas somente em parte, pois isso permite reivindicar uma postura pragmatista: seguir os atores no que eles dizem e fazem, sem construir "um conhecimento nas costas deles" e sem ver meu trabalho se inscrever num regime de denúncia ou de desmascaramento ("os cientistas não sabem o que estão fazendo"). Mas é justamente porque acho que os cientistas não sabem o que estão fazendo na área da psicologia (humana ou animal) que reivindico fazer outra coisa além de simplesmente reproduzir as críticas que eles fazem entre si. Prefiro poder confiar neles e não ficar na posição desconfortável e contraditória – em relação às minhas escolhas epistemológicas – da denúncia. Nesse sentido, continuo sendo uma "amadora" – como Bruno Latour, mas de um modo que ele certamente acharia normativo –, ou seja, alguém que gosta das coisas e que se esforça para conhecer bem e para cultivar aquilo de que gosta. E que pode, portanto, dizer às vezes: "Isso não é de bom gosto".

várias vezes. Por fim, recolhe-o e desamarra-o cuidadosamente. Em outros momentos, utiliza fios coloridos ou, então, prende as cordas a suportes fixos de sua jaula e traça formas com elas de um ponto a outro no espaço.

Em quase todos os casos, ela desfaz o trabalho efetuado. Desamarrar é tão importante quanto amarrar – e, se algum dia alguém tiver a ideia de fazer uma arqueologia dos nós, ela estará bastante comprometida no caso dos orangotangos; mas não é esse o problema da arqueologia dos animais? A exemplo do problema que a arqueologia das invenções femininas encontra – cestos de coleta ou porta-bebês –, os artefatos dos animais deixaram poucos traços, o que não favorece nem um pouco a visão de que desempenham um papel na história ou, mesmo, de que têm uma história própria. Mais vale inventar armas.

Lestel e Herzfeld interrogavam-se sobre o motivo por trás dos comportamentos de Watana. Não se trata, eles afirmam, de utensílios: estes geralmente são moldados pelo uso, o que não é o caso aqui. A hipótese da brincadeira poderia ser convincente, já que a atividade pertence ao registro dos comportamentos gratuitos. Ora, Watana recusa-se a fazer nós com seu parceiro de jaula, Tübo, com quem ela brinca habitualmente.

O fato de Watana ter tido a ideia de utilizar os acessórios da jaula como ganchos para fixação, e a maneira como experimentou tal possibilidade, guiaram a hipótese dos pesquisadores. Watana cria formas. E essas formas indicam que o prazer não está apenas na brincadeira: elas significam, elas traduzem um *ato de geração de formas*. Os pesquisadores explicam que é uma espécie de desafio ao qual ela tem de responder. Watana não pega as cordas a esmo, ela *pensa* no que pode fazer com elas. "Ela dá sentido ao que faz e se interessa em fazê-lo."[4] Longe de executar seus trabalhos de maneira indolente ou distraída, ela dedica grande atenção a, por alguns instantes, observar o que fez

---

4 C. Herzfeld e D. Lestel, "Topological Ape: Knot Tying and Untying and the Origins of Mathematics", op. cit., p. 154.

e o que ainda pode fazer. Portanto, ela coloca em prática, segundo os dois autores, uma "lógica exploratória", relativa à sua exploração sistemática das propriedades físicas e lógicas da atividade de fazer nós. Nesse sentido, Lestel e Herzfeld puderam considerar que Watana demonstrava sua entrada no universo da matemática pela porta da geometria pré-conceitual. É claro que ela não demonstra teoremas; ela explora as propriedades *práticas e geométricas* dos nós *enquanto tais*. Ela os identifica como o resultado de *ações reversíveis*, ela tem uma *representação funcional* dessas propriedades. E as explora com seu corpo, colocando em prática o que eles chamam de "matemática incorporada".

Para os dois pesquisadores, "o interesse pelas formas em si e a pesquisa das manipulações pertinentes para explorar mais a fundo suas propriedades são as *origens reais* (*true beginnings*) da atividade matemática".[5]

Escolhi traduzir o termo inglês "*beginnings*" por "origens" (o que o dicionário autoriza) em vez de "fundamentos", apresentado como equivalente. Ambas as traduções abrangem um significado muito similar, mas, se escolho o termo "origem", é porque vou insistir nele um pouco adiante, na última parte deste capítulo. O termo "origens" volta, então, várias vezes, assim como a expressão "filogênese da razão".[6] Certamente, o projeto de uma epistemologia não humana é tentador – e não sou daquelas que poderiam, como temem os autores, ficar incomodada com isso –, ainda mais tentador porque isso nos obrigaria a nos interessar por uma "história dos grupos animais". Mas não tenho certeza de que esse seja exatamente o tipo de história que os honra. Trata-se ainda, e sempre, da nossa história. Grupos de chimpanzés, de macacos ou de babuínos já são observados há várias gerações – o que levou Bruno Latour a dizer que raros são os grupos humanos que puderam se beneficiar desse tipo de atenção por parte

---

5 Ibid., p. 155.
6 Ibid., p. 160.

de seus antropólogos –, e creio que esta é a maneira *deles* de entrar na história: pela porta dos fundos, que, às vezes, é a melhor opção; não é preciso chegar com as mãos cheias de promessas e de presentes nem se arrumar todo. Querer que Watana se encarregue da nossa origem não é dar aos macacos uma história, mas sim forçá-los a seguir a nossa e a serem nossos ancestrais.

Eu diria, em defesa de Lestel e Herzfeld, que eles, sem dúvida, conformaram-se com as leis do gênero, que a fascinante investigação que conduziram com imaginação e muita audácia deve ter feito algumas concessões às pressões que pesam sobre as publicações e sobre os créditos das pesquisas. É evidente que a questão da origem faz parte das leis do gênero, ela parece responder a uma exigência implícita. Interessem-se pelo que quiserem; se a questão da origem de nossos comportamentos está em pauta, isso se torna interessante *para nós*. Desse modo, paramentamos os macacos com inúmeras histórias de origem para as quais eles tinham de fornecer o cenário. Assim, os babuínos das savanas tiveram de comprovar a primeira "descida das árvores", e os chimpanzés, a origem da moralidade, do comércio e de muitas outras coisas mais.

Nesse aspecto, o prêmio vai para a linguagem; um número impressionante de comportamentos foi estudado dessa maneira porque se supôs que estariam na sua origem. Do início ao fim, essas pesquisas dão, portanto, a impressão singular da mais absoluta comédia. Mesmo os autores pelos quais tenho a maior simpatia não escapam do fascínio pela origem da linguagem. Bruce Bagemihl, por exemplo [→ **Queer**], afirma que a gestualidade simbólica que acompanha os convites sexuais deve ter favorecido a aquisição da linguagem. Ela seria uma de suas origens. Os chimpanzés que lançam suas fezes na cabeça dos pesquisadores [→ **Delinquentes**] são investigados no âmbito desse programa: o ato de lançar, de modo intencional, pedras ou armas (embora os pesquisadores não tenham se arriscado a ponto de fornecê-las a seus chimpanzés) teria favorecido o desenvolvimento dos centros neuronais responsáveis pela linguagem. *Last but not least* – e vou parar por aqui –, o antropólogo Robin Dunbar propôs, em 1996, que a linguagem surgiu como substituta da catação de piolhos ou do "cuidado social".[7] Os cientistas concordam que este tem como função manter o vínculo social. No entanto, pelo fato de só poder ser realizada de um em um, diz Dunbar, a catação só pode garantir a coesão social nos grupos de tamanho reduzido. A palavra teria substituído essa atividade não como veículo de conteúdos informacionais, mas como atividade pragmática de "bate-papo", uma atividade de manutenção do vínculo: falar para não dizer nada permite criar ou manter o contato – exceto, evidentemente, e este é o ponto fraco da teoria, por ser preciso imaginar o bate-papo como anterior a toda forma de linguagem falada e negligenciar que, para "bater papo", toda uma imaginação linguística é antes necessária.

Essa obsessão um pouco maníaca pela pesquisa *da* origem da linguagem tende a me fazer sorrir. Quanto a isso, às vezes tenho até uma magnanimidade divertida com relação às pessoas – quando não é preciso suportá-las por muito tempo – que voltam sempre à mesma hipótese, o que inspira o aspecto cômico das histórias em quadrinhos, dos textos humorísticos – Jean-Baptiste Botul e sua *La Métaphysique du mou* [A metafísica do mole] –, do cinema de Jacques Tati ou da literatura. O que dizia sobre isso, o tempo todo, aquele herói papagaio de *Zazie no metrô*?[8] "Você fala, fala, é só isso que sabe fazer."

---

7 Robin Dunbar, *Grooming, Gossip and the Evolution of Language*. Cambridge: Faber & Faber / Harvard University Press, 1996.

8 Referência ao romance de Raymond Queneau, *Zazie no metrô* [1959], trad. Paulo Werneck. São Paulo: Cosac Naify, 2009. [N. T.]

X
de
Xeno-transplantes

É possível viver com um coração de porco?

Gal-KO é um ser estranho. Conheço-o apenas pela literatura científica, mas posso imaginar com o que se parece. Quando penso em Gal-KO, vêm-me à memória aqueles "Piggies" cuja existência foi descoberta pelos terráqueos de um futuro distante, ao chegarem ao planeta Lusitânia, no segundo volume da série *Ender's Game*, de Orson Scott Card. Os Piggies não são humanos; como o nome sugere, eles são meio homens, meio porcos. Mas pensam, riem, ficam tristes, amam, têm medo, apegam-se e preocupam-se com os seus e até mesmo com os homens e as mulheres com quem convivem (os xenólogos e os xenobiólogos a quem foi dada a missão de conhecê-los). Eles falam várias línguas diferentes, dependendo de a quem se dirigem: se às fêmeas, a um companheiro ou a um humano falante de português – toda uma história é marcada pelo uso dessa língua pelos terráqueos. Nem humanos nem animais, os Piggies colocam os homens à prova das categorias das espécies e dos reinos. Eles conversam com as árvores e estas lhes respondem, mas sem o que chamamos de palavras. As árvores são seus ancestrais, pois em cada Piggie há o núcleo de uma árvore na qual ele se transformará quando seu corpo for desmembrado segundo o ritual de transformação. Um novo ciclo de vida abre-se, então, diante dele.

De modo fabulador, eu tentaria alimentar – e aí se encontra justamente um dos recursos essenciais da ficção científica – a história de Gal-KO com aquela que os Piggies desenvolvem com os humanos. São histórias difíceis, nas quais a vida de uns significa a morte de outros, nas quais humanos e Piggies se encontram, tentam ser honestos, mas nem sempre conseguem, vivem e morrem com e pelos outros, tentam compor e se recompor juntos. Em um nível interplanetário, são espécies companheiras.

Gal-KO habita nosso planeta; ele pertence a nosso presente, mas dizem que ele é nosso futuro.[1] Ele se assemelha a um porco porque é um. Mas o termo "espécie companheira" é empregado com relação a ele de modo inédito na história que uniu os porcos e os homens; Gal-KO é parcialmente humano: ele foi inventado há pouco tempo. Gal-KO foi geneticamente modificado a fim de que nossos corpos tolerassem os órgãos que um dia ele nos cederá. Ele foi reconfigurado a fim de que as fronteiras biológica e política pelas quais nossos corpos diferenciam o que é "nós" do "não nós" não sejam mais um obstáculo para a sua doação. Como afirmam os pesquisadores, os anticorpos "xenogênicos" responsáveis pela rejeição do órgão transplantado nos casos de "combinações" de espécies foram "inibidos" – o que dá a Gal-KO parte do seu nome: o gene inibido é aquele codificado para a galactosiltransferase.

Resta-me este último elo sobre o vínculo com os Piggies: o núcleo de Gal-KO que, fora dele, sobreviverá à sua morte se tornará, portanto, parte da vida de um humano. É essa operação que denominamos xenotransplante.

Por enquanto, o xenotransplante só é praticado em testes com chimpanzés. Enquanto a sua sobrevida não atingir um ano, o método não poderá ser utilizado em seres humanos. É uma estranha ironia da história esses dois seres, que em toda a memória terrena não tiveram muita coisa a se dizer, virem seus destinos unidos nos laboratórios de fisiologia. O chimpanzé ocupou por muito tempo o lugar que Gal-KO ocupa hoje. Nos anos 1960, ele aparecia como o doador favorito por

---

[1] O artigo científico que retoma em francês as pesquisas da equipe de Céline Séveno, que reconfigurou Gal-KO, foi publicado em *Médecines/Sciences* em 2005 com o título "Les Xénogreffes finiront-elles par être acceptées?".

sua proximidade com o ser humano. Os fracassos dos transplantes encorajavam o questionamento de sua utilização; o argumento da proximidade sobre o qual se baseava sua possibilidade tornou-se, ao mesmo tempo, aquilo que o impedia. O chimpanzé é realmente muito próximo; o babuíno o substitui. Segundo a investigação conduzida por Catherine Rémy, o fracasso do transplante de um coração de babuíno para o corpo de uma menininha de dez dias, em 1984, ressuscitaria, todavia, a controvérsia.[2] A recém-nascida apresentava uma hipoplasia ventricular; ela morreu cerca de uma semana após o transplante. A polêmica se desenrola, observa Rémy, quase que exclusivamente entre jornalistas e profissionais da saúde; os únicos participantes externos eram militantes dos grupos de defesa dos animais. Estes não se limitaram ao fato de que o animal fora sacrificado, pois a menininha também tinha sido vítima do sacrifício. Outras críticas se seguiram, em particular quando se percebeu que os transplantes praticados até então – e que haviam se mostrado um fracasso – tinham todos sido realizados em pessoas vulneráveis ou com deficiências: um desfavorecido cego e surdo que morava em um *trailer*, um homem negro sem renda, um condenado à morte. É nas fronteiras da humanidade que as questões do que é humano, e do que não é, menos se colocam. A temática do sacrifício tomou seu lugar sem grandes dificuldades. Mas essa descoberta pesaria no debate; o babuíno não seria mais um doador.

O fato de o chimpanzé ser hoje o substituto do humano na fase pré-clínica comprova as contradições impressionantes que abundam nesse tipo de pesquisa. Quando a analogia fisiológica funciona como analogia moral, a prática torna-se problemática; ela reconfigura-se, então, em outros modos de diferença e de proximidade.

---

2 A citação de Catherine Rémy foi extraída de seu livro *La Fin des bêtes: une ethnographie de la mise à mort des animaux*. Paris: Economica, 2009. A terceira parte relata seu trabalho de campo nos laboratórios. Inspirei-me igualmente, sobre a história dos xenotransplantes, em seu artigo mais teórico: "Le Cochon est-il l'avenir de l'homme ? Les xénogreffes et l'hybridation du corps humain". *Terrain*, n. 52, 2009, pp. 112–25.

O chimpanzé não pode mais ser doador porque é muito próximo; por ser muito próximo, ele pode ser o substituto do receptor. Há múltiplas maneiras não coincidentes de ser o "mesmo" do outro; há certamente ainda mais maneiras de ser "diferente".

É nesse jogo complicado do "mesmo" e do "diferente" que o sentido da substituição assumido por Gal-KO pode ser lido. Afinal, a proximidade desse porco com o humano mostra-se, comparada à do chimpanzé, maior do ponto de vista fisiológico, tanto em relação ao tamanho dos órgãos – os do chimpanzé são pequenos demais para os humanos adultos – como em relação à tolerância do órgão transplantado, graças às manipulações genéticas. Por outro lado, a proximidade moral parece, ao menos à primeira vista, totalmente excluída.

Contudo, essa categorização revela não ser tão simples; ela não segue exatamente os contornos da distinção entre corpos e seres. Por um lado, os cientistas entrevistados por Rémy falam de seu trabalho de manipulação alegando que Gal-KO é "humanizado". O artigo dos pesquisadores que reconfiguraram geneticamente o porco evoca, por sua vez, o termo "humanização". Nesse contexto, tal denominação não se refere àquilo que o porco "é", mas se trata de um termo prático, de uma condição técnica: a qualidade não se baseia na "mesmidade", e sim na "continuidade"; ela autoriza a passagem de uma categoria de ser à outra. O termo "humano" permite a ação, não a induz.

Por outro lado, a investigação de campo conduzida por Rémy nesses laboratórios acrescenta ainda mais às contradições inerentes aos limites das categorias. O que quer dizer "próximo" (quase semelhante ou humano) em referência a Gal-KO ganha um significado diferente se é utilizado por pesquisadores ou colocado em prática pelos técnicos de laboratório de acordo com as diferentes situações. Os diferentes significados coexistem, mas de um modo compartimentado. Esse regime de coexistência é visível, sobretudo, no contraste das práticas, as dos técnicos de laboratório, por um lado, e as dos cientistas, por outro. Isso quer dizer que ela é perceptível sobretudo nos gestos. Rémy observa, por exemplo, que, quando um órgão é removido de um animal, seu corpo é cuidadosamente costurado, *após a eutanásia*, pelos tratadores de animais. Por meio desse procedimento, o animal conserva um "corpo", ele não se torna nem uma carcaça, como os animais de açougue, nem um dejeto a ser descartado. Ele é tratado como "próximo". É óbvio que o corpo será eliminado, mas apenas depois de um tratamento que mantém sua condição de corpo, digo, de "defunto" [→ **Kg**]. Nessa condição, o animal *obriga*, e, sobretudo, ele obriga gestos que desaceleram, que rompem com a rotina dos hábitos.

Outros gestos aparecem atestando, igualmente, essa vontade de "prestar atenção". Os criadores de animais, de acordo com as observações de Rémy, podem, em alguns momentos, dirigir-se ao animal que será submetido aos procedimentos experimentais e, com gentileza e compaixão, dizer ao porco que vai para a sala de operação: "Coitadinho! Vão fazer algo com você!".

Segundo uma divisão do trabalho bem marcada, os pesquisadores delegam aos tratadores as preocupações relativas ao bem-estar e, sobretudo, esperam que eles "saibam o que há na mente do animal". Quando os animais causam problemas ou apresentam comportamentos inesperados, a "menor falta de alinhamento" desperta a confusão dos cientistas, que imediatamente relegam a gestão aos tratadores. Essa organização do trabalho também pode ser vista nos relatórios que pesquisadores e técnicos mantêm, e de forma ainda mais perceptível quando podem se expressar no registro do humor. Enquanto os pesquisadores ora reconhecem as preocupações dos tratadores, ora debocham abertamente delas – dos afetos ou da inquietação que eles manifestam, assim como do fato de "lerem a mente dos animais" –, os tratadores veem com ironia a ausência de bom senso dos pesquisadores.

Evidentemente, o contraste nunca é tão claro nos discursos quanto nas interações, ainda mais porque o que acabo de descrever pode ser matizado pela vontade explícita dos pesquisadores, e frequentemente reivindicada por estes, de oferecer um "tratamento respeitoso" ao animal... delegando o encargo aos técnicos. Eles também insistem na necessidade de uma consideração ética dos animais, de um tratamento "humanitário" que se aproxime daquele dispensado ao homem. Catherine Rémy diz que

> o paradoxo é que a compreensão dos não humanos resulta, ao menos em parte, em "transbordamentos" aos quais alguns dispositivos levam. Dito de outra forma, foi o surgimento de uma instrumentalização sem precedentes que criou as condições de uma definição do animal como criatura sensível e inocente.

Uma vítima. E sua morte, um sacrifício.

É possível construir uma história a partir desse paradoxo? Eu acho que não, pois não consigo confiar na escolha de considerar o animal como uma vítima a fim de nos obrigar a pensar, assim como tampouco acredito que o sacrifício nos ajude a fazê-lo de alguma forma. As razões que se ligam ao sacrifício são pesadas demais, elas situam a questão numa alternativa inexorável – a qual, aliás, sempre evocará argumentos a respeito de um bem maior. A tradição do sacrifício pode ser uma história interessante, mas não autoriza nenhuma sequência que nos obrigue a pensar diante de Gal-KO, postos à prova de sua presença.

Que tipo de inteligência deveríamos cultivar para viver com Gal-KO, agora que ele está aqui? E como fazê-lo? O fato de eu ter recorrido à ficção científica e aos Piggies, que problematizam os humanos e suas categorias, expressa a minha dificuldade. Mas, se me refiro a eles, é, acima de tudo, porque o encontro dos humanos com os Piggies coloca, de maneira muito concreta, uma série de problemas para os xenólogos; problemas que exigem soluções e que não permitem que nenhum dos envolvidos se julgue inocente: como nos dirigir a eles? Como ser honestos com eles e com os nossos, em situações em que os interesses são inconciliáveis? Como tratá-los bem? Isso não exclui nem conflitos, nem violências, nem traições em Lusitânia. Mas nada disso é óbvio. Não há "bem maior" que possa ser evocado, muito menos bem da humanidade, sobre o qual os Piggies poderiam dizer que é problema dela, já que não está articulado aos problemas *deles*, e que só é "superior" por ter sido inscrito em relações de poder.

Qual história poderia ter como sequência o que acontece com Gal-KO? Como imaginar herdar uma história pela qual seríamos responsáveis?

Essa história ainda está para ser criada. Eu não tenho nem o roteiro nem os contornos. Mas, se eu tivesse de procurá-los, creio que tentaria situá-los onde se concretizam as *metamorfoses*. Afinal, o que o destino de Gal-KO pode evocar tem relação com a possibilidade que o nosso imaginário cultivou: a das metamorfoses, ou seja, a transformação dos seres pela transformação dos corpos.

Mas precisamos abrir as possibilidades de tal metamorfose. Por um lado, se eu sigo a investigação de Rémy, os cientistas nunca a evocam em referência aos humanos. Por outro lado, ela me parece limitada, em relação aos animais, pelo regime no qual são pensadas as transformações: o da *hibridização*. Se esse termo guarda promessas na perspectiva de uma história contínua que conduz a uma diversidade cada vez maior, ele não mantém nenhuma dessas promessas: a hibridização permanece no registro da "combinação" e, portanto, da reprodução de certas características das duas espécies "parentes". Pensar em termos de hibridização obriga a sequência a dar e a impor um regime binário – porcos humanizados com a possível recíproca de humanos porcinizados. A metamorfose, por outro lado, retraduz a "combinação" no regime das "composições", um regime aberto à surpresa e ao acontecimento: "outra coisa" poderia surgir modificando profundamente os seres e suas relações. A metamorfose inscreve-se nos mitos e nas fabulações biológicas e políticas da invenção.

É com o processo biológico chamado "simbiogênese" que eu começaria essa fabulação, seguindo a análise que Donna Haraway oferece ao trabalho dos biólogos Lynn Margulis e Dorion Sagan. Eu confio ainda mais nessa escolha pelo fato de ela responder a um desafio similar ao meu: construir outras histórias que ofereçam um futuro diferente às "espécies companheiras". Há anos Margulis e Sagan estudam o desenvolvimento das bactérias. Eles dizem que as bactérias trocam genes o tempo todo, num incessante tráfego de idas e vindas, e suas trocas nunca conseguem formar espécies de fronteiras bem delimitadas, produzindo entre os taxonomistas, comenta Haraway, "ou bem um momento de êxtase ou uma dor de cabeça".[3] A força criativa da simbiose produziu células eucariontes a partir das bactérias, e é possível reconstruir a história de todos os seres vivos inscrevendo-a nesse grande jogo de trocas. Todos os organismos, dos fungos às plantas e aos animais, têm uma origem simbiótica.

Mas essa origem não é a palavra final da história: "a criação da novidade por meio da simbiose não terminou com a evolução das primeiras células nucleadas. A simbiose ainda está por toda a parte".[4] Cada forma de vida mais complexa é o resultado contínuo de atos de associação multidirecionais cada vez mais intrincados com, e a partir de, outras formas de vida. Todo organismo, eles acrescentam, é fruto da "cooptação de estranhos".[5]

Cooptação, contaminação, infecções, incorporações, digestões, induções recíprocas, devires-com: a natureza do ser humano, diz Haraway, é, no mais profundo, no mais concreto, no mais biológico,

---

3 Encontraremos a análise da simbiogênese que Haraway toma emprestada de Margulis e Sagan em seu livro *When Species Meet*. Minneapolis: University of Minnesota Press, 2008 [ed. bras.: *Quando as espécies se encontram*, trad. Juliana Fausto. São Paulo: Ubu Editora, no prelo].

4 Lynn Margulis e Dorian Sagan, *Acquiring Genomes: A Theory of the Origins of Species*. New York: Basic Books, 2002, pp. 55–56, apud D. Haraway, *When Species Meet*, op. cit., p. 31.

5 Ibid.

uma relação interespécie – um processo de cooptação de estranhos. Guardo cuidadosamente na memória o termo que dá origem a "xenotransplante", *xenos*.[6] O termo aparece pela primeira vez na *Ilíada* e é retomado na *Odisseia*. Para os gregos antigos, ele significava o "estrangeiro" – não o bárbaro, mas o estrangeiro a quem oferecemos hospitalidade. Aquele cuja língua é compreensível, que pode se nomear e dizer a sua origem. A língua comum com Gal-KO é a do código genético, que também designa sua verdadeira origem. Gal-KO é o seu nome. É uma língua, é uma maneira de nomear que nos prepara para acolher e pensar as metamorfoses? É uma língua que nos torna responsáveis e mais humanos, no sentido de "mais engajados" nas relações interespécies?

Receio que não, por enquanto. Receio ainda mais porque, por um lado, Gal-KO é um ser produzido em série, e as séries não convidam a considerar a questão de "como responder". Por outro lado, se os cientistas podem levantar a questão das modificações do que eles chamam de "humanização" para o porco, em nenhum momento a mesma questão – refiro-me exatamente à mesma questão, a da humanização no sentido de ser *diferentemente* humano – é colocada a respeito dos pacientes que receberão uma parte de seu corpo.

Uma investigação conduzida por um dos membros da equipe de pesquisadores que fabricaram Gal-KO junto a pacientes candidatos a receptores atesta o caráter "fora de série" da pesquisa. A partir dos resultados posso facilmente inferir as questões que foram colocadas. Os resultados da nossa investigação indicam, dizem os pesquisadores, que uma parte dos pacientes está disposta a aceitar a doação de órgãos de Gal-KO, mas somente em casos de urgência e na medida em que consideram o transplante como "uma peça mecânica a ser trocada para fazer o conjunto funcionar", pouco importa sua origem humana ou animal. Outros recusam, em nome de uma dife-

---

6 Sobre a origem de *xenos*, consultei o artigo de Pierre Vilard, "Naissance d'un mot grec en 1900: Anatole France et les xénophobes". *Les Mots*, v. 8, n. 1, 1984, pp. 191–95.

rença radical entre as espécies: "Esses pacientes pedem que fiquemos entre humanos".

Certamente, uma terceira e última categoria, dizem-nos ainda, impõe condições e demanda mais informações. Não se sabe quais, e eu não tenho certeza de que elas também não sejam totalmente dependentes da maneira como os candidatos a receptores foram interrogados. E não vejo nada que tenha suscitado, nessa investigação, a questão de saber se esse tipo de pesquisa vale a pena. Os doentes são reféns das perguntas que lhes são feitas e, assim, respondem como reféns. As respostas a esse tipo de investigação me levam a pensar que ela foi conduzida um pouco como uma enquete de consumidores convocados a opinar sobre um produto, um produto "que causa problema", mas cujo "problema" já está pré-definido. Isso não estimula muito a inteligência. Os pesquisadores evitaram cuidadosamente as perguntas que poderiam causar hesitação, a menos que essas perguntas nem lhes tenham passado pela cabeça. As suas conclusões comprovam que a hesitação não faz parte do protocolo:

> Longe de ser um órgão vital, o órgão humano transplantado provém da doação voluntária de um humano a um outro humano e é, como tal, preciosamente investido. Reduzido a uma matéria viva animal, isso certamente simplifica os dilemas que os pacientes transplantados devem resolver, em particular o da impossibilidade de poder agradecer àquele a quem devem a vida.[7]

Eu não sei se é esse o verdadeiro dilema das pessoas que sobrevivem graças a uma doação de órgão que pressupõe a morte de outro ser. Os poucos romances ou autobiografias que li que tentaram dar conta dessa experiência me parecem contar uma história um pouco mais complicada. Para essas pessoas, não se trata de agradecer, mas

---

7 C. Séveno et al., "Les Xénogreffes finiront-elles par être acceptées?", op. cit., pp. 306–07.

de registrar a doação e tentar se construir como dignas de aceitar prolongar uma vida que não é mais somente a sua, de dar continuidade a partir do que se tornou o eu e o outro, a partir do que se tornou o eu do outro e o outro no eu. Outro nome para a metamorfose: uma realização. A doação inscreve-se, então, numa história de herança, numa história a realizar.

Então, talvez seja em meio a essas histórias que precisamos procurar e pensar, entre as histórias que contam como nos tornamos humanos com os animais. Ao lado daquilo que, de *doado*, se tornou – e não cessa de se tornar – uma doação de nossa natureza. Uma dádiva a cultivar e a honrar ou, numa versão mais exigente, uma dádiva que engaja: tornar-se aquilo que a metamorfose obriga.

Falando do gato de sua infância, Jocelyne Porcher não dizia que ela se construiu como humana com ele? "Uma parte de minha identidade [...] pertence ao mundo animal, e é a minha amizade fundadora com esse gato que me deu acesso a ele [...]. Afinal, os animais nos educam. Eles nos ensinam a falar sem as palavras, a olhar o mundo com seus olhos, a amar a vida."[8] Nem que seja apenas isto, amar a vida.

---

8   Jocelyne Porcher, *Vivre avec les Animaux: une utopie pour le xixe siècle*. Paris: La Découverte, 2011.

Y

de

YouTube

—

**Os animais
são as novas
celebridades?**

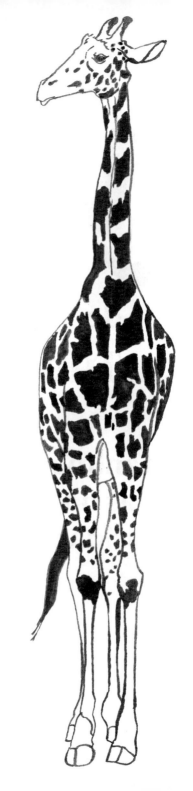

O primeiríssimo vídeo postado no site do YouTube, em 23 de abril de 2005, mostrava elefantes em seu cercado no zoológico de San Diego. Jawed Karim, um dos três fundadores do site, começava com eles uma visita guiada ao zoológico que, nesse recorte, duraria apenas dezenove segundos. No episódio, ele ateve-se aos elefantes. Vemos Jawed em primeiro plano hesitar e acabar dizendo... que eles têm uma tromba muito comprida. "É legal", acrescenta. O grande filósofo Kant, ao descrever os paquidermes na sua *Geografia*, não disse também que "eles têm um rabo curto com longos pelos lisos que utilizamos para limpar cachimbos"?[1] Kant não acrescentou "é legal", sem dúvida porque isso não estava na moda àquela época. Mas, com certeza, ele deve ter pensado que era bem prático.

Desde então, o sucesso dos animais no YouTube não parou de crescer, e, entre os entusiastas da rede, ouve-se a metáfora de um fenômeno realmente viral, já que a propagação dos conteúdos vai crescendo à medida que alcança os usuários. A metáfora epidemiológica é evidentemente ambivalente; o tema da contaminação pode tanto remeter ao interesse quanto a uma "doença contagiosa", a uma imitação dos hábitos endêmica, à moda de Gabriel de Tarde, ou ainda à multiplicação incontrolável de um vírus resistente e destruidor. Na medida em que essa última hipótese me parece

---

[1] Immanuel Kant, *Géographie*. Paris: Aubier, 1999.

próxima demais daquela levantada pelos guardiões da ordem conservadora – perturbados, quando se trata de humanos, pelo que chamam de culto narcísico da exibição de si e, provavelmente, no limite da apoplexia quando a mania se volta para os animais –, não a levarei em conta.

Por outro lado, as duas outras versões – a da contaminação que metamorfoseia e a da imitação que difunde novos usos – parecem de fato abrir um caminho de exploração interessante. O YouTube não só traduz novos usos como também os inventa, além de modificar aqueles por meio dos quais esses usos se propagam. Ao escolher esse caminho, gostaria de tornar perceptível uma outra tradução, inspirada naquela que Bruno Latour propõe para a inovação da internet e para a criação de avatares.[2] Se retomo sua análise e a aplico à proliferação de vídeos amadores em que humanos entram em cena, eu sugeriria que esses vídeos são o vetor de uma produção inédita de novas formas de subjetividade – novas maneiras de ser, de se pensar, de se apresentar e de se conhecer. Pode-se, então, redefinir tais práticas de vídeo como locais de invenção de uma nova psicologia na forma de práticas de saberes e de transformações – da mesma maneira que os romances, as autobiografias e os diários foram para seus leitores: onde aprendemos a nos apaixonar, se não nos romances? O que os relatos de ritos de passagem fizeram conosco? Como nos tornamos românticos?

Entretanto, o impacto desses escritos em nossa vida permanecia, para a maioria de nós, relativamente implícito. Latour diz que esse não é mais o caso quando a internet entra em jogo. A produção de si nos vídeos deixa traços que não apenas se disseminam de maneira explícita, mas também suscitam comentários que subsistem, eles mesmos, e incitam, por sua vez, outros comentários e outras produções. Criam-se novos usos cuja disseminação pode ser acom-

---

2 Ver Bruno Latour, "Beware, Your Imagination Leaves Digital Traces", *Times Higher Literary Supplement*, 6 abr. 2007; bruno-latour.fr.

panhada, como se o mundo dos atores que participam dessa rede extensiva tivesse se tornado um grande laboratório de psicologia experimental, um laboratório em que se criam e se teorizam os usos, as maneiras de ser, de entrar em relação e de se apresentar. Seria possível imaginar, a partir daí, que os vídeos introduzindo cada vez mais animais na nossa coletividade constituam, à luz dessa experimentação, o local de uma nova prática da etologia? Certamente não emprego aqui o termo no sentido usual e estrito de "ciências do comportamento animal", mas no sentido que retoma a sua etimologia, *éthos*, os usos, os costumes, os hábitos que ligam seres que compartilham, e até criam juntos, um mesmo nicho ecológico. Em outras palavras, podemos imaginar que esses vídeos que se proliferam não só comprovariam os novos usos como também implicariam a criação de novos *éthe* interespécies, de novas modalidades relacionais, ao mesmo tempo que construiriam o saber?

Um paralelismo poderia ser feito entre essas novas maneiras de tornar os animais visíveis, de se dirigir a eles, e a prática de difusão e de saber que as precedeu, como no caso dos documentários sobre animais. Sinal do interesse que despertam, eles multiplicaram-se quase exponencialmente desde a sua invenção nos anos 1960.

O que me interessa ao destacar essa semelhança é avaliar seu potencial de transformar os seres envolvidos e os saberes que os unem. Os documentários sobre animais operaram transformações notáveis. Eles introduziram novos hábitos a respeito dos animais e, às vezes, até novos *éthe* para os pesquisadores. O filósofo das ciências Gregg Mitman constata que o advento das novas tecnologias de comunicação introduz mais intimamente, logo de início, os cientistas não apenas no mundo das comunicações animais como também no da indústria de comunicação de massa.[3] Essa dupla introdução terá

---

3   Gregg Mitman, "Pachyderm Personalities: The Media of Science, Politics, and Conservation", in Lorraine Daston e Gregg Mitman (orgs.), *Thinking with Animals*. New York: Columbia University Press, 2005, pp. 173–95.

vários efeitos. Por um lado, a possibilidade de uma comunicação de massa levará à criação de redes inéditas nas práticas de promoção da conservação. Ela modificará profundamente a maneira como os cientistas apresentam seus trabalhos. Os animais, tal como os heróis dos filmes e das séries, são dotados de "personalidade", de emoções; eles tornam-se "personagens" cujas experiências todos podem compartilhar. Por outro lado, o contato íntimo com os animais, a partir desse momento, aparece como uma metodologia de pesquisa, ainda largamente contestada, mas que, em alguns casos, pode ser considerada legítima. E será ainda mais, porque a criação do contato íntimo revela-se um estímulo muito eficaz para sensibilizar o público em relação aos animais ameaçados de extinção. Essa nova maneira de "fazer" e de apresentar as pesquisas, outrora limitadas às margens dos livros de divulgação científica, contribuirá para tornar menos clara a fronteira que distingue as práticas dos amadores das práticas científicas [→ **Fazer científico**]. Isso não foi fácil para muitos cientistas, inclusive para aqueles que participavam de tal jogo. Muitos deles viram com certo desânimo suas práticas serem assimiladas às dos exploradores ou aventureiros e seus animais serem seriamente antropomorfizados.

Entretanto, esses documentários tiveram, em contrapartida, um efeito significativo sobre as próprias práticas. Eles não apenas suscitaram a vocação de alguns pesquisadores – Jane Goodall e seus chimpanzés merecem o prêmio nessa categoria – como também favoreceram uma certa concepção do trabalho de campo inspirada no que colocavam em cena. Se seguirmos, por exemplo, as pesquisas que marcaram a história científica dos elefantes, observaremos que, progressivamente, os números e as estatísticas que indicavam a competência e a autoridade dos pesquisadores foram substituídos por histórias "pessoais", por filmes e fotos que individualizavam os animais e lhes atribuíam um verdadeiro status de atores em aventuras e experimentos. Essas técnicas eram inicialmente definidas como mais adequadas para argumentar a favor de sua proteção e acabaram se tornando um método legítimo de pesquisa. Tais práticas audiovisuais tiveram, além disso, um duplo impacto financeiro para os pesquisadores e para a proteção dos animais: as redes de canais que programavam os filmes contribuíram em peso para financiar as pesquisas, e sua divulgação incitou de modo muito eficaz o público a fazer doações para os centros de conservação.

Parece-me apropriado considerar os vídeos do YouTube na esteira de transformações bastante similares. Certamente, tem de tudo na rede – mas se dizia o mesmo dos documentários, ainda que em menor medida. Nela cultivam-se outros modos de saber; os amadores assumiram o controle, ou melhor, reassumiram o controle, dessa vez com meios de difusão inigualáveis. Nela, os animais são atores da cena, mais ainda do que eram nos documentários. Seres de talento ou notáveis por seu heroísmo, sua sociabilidade, sua inteligência cognitiva ou relacional, seu humor, sua imprevisibilidade ou sua inventividade, eles agora fazem parte do cotidiano. Certamente, esses documentos não integram o regime de prova no sentido estrito; ninguém ou quase ninguém se deixa enganar, como atestam os comentários; não se sabe nada das condições nas quais as imagens foram registradas, e pode-se sempre suspeitar de truque e até da possibilidade de encenação, com ou sem a cumplicidade dos animais envolvidos. Mas quase todos se impõem pela evidência da imagem: "Alguém viu, as imagens comprovam".

Alguns desses vídeos provêm de pesquisadores ou de naturalistas; outros, não. Às vezes é difícil distingui-los. A fronteira entre os domínios do amador e os do cientista parece difusa; alguns dos animais apresentados podem, com efeito, portar a dupla identidade. É essa a impressão que fica, sobretudo se consultarmos alguns dos dez vídeos mais vistos. Entre eles, em 21 de outubro de 2011, encontramos um papagaio de nome Einstein que poderia rivalizar com o da psicóloga Irene Pepperberg [→ **Laboratório**], ainda que ele possua competências visivelmente menos acadêmicas. Os comentários que abundam sob a imagem alinham-se, numa versão mais familiar, aos argumentos das controvérsias científicas em torno dos animais falantes: que é condicionamento, adestramento; ou, ao contrário, que isso comprova a inteligência e que alguns animais compreendem o que dizem; e, ainda, que talvez seja adestramento, mas cada iteração linguística mostra-se "oportuna".

Uma outra sequência nos mostra ursos polares brincando com cães; suas brincadeiras parecem saídas diretamente das pesquisas de Marc Bekoff, em especial porque os comentários parecem ecoar as teorias científicas propostas por esse pesquisador [→ **Justiça**]. *Battle at Kruger* [Batalha no Kruger] mostra-nos, por sua vez, o salvamento heroico de um jovem búfalo das garras de leoas; visivelmente gravado por turistas, o vídeo não se parece menos com um verdadeiro documentário sobre como os búfalos se organizam socialmente. Já um conflito espetacular entre duas girafas é introduzido com uma advertência: "Isso a televisão não mostra".

Tais vídeos hoje são inumeráveis. Eles atestam e suscitam o interesse. Às vezes, até traduzem *alguns* interesses mais ou menos claramente identificados. Assim, alguns deles são retomados por sites religiosos como exemplos edificantes. Se você der uma busca nas palavras-chave *"love and cooperation in living things"* [amor e cooperação entre seres vivos], assistirá ao salvamento de um bebê elefante pelos membros de sua manada, acompanhará a vida exemplarmente cooperativa de um grupo de suricatos e aprenderá com os cupins como se constrói, solidariamente, um edifício. Os comentários nesses sites inscrevem-se ora no regime moral (a solidariedade é de vital importância), ora num projeto teológico (quem além de um Deus poderia criar um mundo onde tais fenômenos acontecem?). Dessa forma, os usos estratégicos dos animais reconectam-se com antigas versões da história natural – às vezes até com versões mais contemporâneas, mas nunca tão explícitas como quando se trata do registro moral e político.

Também se pode considerar uma comparação um pouco diferente, dessa vez com as câmeras escondidas e outros vídeos cômicos que prolongam as práticas amadoras. Um gato brincando de "esconde-esconde" com seu dono, um cão andando de skate, um pinguim em perigo pedindo a socorro a navegadores, macacos saqueando as bolsas de turistas ingênuos; essa proliferação pode ser vista como a herança reinventada dos programas humorísticos. O estilo de alguns desses vídeos do YouTube parece marcado pelo mesmo espírito. É possível que os links para o site que me são enviados, ou que encontro nas minhas buscas, não representem uma amostragem rigorosa, mas me parece que os vídeos que prolongam essa herança tornaram-se progressivamente minoritários. Os animais agora filmados geralmente não são mais vítimas de quedas e de outros acidentes rocambolescos nem, a rigor, palhaços. Se são engraçados, é porque fazem coisas surpreendentes que não são esperadas deles. O inesperado continua evidentemente marcado por uma sensação de antropomorfismo; os animais fazem coisas que pertencem ao agir humano, e o humor, a surpresa ou o assombro vêm justamente da mudança dos atores. É o que confere interesse a esses vídeos e explica o entusiasmo que eles suscitam: os animais mostram-nos aquilo de que são capazes e que ignoramos. Mais ainda, pelo fato de boa parte das experiências compartilhadas na internet pertencer a uma obra comum entre um humano e um animal, a uma aprendizagem mútua que se desenvolveu, a uma cumplicidade fecunda, a um jogo que se instaurou pacientemente – um cão e seu dono em cima de um skate, um gato que aprende a surpreender seu dono se escondendo –, aprendemos com eles que *nós* somos capazes. Uma reserva impressionante de saberes poderia muito bem se constituir utilizando outros modos e outras redes além daqueles da ciência, outras maneiras de investigar os animais e de testá-los. Saberes que acrescentam significados inéditos às relações das "espécies companheiras".

Contudo, a prática científica não está ausente da elaboração de saberes.[4] Ela geralmente está nas margens, mas para encontrá-la basta seguir os rastros na rede. Assim, a propósito dos elefantes pintores de um santuário na Tailândia, explorando as conexões possíveis podemos chegar muito rápido a um texto do cientista especialista na pintura dos macacos, Desmond Morris, que visitou pessoalmente um desses santuários [→ **Artistas**]. O vídeo dos macacos alcoólatras da ilha de São Cristóvão é acompanhado de um comentário que fornece uma estatística muito precisa da amplitude desse hábito [→ **Delinquentes**]. Parece difícil imaginar, entretanto, que pesquisadores tenham sido capazes de controlar o consumo de macacos tão incontroláveis observando-os em seus furtos diários nas praias turísticas – ainda assim, o vídeo apresenta as coisas como se a própria observação desses macacos *in situ* tivesse permitido avaliar seu consumo diário. De fato, os números não vieram do campo, mas este deu aos cientistas a ideia de reproduzir as condições que permitiram transformar tais observações em estatísticas. Basta identificar os termos precisos utilizados nos comentários: "*monkey*" [macaco], a localidade "Saint Kitts" [São Cristóvão] e, é claro, "*drunk*" [bêbado]. Na primeira página do mecanismo de busca aparecem três artigos sobre o assunto, dois dos quais relatam o protocolo de trabalho dos cientistas: como eles fizeram com que macacos em cativeiro bebessem, em que quantidade, em quais condições, com quantos animais, segundo qual conjunto de propostas. As estatísticas que os pesquisadores nos oferecem não podem pretender, portanto, referir-se aos

---

4   Quanto à maneira como se pode "descobrir ciência" na origem dos vídeos, agradeço a meu colega antropólogo Olivier Servais, que me ajudou muito a desemaranhar a trama das conexões entre o YouTube e os textos dos cientistas on-line. Agradeço também a Éric Burnand, jornalista da televisão francófona suíça, que me enviou gentilmente as informações sobre os sites religiosos e políticos que divulgam sequências edificantes sobre o altruísmo entre os animais. Agradeço igualmente a François Thoreau, doutorando em ciência política da Universidade de Liège, por ter compartilhado comigo suas análises bem informadas e fascinantes nessa área.

macacos na praia, e sim àqueles que foram submetidos ao protocolo experimental, em condições bem precisas – e não é nem um pouco difícil de imaginar que elas são bem diferentes, sem dúvida alguma. A generalização é rápida demais, os resultados não têm a solidez exigida – é um pouco como se quisessem estabelecer o consumo de substâncias ilícitas ou de medicamentos de uma população humana estudando-a numa prisão.

Certamente se dirá que é possível procurar as condições que levaram à produção desses números, como eu o fiz. Mas, no fim das contas, isso não deveria ser feito de maneira tão complicada. O problema não é somente o do rigor da tradução de um universo ao outro. Se o YouTube pode se tornar um lugar de produção de saber interessante, mesclando práticas amadoras e contribuições científicas, esse hiato entre os comentários aos vídeos e as pesquisas tal como são conduzidas não deve existir. Pois, nesse hiato, perde-se outra coisa além do simples rigor: aquilo que constitui justamente o interesse do que chamam de "boa divulgação científica". O que constitui o interesse e a grandeza de uma "divulgação" do saber digna desse nome é a explicação dos protocolos, as precauções da pesquisa, as incertezas dos pesquisadores, os seres envolvidos, os processos que autorizam a tradução de observações em números e de números em hipóteses e as discussões nas quais essas hipóteses se inscrevem. Não se trata apenas de esses "detalhes" – que nunca são detalhes – atestarem o fato de que os cientistas podem, de maneira legítima, falar em nome daqueles que investigaram; esses detalhes se inscrevem no esquema narrativo que torna a ciência interessante – a saber, no esquema dos enigmas e das investigações ou, em suma, das aventuras empolgantes e arriscadas.[5]

---

5 O fato de a divulgação só se tornar interessante se nos fizer amar as ciências e partilhar as emoções, as dificuldades e as controvérsias dos cientistas foi objeto do trabalho de Isabelle Stengers (por exemplo, *Cosmopolitiques*, v. 1 e 2. Paris: La

Certamente, algumas pesquisas vão parecer ser aquilo que de fato são, isto é, não muito interessantes e não muito sólidas; os cientistas têm, portanto, tudo a temer nessa prova de visibilidade e todo o interesse em manter o público a distância. Mas outros podem reivindicar um belíssimo êxito: provocar nosso interesse e nosso amor, a um só tempo, por seus animais e pela aventura científica que os mobiliza.

Découverte, 2003) e de Bruno Latour (por exemplo, *Chroniques d'um amateur de sciences*. Paris: Presses de l'École des Mines, 2006).

Z

de
Zoofilia

—

Os cavalos deveriam consentir?

Em julho de 2005, o corpo inanimado de um homem de 35 anos, Kenneth Pinyan, foi deixado no pronto-socorro do hospital de Enumclaw, uma pequena cidade rural situada a cerca de cinquenta quilômetros de Seattle, no estado de Washington. Os médicos atestaram seu óbito. Como o amigo que o levara sumiu, foi preciso fazer uma autópsia para determinar as causas da morte. Os médicos concluíram que se tratara de uma peritonite aguda decorrente de perfuração do cólon. A investigação elucidou as circunstâncias da perfuração. Pinyan tinha sido sodomizado por um cavalo. Concluiu-se, então, que havia sido um acidente. Mas, durante as buscas, as autoridades descobriram um importante material em vídeo comprovando a existência de uma fazenda onde as pessoas pagavam para ter relações sexuais com animais. A pequena comunidade entrou em pânico.

O promotor quis processar o amigo de Pinyan, um fotógrafo chamado James Michael Tait, que a investigação tinha localizado nesse meio-tempo. No entanto, o promotor não podia processar Tait pelo simples motivo de que o bestialismo não era ilegal no estado de Washington e, especialmente, porque descobriram que Tait não era o proprietário da fazenda na qual o acidente acontecera: ela pertencia a um vizinho, Tait apenas levara Pinyan até lá. Tait foi condenado a um ano de prisão com suspensão condicional da pena, trezentos dólares de multa e a proibição de visitar seus vizinhos novamente, tudo sob a acusação de invasão de propriedade.

No mesmo ano, na França, Gérard X foi acusado de ter cometido penetrações sexuais *não violentas* em seu pônei chamado Junior. A acusação não se baseava no ato de zoofilia, mas no de tortura animal. Gérard X foi condenado a um ano de prisão com suspensão condicional da pena, foi obrigado a se separar de seu pônei e teve de pagar 2 mil euros de multa às associações de proteção dos animais autoras da denúncia.

Ambos os casos suscitaram grande agitação, um medo considerável e debates acalorados. Quanto ao estado de Washington, a reação ao caso envolveu as instâncias políticas em complicações raramente vistas antes. Era preciso, com urgência, reparar a falta da lei e criminalizar o bestialismo. Isso era ainda mais necessário pelo fato de o caso não girar apenas em torno do cavalo.[1] Na França, o caso Gérard X mobilizou as sociedades protetoras dos animais, que se constituíram como parte reclamante. Entretanto, na Europa, constatou-se nos últimos anos uma tendência nítida de retorno a antigas leis. O bestialismo, que havia sido descriminalizado em numerosos países, passou a ser novamente condenado, sobretudo sob o disfarce de novas leis que evocam o "abuso sexual".

Esses dois casos mobilizaram os cientistas de toda parte. Nos Estados Unidos, dois geógrafos, Michael Brown e Claire Rasmussen, debruçaram-se sobre a história de Kenneth Pinyan. Na França, foi Marcela Iacub, uma jurista, pesquisadora do CNRS [Centre National de la Recherche Scientifique – Centro nacional de pesquisa científica].[2] Que o direito se intrometa, é compreensível. Mas o que a geografia tem a ver com isso? Pelo que nos lembramos do ensino médio ou da faculdade,

---

1 As informações relativas ao primeiro zoófilo condenado pelo estado de Washington, no caso Pinyan, podem ser consultadas no jornal *Seattle Times* de 20 de outubro de 2006.

2 Ver Marcela Iacub e Patrice Maniglier, *Anti-Manuel d'éducation sexuelle*. Paris: Bréal, 2007. Vários escritos de Marcela Iacub encontram-se em seu blog culture-et-debats.over-blog.com, inclusive sua análise de Foucault. O caso Gérard X foi extraído de seu livro *Confessions d'une mangeuse de viande*. Paris: Fayard, 2011.

a geografia resume-se, com frequência, a uns negócios meio chatos de mapas, divisões territoriais, camadas geológicas, montanhas e cursos d'água. Que pena termos nascido cedo demais! Ao longo dos últimos anos, a geografia assumiu um caráter bastante impressionante, a ponto de concorrer com diversas outras áreas do conhecimento. Assim, durante uma pesquisa recente, descobri que existem espectrogeógrafos encarregados de estudar os locais habitados por espectros, de mapeá-los, obviamente, mas também de explorar, em toda a sua complexidade, os fenômenos que assombram tais locais. E, quando perguntei a meu amigo Alain Kaufmann, especialista nas relações entre as ciências na Universidade de Lausanne, em que a geografia se distingue atualmente da antropologia, ele respondeu-me com um sorriso: os geógrafos desenham mapas. Pude verificar a validade de sua resposta em boa parte dos artigos que consultei. Os dois geógrafos que cuidaram do caso de bestialismo não são exceção: eles incluíram dois mapas em seu relatório. Estes mostram a distribuição, por estados, da presença ou da ausência de legislação contra o bestialismo, o primeiro em 1996, o segundo em 2005. Eles não coincidem. Ao longo de uma década, as leis de repressão colonizaram boa parte do território. Esses mapas, entretanto, não estão ali com o único objetivo de justificar a identidade profissional dos pesquisadores. Eles estão no centro do que lhes interessa: as mutações políticas em torno da sexualidade.

Brown e Rasmussen alegam pertencer a um novo domínio da geografia: a geografia *queer* [→ **Queer**].[3] A geografia *queer* esforça-se, e eu cito-os, para "diversificar os temas, as práticas e as políticas que são típica e confortavelmente discutidos nos estudos geográficos batizados de 'sexualidades e espaços'".[4] No entanto, dizem eles, nos últimos anos um "consenso desconfortável" tem reunido os geógrafos *queer*;

---

3 Ver o artigo de geografia *queer* sobre o qual se baseia este capítulo: Michael Brown e Claire Rasmussen, "Bestiality and the Queering of the Human Animal". *Environment and Planning D: Society and Space*, v. 28, n. 2010, pp. 158–77.

4 Ibid., p. 159.

a geografia não é *queer* o bastante. Para estar à altura de um projeto realmente *queer*, afirmam, os pesquisadores devem

> superar seu pudor ou sua timidez e concentrar-se na fornicação, em particular nas maneiras como determinados atos sexuais estruturam relações normativas de poder; além disso, eles devem persistir na consideração dos corpos, dos desejos e dos lugares marginalizados, abjetos, que são confortavelmente ocultados pelas pesquisas focadas em gays e lésbicas.[5]

Em outras palavras, é preciso aprender a falar da sexualidade em termos de corpos e de desejos e, sobretudo, resistir à tentação de considerar a sexualidade com animais apenas nos registros interpretativos dos discursos humanos. Pensar o sexo *com* animais é um teste para as evidências e normas que guiam nossas maneiras de pensar.

Na medida em que a controvérsia em torno da zoofilia não apenas criou uma série de problemas, mas principalmente carregou, e ainda carrega, a marca das contradições, do mal-estar e do incômodo que as relações sexuais suscitam quando estão *explicitamente* ligadas a relações de poder, ela é a única que merece interesse. Brown e Rasmussen seguem, nesse aspecto, o apelo lançado pelo filósofo Michel Foucault em seus escritos do fim dos anos 1970 e início dos anos 1980: nós não podemos, de maneira coerente, dizer sim ao sexo e não ao poder, pois o poder tem o controle sobre o sexo.

É com base na mesma referência que a jurista francesa Marcela Iacub articula sua própria crítica do caso Gérard X. Com efeito, ela vê nessa condenação uma confirmação do que Foucault anunciava: as razões da condenação não são aquelas do passado, não se trata de uma simples história de puritanismo. Iacub cita uma passagem de Foucault, extraída de "A lei do pudor", de 1978:

---

5 Ibid.

A sexualidade vai se tornar uma espécie de perigo que ronda, um tipo de fantasma onipresente [...]. A sexualidade vai se tornar uma ameaça em todas as relações sociais [...]. É nessa sombra, nesse fantasma, nesse medo que o poder tentará controlar, por meio de uma legislação aparentemente generosa e, no mínimo, geral.

O argumento de Iacub está enraizado numa contradição: o artigo 521.1 do código penal francês, em nome do qual o dono do pônei Junior foi condenado, é o mesmo que autoriza as touradas, a alimentação forçada dos patos e dos gansos e as rinhas de galo. Segundo a *mesma* lei, Gérard X pode, portanto, abater e comer o seu pônei se lhe der na telha, mas não se divertir com ele – diversão que, segundo Iacub, não foi dolorosa para o animal, o que o juiz acatou, já que o ato foi considerado como perpetrado "sem violência". No cerne desse julgamento, diz Iacub, coloca-se o problema do poder sobre a sexualidade, do poder que constitui a sexualidade como *o* perigo, e um outro problema associado, o do consentimento: pois, se a acusação é justamente de penetração *não violenta*, a tortura pode ser invocada *apenas* se se pressupõe que a penetração não foi consentida. O que significa que a questão do consentimento está no cerne da acusação. O que, aos olhos da lei, é invocado para condenar Gérard X não deixa, diz Iacub, de levantar algumas contradições.

No estado de Washington, o imbróglio jurídico não foi resolvido com tanta facilidade, ainda que a contradição levantada pela jurista francesa tenha emaranhado bastante o debate. Antes de julgar os casos ulteriores que não deixariam de acontecer, era preciso legislar e, para legislar, era preciso ter motivos. O primeiro deles foi um motivo prático que se mostrava urgente: na falta de leis, afirmou a senadora conservadora Pam Roach, encarregada do caso, o estado de Washington corria o risco de se tornar o que se poderia chamar de "paraíso do sexo" – ou, nas palavras muito mais carregadas da senadora, a "Meca do bestialismo". Com a ajuda da publicidade promovida pela internet e pelos rumores do caso, o turismo na fazenda da tranquila área rural ganharia um ar estranho e atrairia todos os pervertidos dos quatro cantos do mundo. Entretanto, tal argumento não era suficiente como base para a legislação. Um outro foi acrescentado – tendo ganhado todo o apoio quando foi proposto. O animal não pode dar seu consentimento ao ato sexual. Os animais são seres inocentes, eles não podem querer esse tipo de coisa. Argumento perigoso, como Iacub demonstrou exemplarmente no caso francês. Mas, acima de tudo – que bela ironia da história –, o argumento do consentimento, no caso de Pinyan, ia contra os fatos. Isso merece ser narrado com mais detalhes.

Kenneth Pinyan, na verdade, possuía um cavalo que se encontrava nas terras de Tait, o amigo que o acompanhava na noite em questão. Naquela madrugada fatal, foi inicialmente em direção ao seu próprio cavalo que Pinyan fez seus avanços. Entretanto, o cavalo recusou-se a sodomizá-lo; ele não estava, como diria o xerife que conduziu a investigação, *receptivo*. Pinyan e seu comparsa decidiram, então, dirigir-se à fazenda vizinha, que possuía um cavalo de alcunha Big Dick [Pau grande]. Sua reputação já estava feita. Sem o conhecimento do proprietário, eles esgueiraram-se para dentro dos estábulos e encontraram o tal Big Dick, que se mostrou mais complacente – talvez até demais, tendo em vista o resto da história.

Porém, como o objetivo da senadora Roach não era julgar esse caso passado, e sim estabelecer uma lei geral para o futuro, o problema do consentimento parecia a melhor maneira de argumentar. A senadora, contudo, teve de se render às evidências; o problema do consentimento não se enquadrava no vocabulário jurídico. O animal se encaixa na categoria das propriedades, e, segundo a lei, uma propriedade não pode consentir, somente o detentor da propriedade pode fazê-lo. Não se pode "não consentir" se não se está na categoria dos seres consentidores. Em seguida, outro problema – acrescentamos aquele levantado por Iacub –, e esta questão é particularmente escorregadia: os animais consentem que os prendamos em coleiras, que os encerremos em zoológicos, que testemos medicamentos neles ou que os engordemos antes de matá-los e comê-los? Se ninguém precisa perguntar a opinião deles a respeito de nada disso, é justamente porque eles são "propriedade", ou seja, seres aos quais não se pode, legalmente, colocar a questão do consentimento.

Com base nas dificuldades levantadas por esse argumento, Roach considerou uma outra estratégia. Era preciso estender o alcance da lei de prevenção da crueldade para nela incluir as relações interespécies. Ora, ainda que fosse estendida, essa lei não poderia ser aplicada ao caso, já que a vítima do dano físico não era o cavalo, mas o homem. A senadora Roach considerou restringir a questão da violência definindo o ato sexual em si como um abuso. Mas, para que haja um abuso, é preciso demonstrar que o abusador se aproveitou da fragilidade da vítima. Isso pode abranger as situações que envolvem galinhas, cabras, ovelhas ou cães, mas não cavalos. Era preciso, então, abandonar essa estratégia, a não ser que se considerasse todo ato sexual, *a priori*, como um abuso.

Foi, portanto, à excepcionalidade humana que a senadora Roach decidiu confiar a sua linha argumentativa. Para isso, ela se inspirou no exemplo de um eminente membro do *think tank* ultraconservador Discovery Institute e defensor da teoria neocriacionista do design inteligente. O bestialismo viola a dignidade humana; se a excepcionalidade humana está em perigo, a lei deve, portanto, encarregar-se de lembrar aos humanos seu dever de dignidade. Esse argumento não era novo, mas, de alguma forma, ele teve de ser renovado. Com efeito, as coisas teriam sido muito mais simples se a lei contra a sodomia ainda estivesse em vigor. Entretanto, ela havia sido suprimida, deixando a porta aberta para o bestialismo. Afinal, a lei antissodomia, naquele estado, baseava-se justamente no fato de que a sodomia era um "crime contra a humanidade", ela "violava a natureza humana".

Essa infeliz lacuna legislativa não impediu que a lei criminalizando o bestialismo fosse finalmente promulgada, com uma cláusula suplementar: seria igualmente proibido filmar esse tipo de prática. Obviamente, o legislador acabou renunciando ao argumento da dignidade humana e retornou ao da crueldade, pois, alguns meses depois, em outubro de 2006, um homem foi preso, após queixa de sua mulher, por ter tido relações com a cadela bull terrier de quatro anos do casal. Ele foi condenado por crueldade contra um animal. Sua mulher conseguiu levá-lo à condenação ao apresentar às autoridades o filme que gravara com o telefone celular quando o surpreendera. Que eu saiba, nenhum processo foi aberto contra ela...

A questão do consentimento foi levantada no caso Pinyan, mas teve de ser abandonada. Ela está no cerne do julgamento francês, e foram as contradições que levantou que alertaram Marcela Iacub. Não apenas porque essas contradições exibem a arbitrariedade do julgamento e da lei, mas também porque a insistência nessa noção revela o que se está tramando em torno da sexualidade. Está acontecendo o que Foucault anunciou. A sexualidade tornou-se o perigo onipresente. A celebrada liberação sexual tornou-se doutrina, e agora o Estado tem a responsabilidade de proteger a sociedade de qualquer desvio. O consentimento mútuo tornou-se a pedra angular desse controle do Estado e a arma dessa normalização da sexualidade. Afinal, a própria ideia de consentimento mútuo, escreve Iacub com o filósofo Patrice Maniglier, terá como consequência a escolha de um padrão de vítima sexual e a sua contrapartida obrigatória: a possibilidade de o Estado interferir na sexualidade individual para proteger as vítimas. Ele sempre o faz em outras áreas que apresentam o mesmo padrão, articulado ao consentimento. O fato, por exemplo, de definir as pessoas como manipuladas, submissas e psiquicamente frágeis diante das influências equivale a dar ao Estado a autorização de proteger aquelas assim definidas contra si mesmas e contra os outros, bem como de tomar o poder em todas as circunstâncias que poderiam estar ligadas a tal fragilidade.

Assim, o caso de Junior, o pônei, não aponta, como teria feito em outra época, uma reação puritana; ele torna visível a maneira como a sexualidade se transformou em uma questão de poder. O Estado pode, pela intervenção dos juízes, garantir a moralidade e restringir a sexualidade sob o pretexto de proteger as vítimas.

Os geógrafos Brown e Rasmussen vão, por sua vez, retomar a questão do consentimento. Certamente, tendo sido abandonada pela senadora americana, ela não podia ser introduzida tal e qual consta na lei, no âmbito da zoofilia. Mas, constatam os dois pesquisadores, as contradições que a zoofilia visibiliza tornam perceptível, ao mesmo tempo, a contradição inerente ao consentimento. Nossa democracia é baseada na participação dos que podem "consentir". Mas essa noção também é uma arma de exclusão terrível. Aquele que não pode consentir é excluído da esfera política. Nas teorias do contrato social que fundamentam a noção de consentimento, *antes mesmo* de determinar quais partes do coletivo consentiram em formar a comunidade, a fronteira entre os que podem consentir – os cidadãos – e os que estão fora da arena do consentimento – como as mulheres, as crianças, os escravos, os animais, os estrangeiros – deve ser determinada. As teorias do contrato social, prosseguem Brown e Rasmussen, são jogadas para escanteio por uma *alucinação consensual*, o fato fundador e escandaloso das comunidades democráticas: o processo violento e não consensual que resulta na exclusão *prévia* de uma parte dos seres da comunidade, na base paradoxal do consentimento. As fronteiras assim criadas impõem-se não mais como arbitrárias, mas como evidentes. Essa evidência conduz, então, muito naturalmente, a atribuir status ontológicos diferenciados àqueles que serão vistos como autônomos, plenamente humanos, e àqueles para quem faltam a autonomia, a vontade, a consciência e as competências para "consentir". "A incapacidade do animal para consentir justifica a condenação da zoofilia e, ao mesmo tempo, constitui a justificativa para excluí-lo do campo das considerações éticas."

Partindo de duas esferas bastante distintas, os geógrafos e a jurista, apesar das diferenças, seguiram um objetivo comum. As linhas são certamente diferentes, mas seu cruzamento traduz a maneira como eles pensam, de ambos os lados, a sua prática de pesquisadores e a maneira como honram o que tais práticas exigem: seus objetos e os problemas que encontram põem à prova sua disciplina e, de modo mais amplo, nossas maneiras de pensar; eles perturbam a evidência e a familiaridade dessas categorias, dos conceitos e, até, das ferramentas que nos permitem forjá-los. São objetos que causam incômodo, criam desconforto, perturbação ou pânico, objetos para os quais nenhuma resposta é simples. Esses objetos são *queer* ou políticos por seu poder de desestabilização; pensemos, por exemplo, na maneira como o filósofo Thierry Hoquet define a eficácia deles, quando afirma que "a zoofilia desfaz o antropocentrismo" e prossegue, com uma piscadela para Platão, citando "a inclinação ancestral das gruas, que sempre querem se classificar separadamente dos outros animais".[6] Quanto ao lado jurídico, a zoofilia questiona as categorias óbvias: a da intimidade da sexualidade, a da identidade que esta contribui para criar, a do consentimento e, inclusive, a que define o que é ser uma pessoa – ou um animal. Quanto aos geógrafos, trabalha-se o que está no cerne da sua área: a questão das fronteiras. Não se trata tanto de compreender ou de saber o que é a zoofilia, trata-se de registrar o que ela faz com os nossos saberes, com as nossas ferramentas, com as nossas práticas e até com as nossas certezas.

Na introdução de seu livro *La Fin des bêtes* [O fim dos bichos], Catherine Rémy conecta duas situações aparentemente muito diferentes: o estudo etnometodológico que Harold Garfinkel conduziu com a transexual Agnes e sua própria investigação junto a pessoas que se encarregam do abate de animais em abatedouros.[7] Esses es-

---

6 A citação de Thierry Hoquet é tirada do belíssimo artigo "Zoophilie ou l'amour par-delà la barrière de l'espèce". *Critique*, ago.–set. 2009, pp. 678–90. Sua análise torna perceptível uma outra transgressão das fronteiras (ou barreiras) além da minha: aquela que diferencia, entre os sexos, o significado da penetração na comunidade humana. Ele aponta o amálgama frequentemente forjado entre homossexualidade e bestialidade (mostrando, aliás, que a questão do consentimento não é mais que uma máscara): "Tudo se passa como se tivéssemos aqui um conjunto de cópulas sem razão entre seres desprovidos de razão".

7 Cathérine Rémy, *La Fin des bêtes: une ethnographie de la mise à mort des animaux*. Paris: Economica, 2009.

tudos, diz ela, produzem um "efeito lupa" sobre a questão das fronteiras. Ao tornar-se mulher, Agnes evidencia o trabalho constante de "exibição controlada da feminilidade" e, portanto, o de instituição da sexualidade. O abate de animais, como atividade, opera, por sua vez, um "efeito lupa" sobre a existência e a produção das "fronteiras de humanidade". Os indivíduos não cessam de executar um trabalho de categorização que nos informa sobre a realização prática da fronteira entre humanos e animais.

A zoofilia é o local notável desse "efeito lupa" sobre as fronteiras, aquelas entre a sexualidade aceitável e a sexualidade julgada desviante, e aquelas entre homens e bichos. Sua eficácia não se limita a estes últimos. O bestialismo torna visíveis os movimentos da fronteira que rege as relações entre o campo e a cidade. De acordo com muitos historiadores, o bestialismo era prática frequente nas áreas rurais. Era até relativamente bem aceito como iniciação sexual dos adolescentes; as cidades, por outro lado, foram preservadas da prática, daí ela ter declinado com a migração urbana; os dois lados dessa fronteira se inverteram, já que hoje as cidades são consideradas o local de todas as depravações. A zoofilia mapeia também as fronteiras entre natureza e cultura, não somente porque se trata de atos considerados "antinaturais" [→ **Queer**], mas especialmente porque os animais envolvidos – cavalos, vacas, cabras, ovelhas e cães, na condição de animais domésticos – sempre tensionam essa fronteira. Enfim, ela segue as linhas de demarcação, mas a lista poderia ser ainda maior: da fronteira entre os que são dotados da capacidade de consentir (hoje, de maneira informada) e os que são desprovidos dela – as crianças, os animais, os anormais... As respostas, sanções, dúvidas morais, gestos e leis que a zoofilia evoca fazem parte do processo que concretiza, ratifica, valida, embaralha, questiona ou solapa essas fronteiras. Veio-me à memória o que Karim Lapp me disse na época em que ele trabalhava com questões de ecologia urbana: "Introduzir um animal na cidade é introduzir a subversão". Não sei se ele sabia até que ponto estava certo.

Agradecimentos

———

Agradeço a
Éric Baratay, Éric Burnand, Annie Cornet,
Nicole Delouvroy, Michèle Galant,
Serge Gutwirth, Donna Haraway,
Jean-Marie Lemaire, Jules-Vincent Lemaire,
Ginette Marchant, Marcos Mattéos-Diaz,
Philippe Pignarre, Jocelyne Porcher,
Olivier Servais, Lucienne Strivay,
François Thoreau

e, especialmente, a
Laurence Bouquiaux, Isabelle Stengers
e *Evelyne van Poppel.*

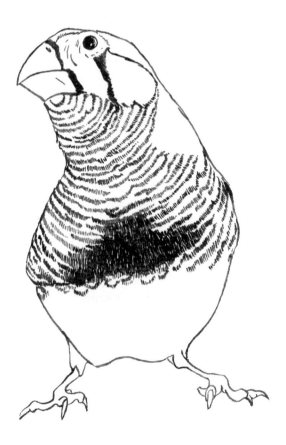

Sobre a autora

———

VINCIANE DESPRET nasceu em Bruxelas, em 1959, e cresceu em Liège, no leste da Bélgica. Formou-se em filosofia (1983) e psicologia (1991) pela Universidade de Liège, instituição onde realizou também seu doutorado em filosofia, concluído em 1997, sobre as práticas científicas que investigam a emoção em humanos e animais. Em seu primeiro trabalho de campo, inspirado nos estudos de Bruno Latour sobre a produção do conhecimento científico, Despret observou etologistas no deserto do Negev, em Israel, enquanto estes observavam pássaros. Em 2005, participou da mostra *Making Things Public: Atmospheres of Democracy* [Tornando as coisas públicas: atmosferas de democracia], com curadoria de Bruno Latour e Peter Weibel, no Zentrum für Kunst und Medientechnologie (ZKM), em Karlsruhe, na Alemanha. Também atuou como curadora científica da mostra *Bêtes et Hommes* [Animais e homens], exibida em 2007 na Grande Halle de la Villette, em Paris. Juntamente com Raphaël Larrère, coorganizou o workshop "Ce que nous savons des animaux" [O que sabemos sobre os animais] no Château de Cerisy-la-Salle, na França, em 2010. Sua instalação imersiva *Phonocene*, que apresenta e dialoga com formas criativas de coabitação desenvolvidas por animais, inaugurou a Biennal de Pensament 2020, em Barcelona. É professora-associada da Universidade de Liège e da Universidade Livre de Bruxelas, onde leciona cursos relacionados à filosofia da ciência, da antropologia e da psicologia.

OBRAS SELECIONADAS

Ces Émotions qui nous fabriquent: ethnopsychologie de l'authenticité. Paris: Les Empêcheurs de Penser en Rond, 1999.

Hans: le cheval qui savait compter. Paris: Les Empêcheurs de Penser en Rond, 2004.

(com Isabelle Stengers) *Les Faiseuses d'histoires: que font les femmes à la pensée?.* Paris: La Découverte / Les Empêcheurs de Penser en Rond, 2011.

Au Bonheur des morts: récits de ceux qui restent. Paris: La Découverte / Les Empêcheurs de Penser en Rond, 2015.

Le Chez-soi des animaux. Arles: Actes Sud / École du Domaine du Possible, 2017.

Habiter en Oiseau. Arles: Actes Sud, 2019.

Autobiographie d'un poulpe: et autres récits d'anticipation. Arles: Actes Sud, 2021.

Título original: *Que Diraient les animaux, si... on leur posait les bonnes questions?*

© Ubu Editora, 2021
© Editions La Découverte, Paris, 2012, 2014

Edição
Bibiana Leme

Preparação
Gabriela Naigeborin

Revisão
Tatiana Vieira Allegro

Tratamento de imagem
Carlos Mesquita

Nesta edição, respeitou-se o novo Acordo Ortográfico da Língua Portuguesa.

Dados Internacionais de Catalogação na Publicação (CIP)
Elaborado por Vagner Rodolfo da Silva – CRB-8/9410

D473q Despret, Vinciane
O que diriam os animais? / Vinciane Despret; traduzido
por Letícia Mei; prefácio de Bruno Latour; desenhos
de João Loureiro / Título original: *Que Diraient les
animaux, si... on leur posait les bonnes questions?*
São Paulo: Ubu Editora, 2021. 352 pp., 29 ils.
ISBN UBU 978 65 86497 61 8

---

1. Filosofia. 2. Ciência. 3. Biologia. 4. Zoologia. 5. Sociologia.
I. Mei, Letícia. II. Título

2021-3156 CDD 100 CDU 1

Índice para catálogo sistemático:
1. Filosofia 100
2. Filosofia 1

EQUIPE UBU

Direção editorial
Florencia Ferrari

Coordenação geral
Isabela Sanches

Direção de arte
Elaine Ramos, Lívia Takemura [assistente]

Editorial
Bibiana Leme, Gabriela Naigeborin, Júlia Knaipp

Comercial
Luciana Mazolini, Anna Fournier [assistente]

Criação de conteúdo / Circuito Ubu
Maria Chiaretti, Walmir Lacerda [assistente]

Gestão site / Circuito Ubu
Beatriz Lourenção

Design de comunicação
Júlia França, Lívia Takemura

Atendimento
Jordana Silva, Laís Matias

Produção gráfica
Marina Ambrasas

UBU EDITORA
Largo do Arouche 161 sobreloja 2
01219 011 São Paulo SP
11 3331 2275
ubueditora.com.br
professor@ubueditora.com.br
f **◎** /ubueditora

Avec le soutien de la Fédération Wallonie-Bruxelles.
Com o apoio da Federação Valônia-Bruxelas.

Cet ouvrage, publié dans le cadre du Programme d'Aide à la Publication année 2021 Carlos Drummond de Andrade de l'Ambassade de France au Brésil, bénéficie du soutien du Ministère de l'Europe et des Affaires étrangères.
Este livro, publicado no âmbito do Programa de Apoio à Publicação ano 2021 Carlos Drummond de Andrade da Embaixada da França no Brasil, contou com o apoio do Ministério francês da Europa e das Relações Exteriores.

Fontes
Gazpacho e Karmina

Papel
Alta Alvura 75 g/m²

Impressão e acabamento
Margraf